全栈开发技术丛书

Java Web
开发从入门到实战

第2版 · 微课视频版

陈恒 主编

刁建华 朱毅 刘鑫 孙国元 副主编

清华大学出版社

北京

内容简介

本书详细讲解了Java Web开发中JSP、Servlet以及Ajax、JSON、jQuery技术的基础知识和实际应用，同时介绍了Spring MVC框架的基础知识。为了让读者做到"学中做，做中学"，本书配备了相应的实践环节。

全书共14章，内容包括Web前端基础，Java Web开发环境的构建，JSP语法，JSP内置对象，JSP与JavaBean，Java Servlet基础，会话跟踪技术，过滤器与监听器，EL与JSTL，文件的上传与下载，JDBC数据库访问，Ajax、JSON以及jQuery技术、电子商务平台的设计与实现以及Spring MVC框架基础等。书中实例侧重实用性和启发性、趣味性强、分布合理、通俗易懂，使读者能够快速掌握Java Web开发的基础知识、编程技巧以及完整的开发体系，为实战应用打下坚实的基础。

本书可作为大学计算机及相关专业的教材或教学参考书，也可作为Java技术的培训教材，同时适合广大Java Web开发人员阅读与使用。

图书在版编目(CIP)数据

Java Web开发从入门到实战：微课视频版/陈恒主编．—2版．—北京：清华大学出版社，2024.8
(全栈开发技术丛书)
ISBN 978-7-302-66292-1

Ⅰ．①J…　Ⅱ．①陈…　Ⅲ．①JAVA语言－程序设计　Ⅳ．①TP312.8

中国国家版本馆CIP数据核字(2024)第098074号

策划编辑：魏江江
责任编辑：王冰飞
封面设计：刘　键
责任校对：时翠兰
责任印制：丛怀宇

出版发行：清华大学出版社
网　　址：https://www.tup.com.cn，https://www.wqxuetang.com
地　　址：北京清华大学学研大厦A座　　**邮　　编**：100084
社 总 机：010-83470000　　**邮　　购**：010-62786544
投稿与读者服务：010-62776969，c-service@tup.tsinghua.edu.cn
质量反馈：010-62772015，zhiliang@tup.tsinghua.edu.cn
课件下载：https://www.tup.com.cn，010-83470236
印 装 者：三河市铭诚印务有限公司
经　　销：全国新华书店
开　　本：185mm×260mm　　**印　　张**：21　　**字　　数**：535千字
版　　次：2019年7月第1版　2024年8月第2版　　**印　　次**：2024年8月第1次印刷
印　　数：24001～25500
定　　价：59.80元

产品编号：101617-01

前言

党的二十大报告指出：教育、科技、人才是全面建设社会主义现代化国家的基础性、战略性支撑。必须坚持科技是第一生产力、人才是第一资源、创新是第一动力，深入实施科教兴国战略、人才强国战略、创新驱动发展战略，开辟发展新领域新赛道，不断塑造发展新动能新优势。高等教育与经济社会发展紧密相连，对促进就业创业、助力经济社会发展、增进人民福祉具有重要意义。

本书使用 Tomcat 10＋Eclipse IDE for Java EE 平台详细讲解了 JSP、Servlet、Ajax、JSON、jQuery 技术以及 Spring MVC 框架的基础知识和实际应用。本书不仅介绍了基础知识，而且精心设计了大量实例。读者通过本书可以快速地掌握 JSP、Servlet、Ajax、JSON、jQuery 技术以及 Spring MVC 框架等 Java Web 开发技术的实战应用，提高 Java Web 开发能力。

全书共 14 章，各章的具体内容如下：

第 1 章概括地介绍 Web 前端基础知识，包括 HTML、CSS 与 JavaScript。

第 2 章主要介绍 Java Web 开发环境的构建，并通过一个简单的 Web 应用讲解了 Java Web 开发的基本步骤。

第 3 章主要讲解 JSP 语法，包括 Java 脚本元素以及常用的 JSP 标记。

第 4 章介绍常见的 JSP 内置对象，包括 request、response、out、session、application、pageContext、page、config 和 exception。

第 5 章介绍 JSP 与 JavaBean，JSP 和 JavaBean 技术结合不仅可以实现数据的表示和处理分离，而且可以提高代码重用的程度。

第 6 章讲述 Java Servlet 的基础知识，包括部署 Servlet、Servlet 的生命周期、通过 JSP 页面访问 Servlet、重定向与转发、基于 Servlet 的 MVC 模式等内容，是本书的重点内容之一。

第 7 章重点介绍 Cookie、session、URL 重写以及隐藏表单域等会话跟踪技术。

第 8 章详细地讲述了过滤器与监听器的概念、运行原理以及实际应用。过滤器可以过滤浏览器对服务器的请求，也可以过滤服务器对浏览器的响应。监听器可以监听 Java Web 应用中某些对象信息的创建、销毁、增加、修改、删除等动作的发生，然后做出相应的响应处理。

第 9 章主要介绍 EL 与 JSTL 核心标签库的基本用法。

第 10 章介绍 Servlet 的 HttpServletRequest 对文件上传的支持。

第 11 章重点介绍在 JSP 中如何访问关系数据库，例如 MySQL、Oracle 和 SQL Server 等数据库，同时还介绍了连接池、分页查询以及 Excel 与数据库互访等内容。

第 12 章重点介绍 Ajax、JSON 以及 jQuery 技术，重点掌握 JSON 在 Ajax 中的应用以及 jQuery 对 Ajax 的实现。

第 13 章是本书的重点内容之一，对前面章节的知识进行综合，详细地讲解一个基于 MVC (JSP＋JavaBean＋Servlet)模式的电子商务平台的设计与实现过程。

第14章简述Spring MVC框架基础知识，包括Spring MVC的工作原理和环境构建、基于注解的控制器以及Spring的数据库编程。

为了方便各类高等院校选用教材和读者自学，本书配有教学大纲、教学课件、电子教案、程序源码、教学日历、实验大纲、思政案例、在线题库、习题答案和650分钟的微课视频等配套资源。

资源下载提示

课件等资源：扫描封底的“图书资源”二维码，在公众号“书圈”下载。

素材(源码)等资源：扫描目录上方的二维码下载。

在线自测题：扫描封底的作业系统二维码，再扫描自测题二维码在线做题及查看答案。

微课视频：扫描封底的文泉云盘防盗码，再扫描书中相应章节的视频讲解二维码，可以在线学习。

本书的出版得到清华大学出版社相关人员的大力支持，在此表示衷心的感谢。同时，编者参阅了相关书籍、博客以及其他官网资源，对这些资源的贡献者与分享者深表感谢。由于Java Web开发框架技术发展迅速，并且持续改进与优化，加上编者水平有限，书中难免会有不足之处，敬请各位专家和读者批评指正。

本书是辽宁省一流本科课程“工程项目实训”以及辽宁省普通高等学校一流本科教育示范专业“大连外国语大学计算机科学与技术专业”的建设成果。

编　者

2024年8月

public class He
public static void mair
System.out.println(
System.out.println("N
Student stu = new
stu.speak("We are stude

目录

扫一扫

源码下载

第1章 Web前端基础

第2章 Java Web开发环境的构建

第 3 章 JSP 语法

第 4 章 JSP 内置对象

第 5 章 JSP 与 JavaBean

第 6 章 Java Servlet 基础

第 7 章 会话跟踪技术

第 8 章 过滤器与监听器

第 9 章 EL 与 JSTL

第 10 章 文件的上传与下载

第 11 章 JDBC 数据库访问

第 12 章 Ajax、JSON 以及 jQuery 技术

第 14 章 Spring MVC 框架基础

第 1 章 Web前端基础

学习目的与要求

本章对 HTML、CSS 与 JavaScript 进行简要讲述，包括 HTML 的常用标签、CSS 的基本语法、JavaScript 的语法基础和 JavaScript 对象等内容。通过本章的学习，要求读者掌握 HTML 的常用标记、CSS 的使用方法以及 JavaScript 的语法基础，能够设计与开发静态 Web 页面，并能够编写页面中的 JavaScript 代码。

本章主要内容

- HTML
- CSS
- JavaScript

HTML 的英文全称是 HyperText Markup Language，即超文本标记语言，它是 Internet 上用于编写网页的主要标记语言。

CSS 是英文 Cascading Style Sheet 的缩写，又称为"层叠样式表"，简称样式表。它是 W3C 定义的标准，是一种用来为结构化文档(例如 HTML 文档)添加样式(字体、间距和背景等)的计算机语言。CSS 是对 HTML 处理样式的补充，能够将内容和样式处理相分离，大大降低了工作量。

JavaScript 是一种描述性的脚本语言(Script Language)，它由客户端浏览器解释执行，在执行期间无须 Web 服务器，减轻了 Web 服务器的负担。JavaScript 可以向 HTML 页面添加交互行为、读写元素、验证表单以及事件处理。

1.1 HTML

1.1.1 HTML 文件的基本结构

一个完整的 HTML 文件由各种元素与标记组成，包括标题、段落、表格、文本和超链接等。下面是一个 HTML 文件的基本结构。

```
<html>
    <head>
        …
    </head>
    <body>
        …
    </body>
</html>
```

从上面的代码段可以看出，HTML 文件的基本结构分为三部分，其中各部分的含义如下。

<html>…</html>：表示 HTML 文件开始和结束的位置，里面包括<head>和<body>等标记。HTML 文件中所有的内容都应该在这两个标记之间。

<head>…</head>：HTML 文件的头部标记，通常将这两个标记之间的内容统称为 HTML 的头部。

<body>…</body>：用来指明文档的主体区域，网页所显示的内容都要放置在这个标记内，通常将这两个标记之间的内容统称为 HTML 的主体。

▶ 1.1.2 编写 HTML 页面

编写 HTML 页面有两种常用方法：一种是利用操作系统自带的记事本编写，另一种是利用可视化网页制作软件（例如 Dreamweaver）编写。本书从第 2 章开始使用集成开发环境（IDE）Eclipse 编写 Web 程序。

HTML、CSS 和 JavaScript 并不需要特殊的开发环境，它们都是由客户端的浏览器执行。HTML 文件的扩展名为.html 或.htm，CSS 文件的扩展名为.css，JavaScript 文件的扩展名为.js。

▶ 1.1.3 常用 HTML 标记

常用 HTML 标记简单划分为以下 4 种格式：

- <标记名称>

单一型，无设置值。例如：
。

- <标记名称 属性="属性值">

单一型，有设置值。例如：<hr color="red">。

- <标记名称>…</标记名称>

对称型，无设置值。例如：<title>…</title>。

- <标记名称 属性="属性值">…</标记名称>

对称型，有设置值。例如：<body bgcolor="red">…</body>。

下面介绍常用的 HTML 标记。

❶ 标题

HTML 将和文本相关的标题分成 6 个级别，1～6 级的标题的语法格式如下：

```
<h1>…</h1>
<h2>…</h2>
<h3>…</h3>
<h4>…</h4>
<h5>…</h5>
<h6>…</h6>
```

将 h1～h6 作为标题标记，并且依据重要性递减，字号从 h1 到 h6 由大变小。为了更好地理解标题标记，请看下面的代码段：

```
<h1>学习标题标记</h1>
    <h2>第 1 章 Web 前端基础</h2>
        <h3>1.1HTML</h3>
            <h4>1.1.3 常用 HTML 标记</h4>
```

h1（1 级标题）代表重中之重，一般运用于网站标题或者头条新闻上。h2（2 级标题）主要出现在页面中主体内容的文章标题和栏目标题上。h3(3 级标题)一般出现在页面边侧栏上。因为页面层级不能太深,所以 h4、h5 和 h6 一般较少使用。

❷ 段落

在 HTML 网页中使用<p>标记实现一个新段落,语法格式如下:

```
<p>段落的内容</p>
```

<p>标记中的 align 属性用于设置段落中文字的对齐方式,对齐方式有左对齐、右对齐和居中对齐,语法格式如下:

```
<p align = "对齐方式"></p>
```

其中,当 align 取值为 left 时文字显示左对齐,当 align 取值为 right 时文字显示右对齐,当 align 取值为 center 时文字显示居中对齐。

【例 1-1】 有 3 段文字,对齐方式依次为左对齐、居中对齐、右对齐。

该例的代码如下:

```
<!DOCTYPE html>
<html>
<head>
<meta charset = "UTF - 8">
<title> Insert title here </title>
</head>
<body>
        <p align = "left">居左文字</p>
        <p align = "center">居中文字</p>
        <p align = "right">居右文字</p>
</body>
</html>
```

❸ 滚动(marquee)

在 HTML 页面中可以使用 marquee 标记让文字滚动,该标记有滚动方向(direction)、滚动方式(behavior)、滚动次数(loop)、滚动速度(scrollamount)、滚动延迟(scrolldelay)、背景颜色(bgcolor)、宽度和高度等常用属性。marquee 标记的语法格式如下:

```
<marquee direction = "滚动方向" behavior  = "滚动方式">滚动的文字</marquee>
```

其中,direction 的值有 up、down、left 和 right,分别表示向上、向下、向左和向右滚动,向左滚动是默认情况; behavior 的值有 scroll、slide 和 alternate,分别表示循环滚动、只滚动一次和来回交替滚动; loop 的值为整数; scrollamount 的值为文字每次移动的长度,以像素为单位; scrolldelay 的单位是毫秒。

【例 1-2】 编写网页 example1_2. html,网页中有一段滚动的文字,文字的滚动方向为默认方向,文字滚动的背景颜色为蓝色,文字的滚动方式为来回交替滚动。该网页的运行效果如图 1.1 所示。

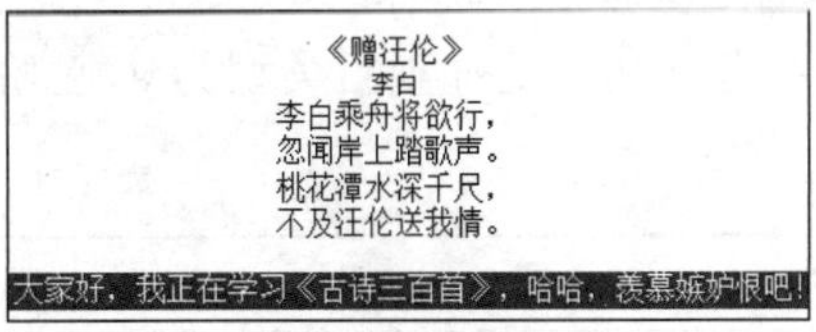

图 1.1 example1_2. html 的运行效果

example1_2. html 的代码如下:

```
<!DOCTYPE html>
<html>
<head>
```

```
<meta charset="UTF-8">
<title>Insert title here</title>
</head>
<body>
    <p align="center">《赠汪伦》<br><font size="2">李白</font><br>
        李白乘舟将欲行,<br>
        忽闻岸上踏歌声。<br>
        桃花潭水深千尺,<br>
        不及汪伦送我情。<br>
    </p>
    <marquee bgcolor="blue" behavior="alternate">
        <font color="white">大家好,我正在学习《古诗三百首》,哈哈,羡慕嫉妒恨吧!</font>
    </marquee>
</body>
</html>
```

❹ 列表

1）无序列表标记 ul

ul 标记用于设置无序列表，在每个列表项目文字之前，以项目符号作为每个列表项的前缀，各个列表没有级别之分。无序列表标记的语法格式如下：

```
<ul>
    <li>列表项</li>
    <li>列表项</li>
    …
</ul>
```

无序列表的项目符号默认情况下是●，通过 ul 标记的 type 属性可以改变无序列表的项目符号，以避免项目符号的单调。type 可取值为 disc、circle 和 square，分别代表●、○和■。

2）有序列表标记 ol

有序列表中的项目以数字或英文字母开头，通常各项目之间是有先后顺序的。有序列表标记的语法格式如下：

```
<ol>
    <li>列表项</li>
    <li>列表项</li>
    …
</ol>
```

有序列表和无序列表一样，也有项目类型，并可以通过 type 属性设置自己的项目类型。在默认情况下，有序列表的项目序号是数字。有序列表的 type 属性的取值如表 1.1 所示。用户也可以通过 start 属性改变项目序号的起始值，起始数值只能是数字，但同样对字母或罗马数字起作用。例如项目类型为 a，起始值为 5，那么项目序号就从英文字母 e 开始编号。

表 1.1　有序列表的 type 属性的取值

属性值	项目序号
1	1、2、3、4……
a	a、b、c、d……
A	A、B、C、D……
i	ⅰ、ⅱ、ⅲ、ⅳ……
I	Ⅰ、Ⅱ、Ⅲ、Ⅳ……

【例 1-3】 编写网页 example1_3.html(运行效果如图 1.2 所示),在网页中分别定义一个无序列表和一个有序列表,无序列表的项目符号为○,有序列表的项目序号为“a、b、c、d……”。

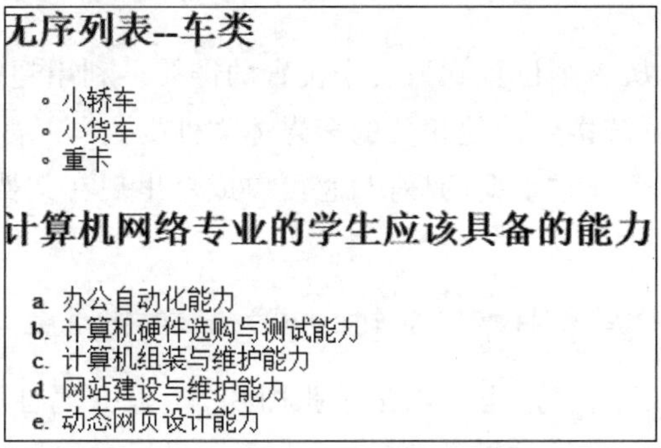

无序列表--车类

- 小轿车
- 小货车
- 重卡

计算机网络专业的学生应该具备的能力

a. 办公自动化能力
b. 计算机硬件选购与测试能力
c. 计算机组装与维护能力
d. 网站建设与维护能力
e. 动态网页设计能力

图 1.2 example1_3.html 的运行效果

example1_3.html 的代码如下:

```
<!DOCTYPE html>
<html>
<head>
<meta charset="UTF-8">
<title>Insert title here</title>
</head>
<body>
    <h2>无序列表--车类</h2>
    <ul type="circle">
        <li>小轿车</li>
        <li>小货车</li>
        <li>重卡</li>
    </ul>
    <h2>计算机网络专业的学生应该具备的能力</h2>
    <ol type="a">
        <li>办公自动化能力</li>
        <li>计算机硬件选购与测试能力</li>
        <li>计算机组装与维护能力</li>
        <li>网站建设与维护能力</li>
        <li>动态网页设计能力</li>
    </ol>
</body>
</html>
```

❺ 图像与多媒体

HTML 图像通过 img 标记插入。img 标记有很多属性,其中 src 属性是必需的,它指定要插入图像文件的位置与名称,语法格式如下:

```
<img src="图像文件的路径及名称">
```

在网页中可以使用 bgsound 标记添加背景音乐,语法格式如下:

```
<bgsound src="音乐文件的路径及名称" loop="播放次数">
```

在网页中可以使用 embed 标记添加多媒体文件(例如 Flash 动画、MP3 音乐、ASF 视频等),语法格式如下:

```
<embed src="多媒体文件的路径及名称" width="播放器的宽度" height="播放器的高度"></embed>
```

图像和多媒体文件的路径可以是相对路径,也可以是绝对路径。绝对路径是完全路径,是文件在硬盘上的真正路径。相对路径是以当前文件所在的路径为基准指定其他文件的路径。

❻ 超链接

超链接的作用是建立从一个位置到另一个位置的链接。利用超链接不仅可以进行网页间的相互访问,还可以使网页链接到其他相关的多媒体文件上。

超链接标记<a>是一个非常重要的标记,它可以成对出现在文档中的任何位置,语法格式如下:

```
<a href = "链接路径" target = "目标窗口的打开方式">链接内容</a>
```

其中,"链接内容"可以是文字内容,也可以是一张图片。target 属性的值可以为_self、_blank、_top 以及_parent,_self 是 target 的默认值,_blank 表示目标页面会在一个新的空白窗口中打开,_top 表示目标页面会在顶层框架中打开,_parent 表示目标页面会在当前框架的上一层打开。

【例 1-4】 假设有 3 个文件,分别为 index. html、addGoods. html 和 updateGoods. html。其中 index. html 是起始页面,addGoods. html 和 updateGoods. html 在 goods 文件夹下,goods 文件夹和 index. html 位于同一目录。另外,可以从 index. html 页面链接到 addGoods. html 和 updateGoods. html 页面。

index. html 的代码如下:

```
<!DOCTYPE html>
<html>
<head>
<meta charset = "UTF - 8">
<title>电子商务后台首页</title>
</head>
<body>
    <ul>
        <li><a href = "index.html">首页</a></li>
        <li><a href = "goods/addGoods.html">添加商品</a></li>
        <li><a href = "goods/updateGoods.html">修改商品</a></li>
    </ul>
    <p>首页</p>
</body>
</html>
```

在例 1-4 中,addGoods. html、updateGoods. html 和 index. html 的相对路径为 goods/。

addGoods. html 的代码如下:

```
<!DOCTYPE html>
<html>
<head>
<meta charset = "UTF - 8">
<title>添加商品</title>
</head>
<body>
    <ul>
        <li><a href = "../index.html">首页</a></li>
        <li><a href = "addGoods.html">添加商品</a></li>
        <li><a href = "updateGoods.html">修改商品</a></li>
```

```
        </ul>
        <p>添加商品页面</p>
    </body>
    </html>
```

由于起始页面 index. html 位于当前页面(addGoods. html)的上一级,所以从当前页面到起始页面的链接写为../index. html,而 updateGoods. html 和 addGoods. html 在同一级别目录下,可以省略路径名。

❼ 表格

一个表格由行、列和单元格构成,可以有多行,每行可以有多个单元格。创建表格要以< table>标记开始,以</table>标记结束,语法格式如下:

```
<table>
    <tr>
        <td>单元格中的内容</td>
        <td>单元格中的内容</td>
        …
    </tr>
    <tr>
        <td>单元格中的内容</td>
        <td>单元格中的内容</td>
        …
    </tr>
    …
</table>
```

在一个表格中包含几组< tr>和</tr>标记,就表示该表格有几行。在一行中包含几组< td>和</td>标记,就表示该行中有几个单元格。

在制作表格时可能需要某个单元格占据多列的位置,这时就要使用单元格的 colspan 属性设置单元格所跨的列数,语法格式如下:

```
<td colspan="跨的列数值">
```

例如下表第一行的单元格的水平跨度为 5。

<table>
<tr><td colspan="5"></td></tr>
<tr><td></td><td></td><td></td><td></td><td></td></tr>
</table>

同样,当需要某个单元格占据多行的位置时,就要使用 rowspan 属性设置该单元格所跨的行数,语法格式如下:

```
<td rowspan="跨的行数值">
```

例如下表第一个单元格的垂直跨度为 2。

<table>
<tr><td rowspan="2"></td><td></td><td></td><td></td><td></td></tr>
<tr><td></td><td></td><td></td><td></td></tr>
</table>

【例 1-5】 编写网页 example1_5. html,在网页中有一个表格,表格的标题为"个人简历"、边框宽度为 1、边框颜色为 green。该网页的运行效果如图 1.3 所示。

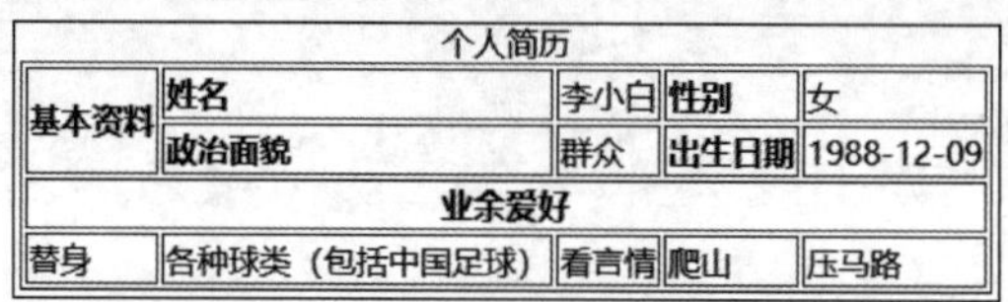

个人简历

基本资料	姓名	李小白	性别	女
	政治面貌	群众	出生日期	1988-12-09
业余爱好				
替身	各种球类（包括中国足球）	看言情	爬山	压马路

图 1.3 example1_5.html 的运行效果

example1_5.html 的代码如下：

```
<!DOCTYPE html>
<html>
<head>
<meta charset="UTF-8">
<title>example1_5.html</title>
</head>
<body>
    <table border="1" style="border-color: green">
            <caption>个人简历</caption>
            <tr>
                    <th rowspan="2" align="left">基本资料</th>
                    <th align="left">姓名</th>
                    <td>李小白</td>
                    <th align="left">性别</th>
                    <td>女</td>
            </tr>
            <tr>
                    <th align="left">政治面貌</th>
                    <td>群众</td>
                    <th align="left">出生日期</th>
                    <td>1988-12-09</td>
            </tr>
            <tr>
                    <th colspan="5">业余爱好</th>
            </tr>
            <tr>
                    <td>替身</td>
                    <td>各种球类(包括中国足球)</td>
                    <td>看言情</td>
                    <td>爬山</td>
                    <td>压马路</td>
            </tr>
        </table>
</body>
</html>
```

❽ 表单

表单用于将用户输入的信息封装，提交给服务器，实现与用户的交互。表单是用 form 标记定义的，它类似于一个容器，表单对象必须在表单中才有效，例如 input。定义表单的语法格式如下：

```
<form action="表单的处理程序">
…
    input 元素
…
</form>
```

form 标记有很多属性，如表 1.2 所示。

表 1.2　form 标记的属性及含义

属 性 名	含 义 描 述
action	action 属性的值是表单提交的地址，即表单收集到信息后传递到的程序的地址，例如某页面
name	name 属性用于给表单命名，通过表单名称可以控制表单与后台程序之间的关系
method	method 属性用于指定使用哪种提交方法将表单数据提交到服务器。在默认情况下，提交方法为 get。get 方法将表单内容附在 URL 地址的后面，因此有信息长度限制（最大 8192 个字符），而且不安全。post 方法将用户在表单中输入的数据包含在表单主体中，一起提交给服务器，该方法没有信息长度的限制，也比较安全
enctype	enctype 属性用于指定表单信息提交的编码方式，这个编码方式通常情况下采用默认的（application/x-www-form-urlencoded）即可，但上传文件时必须选择 MIME 编码（multipart/form-data）

input 标记是最常用的表单标记，该标记允许用户在表单中（文本框、单选按钮、复选框等）输入信息，输入类型是由类型属性（type）定义的。常用的输入类型如下。

1）文本框与密码框

input 标记的 type 属性的值为 text，代表的是单行文本框，在其中可以输入任何类型的文本、数字或字母，输入的内容以单行显示。input 标记的 type 属性的值为 password，代表的是密码框，在其中输入的字符都以“＊”或圆点“●”显示。例如下面的代码：

```
<form>
    姓名：<input type="text" value="" name="userName"/>
    <br>
    密码：<input type="password" value="123456" name="pwd"/>
</form>
```

上面代码的呈现结果如图 1.4 所示。

2）单选按钮与复选框

单选按钮用来让用户进行单一选择，例如让用户选择性别。单选按钮在页面中以圆圈“○”显示，语法格式如下：

```
<input type="radio" value="单选按钮的值" name="单选按钮的名称" checked/>
```

其中，name 代表单选按钮的名称，一组单选按钮的名称都相同，action 处理程序通过 name 获取被选中单选按钮的 value 值。checked 表示该单选按钮被选中，在一组单选按钮中只有一个单选按钮被设置为 checked。例如下面的代码：

```
<form>
    <input type="radio" value="male" name="sex" checked/>男
    <input type="radio" value="female" name="sex"/>女
</form>
```

上面代码的呈现结果如图 1.5 所示。

图 1.4　文本框与密码框

◉男 ○女

图 1.5　单选按钮

大家经常会看到这样的问题，请选择您喜欢的歌手：□张三 □李四 □王五，这是使用复选框实现的。与单选按钮不同的是复选框能够实现选项的多选，以方框“□”表示，语法格式如下：

```
<input type="checkbox" value="复选框的值" name="复选框的名称" checked/>
```

其中，当用户选中复选框后，value 属性的值传递给处理程序。name 代表的是复选框的名称，一组复选框的名称都相同，处理程序通过 name 获取被选中复选框的 value 值(以数组的形式返回，数组元素为被选中复选框的 value 值)。checked 表示该复选框被选中，在一组复选框中可以同时有多个复选框被选中。例如下面的代码：

```
<form>
        <input type="checkbox" value="zhangsan" name="lover" checked/>张三
        <input type="checkbox" value="lisi" name="lover" checked/>李四
        <input type="checkbox" value="wangwu" name="lover"/>王五
</form>
```

上面代码的呈现结果如图 1.6 所示。

图 1.6 复选框

3）按钮

在网页的表单中，按钮起到至关重要的作用。没有按钮，网页很难和用户进行交互。单击按钮可以激发提交表单的动作(提交按钮)；也可以将表单恢复到初始的状态(重置按钮)；还可以根据程序的要求发挥其他的作用(普通按钮)。

普通按钮主要是配合脚本语言(JavaScript)进行表单的处理，语法格式如下：

```
<input type="button" value="按钮的值" name="按钮的名称"/>
```

其中，value 的取值就是显示在按钮上的文字，在普通按钮中可以添加 onclick、onfocus 等 JavaScript 事件实现特定的功能。

当用户在表单中输入信息后，如果想清除输入的信息，将表单恢复成初始状态，需要使用重置按钮，语法格式如下：

```
<input type="reset" value="按钮的值" name="按钮的名称"/>
```

如果用户想在单击提交按钮时实现表单内容的提交，语法格式如下：

```
<input type="submit" value="按钮的值" name="按钮的名称"/>
```

例如下面的代码：

```
<form>
        姓名：<input type="text" name="userName"/><br>
        <input type="submit" value="提交"/>
        <input type="reset" value="重置"/>
        <input type="button" value="关闭" onclick="window.close()"/>
</form>
```

上面代码的呈现结果如图 1.7 所示。

图 1.7 按钮

4）文件域

大家经常会碰到上传照片或文件的情况，这时需要用到文件域。文件域是由一个文本框和一个“浏览”按钮组成的。在用户上传文件时，可以直接在文本框中输入要上传文件的路径，也可以单击“浏览”按钮选择文件。文件域的语法格式如下：

```
<input type="file" name="文件域的名称"/>
```

在使用文件域上传文件时，一定不要忘记设置 form 表单信息提交的编码方式为 enctype="multipart/form-data"。例如下面的代码：

```
<form action="" enctype="multipart/form-data">
    你的靓照：<input type="file" name="fileName"/>
</form>
```

上面代码的呈现结果如图 1.8 所示。

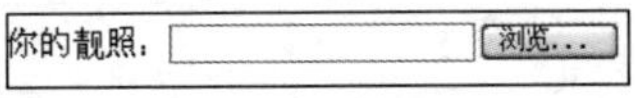

图 1.8　文件域

5）下拉列表

下拉列表的语法格式如下：

```
<select name="下拉列表的名称" size="显示的项数" multiple>
    <option value="选项值 1" selected>选项 1 显示内容
    <option value="选项值 2">选项 2 显示内容
    …
</select>
```

其中，选项值是提交给服务器的值，选项显示内容才是真正在页面中要显示的。selected 表示此选项在默认状态下是选中的，size 用来设定列表在页面中最多显示的项数，当超出这个值时就会出现滚动条。multiple 表示列表可以进行多项选择。例如下面的代码：

```
<select name="cities" size="2" multiple>
    <option value="beijing" selected>北京
    <option value="shanghai" selected>上海
    <option value="guangzhou">广州
    <option value="shenzhen">深圳
</select>
```

图 1.9　列表

上面代码的呈现结果如图 1.9 所示。

6）文本区

文本区用来输入多行文本。文本区和其他表单控件不一样，它使用的是 textarea 标记而不是 input 标记，语法格式如下：

```
<textarea name="文本区的名称" cols="列数" rows="行数"></textarea>
```

其中，cols 用于设定文本区的列数，也就是其宽度值；rows 用于设定文本区的行数，也就是高度值，当文本区的内容超出这一范围时就会出现滚动条。

1.1.4　实践环节——调查问卷制作

编写网页 practice1_1.html，具体要求如下：

（1）网页中有一个 form 表单，表单处理程序为本页面程序，表单提交方式为“post”，表单提交的编码方式为“multipart/form-data”。

（2）页面的运行效果如图 1.10 所示。

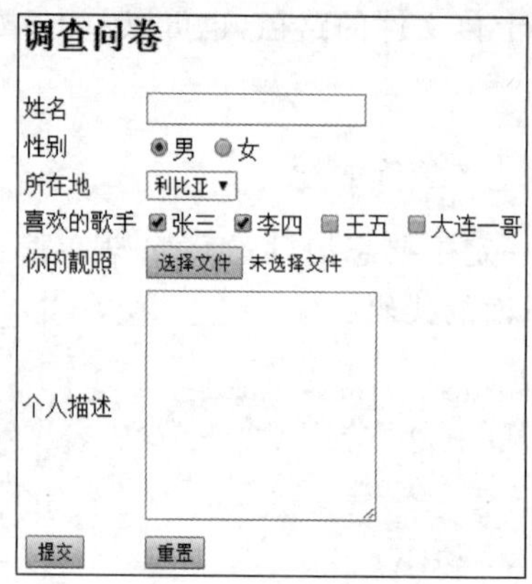

图 1.10　practice1_1.html 的运行效果

1.2　CSS

用户不需要使用复杂的工具来创建 CSS 文件,可以使用文本编辑器或者 Web 开发工具来创建。无论采用哪种方式,都是要创建一个以.css 为扩展名的文件。

1.2.1　CSS 的基本语法

CSS 的语法由三部分构成,即选择符(selector)、属性(property)和属性值(value)。CSS 的语法格式如下:

```
选择符{
    属性:值
}
```

选择符用来指定针对哪个 HTML 标记应用样式表,任何一个 HTML 标记都可以是一个 CSS 的选择符。例如:

```
body {
    color: blue
}
```

其中,body 就是选择符,color 就是属性,blue 就是属性值。该规则表示在网页的 body 标记里的内容为蓝色。如果为选择符指定多个样式,需要在属性之间用分号加以分隔。下面的选择符 p 就包含两个样式,一个是对齐方式为居中,另一个是字体颜色为红色。

```
p {
    text - align: center;
    color: red
}
```

用户可以将相同的属性和属性值赋予多个选择符(组合),选择符之间用逗号分隔。例如:

```
h1,h2,h3,h4,h5,h6
{
    /* 字体颜色为蓝色 */
    color: blue
}
```

该规则是将所有正文标题(< h1 >到< h6 >)的字体颜色都变成蓝色。"/ * "和" * /"之间的内容为 CSS 的注释,但是注意不要将注释嵌入选择符语句里面。

▶ 1.2.2 在网页中添加 CSS 的方法

在网页中 CSS 按其位置可以分为 3 种,即内嵌样式、内部样式和外部样式。

❶ 内嵌样式

内嵌样式是将样式代码写在标记里面,使用 style 作为属性,样式语句作为属性值。内嵌样式只对所在标记有效。例如:

```
<p style = "font - size:20pt; color:red">
    这个 style 定义<p></p>里面的文字是 20pt 字号,字体颜色是红色.
</p>
```

❷ 内部样式

内部样式是使用< style >标记将样式代码写在 HTML 的< head ></head >里面。内部样式只对所在网页有效。例如:

```
<!DOCTYPE html>
<html>
<head>
<meta charset = "UTF - 8">
<style type = "text/css">
      h1 {
           border - width:1;
           text - align:center;
           color:red
      }
</style>
</head>
<body>
      <h1>这个标题使用了 style。</h1>
</body>
</html>
```

❸ 外部样式

1) 链接样式表

将样式代码写在一个以.css 为扩展名的 CSS 文件中,然后在每个需要用到这些样式的网页中引用这个 CSS 文件。通过 HTML 的 link 元素将外部的样式文件链接到网页中。例如:

```
<!DOCTYPE html>
<html>
<head>
<meta charset = "UTF - 8">
<title>Insert title here</title>
<link rel = "stylesheet" href = "mystyle.css" type = "text/css"/>
</head>
<body>
     <h1>标题</h1>
     <p>段落内容</p>
</body>
</html>
```

其中,rel 和 type 属性表明这是一个样式文件,href 属性指定了外部样式文件的相对地址。外部样式文件不能含有任何像< head >或< style >这样的 HTML 标记，样式文件仅由样式规则或声明组成。mystyle.css 文件的内容如下：

```
p{
    background: yellow;
}
```

2）导入样式表

在< style >标记内使用@import 导入外部样式文件。例如：

```
<!DOCTYPE html>
<html>
<head>
<meta charset = "UTF - 8">
<title> Insert title here </title>
<style type = "text/css">
        <!--
        @import url("mystyle.css");
        h1{color:red}
         -->
</style>
</head>
<body>
        <h1>标题</h1>
        <p>段落内容</p>
</body>
</html>
```

相对于内嵌样式和内部样式，使用外部样式有以下优点。

（1）样式代码可以复用：一个外部 CSS 文件可以被很多网页共用。

（2）便于修改：如果要修改样式，只需要修改 CSS 文件，不需要修改每个网页。

（3）提高网页显示的速度：如果样式写在网页中，会降低网页显示的速度；如果网页引用一个 CSS 文件，这个 CSS 文件已经在缓存区中（其他网页已经引用过它），网页显示的速度就比较快。

因此，在实际开发中一般使用外部样式，不推荐使用内嵌样式和内部样式。

▶ 1.2.3 选择符的分类

❶ 普通选择符

任何 HTML 标记都可以作为选择符，这样的选择符称为普通选择符。其样式仅作用在选择符指定的 HTML 标记上。例如：

```
p {
     color:red
}
```

❷ 类选择符

HTML 标记名加上类名，中间用“.”号分开，类名供该 HTML 标记的 class 属性使用。如果希望< p >有两种样式，一种是右对齐，另一种是居中对齐，那么可以写成如下的样式：

```
p.right {
        text - align:right
```

```
    }
    p.center {
        text-align:center
    }
```

其中，right 和 center 就是两个 class。在网页中可以引用这两个 class 设置段落的对齐方式。示例代码如下：

```
<p class="center">这一段内容居中显示。</p>
<p class="right">这一段内容居右显示。</p>
```

如果省略 HTML 标记名只写“.类名”，表示这个类名适用于所有 HTML 标记的 class 属性，这种选择符称为通用类选择符。

❸ id 选择符

HTML 标记名加上 id 名，中间用“#”号分开，id 名供该 HTML 标记的 id 属性使用。例如：

```
p#svp {
    font-size:12pt
}
```

其中，svp 是一个 id 选择符的名字，在网页中可以引用这个 id 选择符设置<p>的样式。示例代码如下：

```
<p id="svp">这一段话的字体大小为 12pt。</p>
```

如果省略 HTML 标记名只写“#id 名”，表示这个 id 名适用于所有 HTML 标记的 id 属性，这种选择符称为通用 id 选择符。

▶ 1.2.4　伪类及伪对象

伪类及伪对象由 CSS 自动支持，属于 CSS 的一种扩展类型。其名称不能被用户自定义，在使用时只能按照标准格式进行应用。

❶ 超链接伪类

超链接伪类共有 4 个，它们是 a:link、a:visited、a:hover 和 a:active。a:link 表示未被访问的链接，a:visited 表示已被访问过的链接，a:hover 表示鼠标指针悬浮在上的链接，a:active 表示鼠标单击激活的链接。由于优先级的关系，在写超链接<a>的 CSS 时一定要按照 a:link、a:visited、a:hover、a:active 的顺序书写。例如：

```
a:link {color: red}                /* 未被访问的链接,红色 */
a:visited {color: green}           /* 已被访问过的链接,绿色 */
a:hover {color: yellow}            /* 鼠标指针悬浮在上的链接,黄色 */
a:active {color: blue}             /* 鼠标单击激活的链接,蓝色 */
```

❷ 常用伪对象

:first-letter 设置对象内第一个字符的样式表属性，例如设置 p 标记的第一个字符的样式代码如下：

```
p:first-letter {
    color: red;
    font-size: 16px
}
```

:first-line 设置对象内第一行的样式表属性，例如设置 body 对象中第一行的样式代码如下：

```
body:first - line {
      color: red;
      font - size: 16px
  }
```

1.2.5 常见的 DIV+CSS 布局类型

DIV+CSS 布局是当前网页布局中最流行的类型之一。

❶ DIV

DIV 是一个放置内容的容器，用于大面积、大区域的块状排版，样式需要编写 CSS 来实现。

【例 1-6】 DIV 示例。

该例的代码如下：

```
<!DOCTYPE html>
<html>
<head>
    <meta charset = "UTF - 8">
    <title>div_css1 </title>
    <style type = "text/css">
    .mainBox {
      border: 1px dashed #0099CC;
      margin: 3px;
      padding: 0px;
      float: left;
      height: 300px;
      width: 192px;
    }
    .mainBox h3 {
      float: left;
      height: 20px;
      width: 179px;
      color: #FFFFFF;
      padding: 6px 3px 3px 10px;
      background - color: #0099CC;
      font - size: 16px;
    }
    .mainBox p {
      line - height: 1.5em;
      text - indent: 2em;
      margin: 35px 5px 5px 5px;
    }
    </style>
    </head>
    <body>
     <div class = "mainBox">
          <h3>前言</h3>
          <p>正文内容</p>
     </div>
     <div class = "mainBox">
          <h3>CSS 盒子模式</h3>
          <p>正文内容</p>
```

```
    </div>
    <div class="mainBox">
        <h3>转变思想</h3>
        <p>正文内容</p>
    </div>
  </body>
</html>
```

上面代码的运行效果如图 1.11 所示。

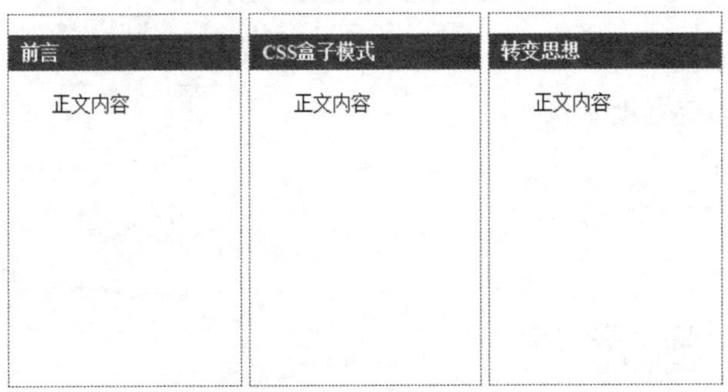

图 1.11 DIV 示例的运行效果

❷ 一列固定

宽度的属性值是固定像素，无论怎样改变浏览器窗口的大小，DIV 的宽度都不改变。

【例 1-7】 一列固定宽度示例。

该例的代码如下：

```
<!DOCTYPE html>
<html>
<head>
    <meta charset="UTF-8">
    <title>div_css2</title>
    <style type="text/css">
    .oneFixed {
      border: 1px dashed #0099CC;
      background-color: cyan;
      height: 300px;
      width: 300px
    }
    </style>
    </head>
    <body>
        <div class="oneFixed">
              一列固定宽度
        </div>
    </body>
</html>
```

上面代码的运行效果如图 1.12 所示。

❸ 两列固定宽度

两列的布局需要用到两个 DIV，宽度的属性值是固定像素。

图 1.12　一列固定宽度示例的运行效果

【例 1-8】 两列固定宽度示例。

该例的代码如下：

```
<!DOCTYPE html>
<html>
<head>
    <meta charset = "UTF - 8">
    <title>div_css3</title>
    <style type = "text/css">
    #left {
        border: 1px dashed #0099CC;
        background - color: cyan;
        height: 200px;
        width: 300px;
        float: left
    }
    #right{
        border: 1px dashed #0099CC;
        background - color: LightSkyBlue;
        height: 200px;
        width: 300px;
        float: left
    }
    </style>
    </head>
    <body>
        <div id = "left">
            左边
        </div>
        <div id = "right">
            右边
        </div>
    </body>
</html>
```

上面代码的运行效果如图 1.13 所示。

图 1.13　两列固定宽度示例的运行效果

❹ 三列浮动中间宽度自适应

三列浮动中间宽度自适应就是要求左边 DIV 固定宽度且左显示，右边 DIV 固定宽度且右显示，中间 DIV 根据左、右 DIV 的间距变化宽度自适应。

【例 1-9】 三列浮动中间宽度自适应示例。

该例的代码如下：

```
<!DOCTYPE html>
<html>
<head>
    <meta charset = "UTF - 8">
    <title> div_css4 </title>
    <style type = "text/css">
    body{
        margin: 0px
    }
    #left {
        border: 1px solid #0099CC;
        background - color: cyan;
        height: 300px;
        width: 100px;
        position: absolute;
        top: 0px;
        left: 0px
    }
    #center{
        border: 1px solid #0099CC;
        background - color: #7FFFAA;
        margin - left: 100px;
        margin - right: 100px;
        height: 300px
    }
    #right{
        border: 1px solid #0099CC;
        background - color: cyan;
        height: 300px;
        width: 100px;
        position: absolute;
        right: 0px;
        top: 0px
    }
    </style>
    </head>
    <body>
        <div id = "left">
            左边
        </div>
        <div id = "center">
            中间自适应
        </div>
        <div id = "right">
            右边
        </div>
    </body>
</html>
```

上面代码的运行效果如图 1.14 所示。

图 1.14　三列浮动中间宽度自适应示例的运行效果

❺ 三行两列居中高度自适应

三行两列居中高度自适应就是要求整个网页内容居中,第一行 DIV 固定高度且居顶端显示,第三行 DIV 固定高度且居底端显示,中间 DIV 根据内容的变化高度自适应。

【例 1-10】 三行两列居中高度自适应示例。

该例的代码如下:

```
<!DOCTYPE html>
<html>
<head>
   <meta charset = "UTF - 8">
   <title>div_css5</title>
   <style type = "text/css">
   body {
     background: #999;
     text - align: center;
     color: #333;
     font - family: arial, verdana, sans - serif;
   }

   #header {
      width: 776px;
      margin - right: auto;
      margin - left: auto;
      padding: 0px;
      background: #EEE;
      height: 60px;
      text - align: left;
   }

   #contain {
      margin - right: auto;
      margin - left: auto;
      width: 776px;
   }

   #mainbg {
      width: 776px;
      padding: 0px;
      background: #60A179;
      float: left;
   }
```

```
    #right {
      float: right;
      margin: 2px 0px 2px 0px;
      padding: 0px;
      width: 574px;
      background: #CCD2DE;
      text-align: left;
    }

    #left {
      float: left;
      margin: 2px 2px 0px 0px;
      padding: 0px;
      background: #F2F3F7;
      width: 200px;
      text-align: left;
    }

    #footer {
      clear: both;
      width: 776px;
      margin-right: auto;
      margin-left: auto;
      padding: 0px;
      background: #EEE;
      height: 60px;
    }

    .text {
      margin: 0px;
      padding: 20px;
    }
    </style>
    </head>
    <body>
        <div id="header">header</div>
        <div id="contain">
              <div id="mainbg">
                    <div id="right">
                      <div class="text">
                            right
                            <p>1</p>
                            <p>1</p>
                            <p>1</p>
                            <p>1</p>
                            <p>1</p>
                        </div>
                    </div>
                    <div id="left">
                          <div class="text">left</div>
                    </div>
              </div>
        </div>
        <div id="footer">footer</div>
    </body>
</html>
```

上面代码的运行效果如图 1.15 所示。

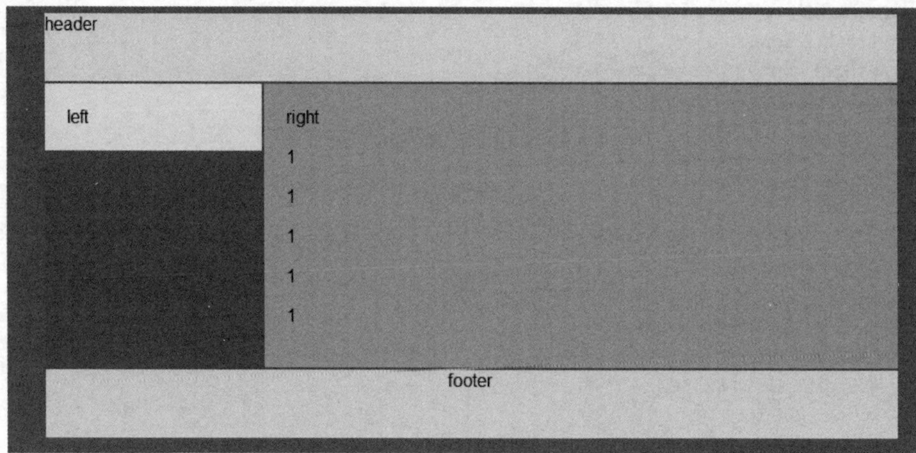

图 1.15　三行两列居中高度自适应示例的运行效果

1.2.6　实践环节——页面布局

按照下面的步骤编写网页 practice1_2.html。

步骤 1：使用 DIV 定义结构。

定义一个典型的版面分栏结构，包含页头、导航栏、内容和页脚。

结构的代码如下：

```
<div id = "header"></div>
<div id = "navigator"></div>
<div id = "content"></div>
<div id = "footer"></div>
```

将这 4 个盒子装进一个更大的盒子——body 中，代码如下：

```
<body>
    上面 4 行代码
</body>
```

步骤 2：定义 body 的属性。

```
body {
      font - family: Arial, Helvetica, sans - serif;
      font - size: 12px;
      margin: 0px auto;
      height: auto;
      width: 800px;
      border: 1px solid #006633;
}
```

步骤 3：定义页头(header)的属性。

```
#header {
      height: 100px;
      width: 800px;
      background - image: url(plane.jpg);
      background - repeat: no - repeat;
```

```
    margin: 0px 0px 3px 0px;
}
```

步骤 4：定义导航栏(navigator)的属性。

```
#navigator { /*定义一个导航栏的长盒子*/
    height: 25px;
    width: 800px;
    font-size: 14px;
    list-style-type: none;   /*让 navigator 这个大盒子下面的小盒子——li 列表样式不显示,
                               这对于标准浏览器很重要*/
}

#navigator li {
    float: left;                /*让 li 这些小盒子左对齐*/
}

#navigator li a {
    color: #000000;
    text-decoration: none;      /*让 li 盒子里面的链接样式没有下画线*/
    padding-top: 4px;
    display: block;             /*让 li 里面的链接以块状呈现,就像一个按钮,而不必一定要
                                  单击链接文字才起作用*/

    width: 131px;
    height: 22px;
    text-align: center;
    background-color: #009966;
    margin-left: 2px;
}

#navigator li a:hover {
    background-color: #006633;  /*当将鼠标指针移到链接盒子上面时改变盒子的背景颜色*/
    color: #FFFFFF;
}
```

步骤 5：定义内容部分(content)的属性。

```
#content {
    height: auto;
    width: 780px;
    line-height: 1.5em;
    padding: 10px;
}

#content p {
    text-indent: 2em;
}

#content h3 {
    font-size: 16px;
    margin: 10px;
}
```

步骤 6：定义页脚(footer)的属性。

```
#footer {
    height: 50px;
    width: 780px;
    line-height: 2em;
    text-align: center;
    background-color: #009966;
    padding: 10px;
}
```

步骤 7：定义各标记的边界和填充(开头处)。

```
* {
    margin: 0px;
    padding: 0px;
}
```

步骤 8：编写代码如下。

```
<body>
    <div id="header"></div>
    <div id="navigator">
        <ul id="navigator">
            <li><a href="#">首页</a></li>
            <li><a href="#">文章</a></li>
            <li><a href="#">相册</a></li>
            <li><a href="#">Blog</a></li>
            <li><a href="#">论坛</a></li>
            <li><a href="#">帮助</a></li>
        </ul>
    </div>
    <div id="content">
        <h3>前言</h3>
        <p>CSS 是英文 Cascading Style Sheet 的缩写,又称为"层叠样式表",简称为样式表。它是
W3C 定义的标准,一种用来为结构化文档(如 HTML 文档)添加样式(字体、间距和背景等)的计算机语言。
</p>
        <h3>理解 DIV+CSS 布局</h3>
        <p>简单地说 DIV+CSS(DIV CSS)被称为"Web 标准"中的常用术语之一。首先了解 DIV 是用
于搭建 HTML 网页结构(框架)的标签,再了解 CSS 是用于创建网页表现(样式/美化)的样式表的统称,通
过 CSS 来设置 DIV 标签样式,这一切通常称为 DIV+CSS。
        </p>
    </div>
    <div id="footer">
        <p>关于| 广告服务| 招聘| 客服中心| QQ 留言| 网站管理| 会员登录| 购物车</p>
        <p>Copyright ©清华大学出版社</p>
    </div>
</body>
```

步骤 9：运行页面，效果如图 1.16 所示。

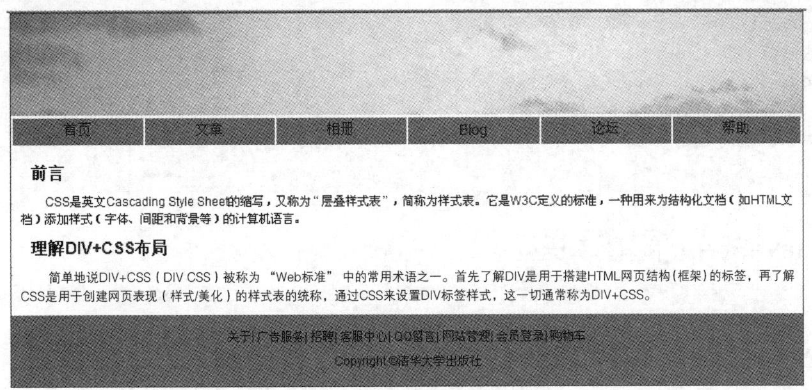

图 1.16　DIV+CSS 布局

1.3　JavaScript

JavaScript 和 CSS 一样，不需要使用复杂的工具来编写，可以使用文本编辑器或者 Web 开发工具来编写。

1.3.1　在网页中添加 JavaScript 的方法

❶ 嵌入使用

在网页代码中的任何位置都可以嵌入 JavaScript 代码，但建议嵌入 head 标记中。示例代码如下：

```
<!DOCTYPE html>
<html>
<head>
<meta charset="UTF-8">
<title>JavaScript 嵌入学习</title>
<script type="text/javascript">
    alert("第一次看到警告框很兴奋!");
    </script>
    </head>
    <body>
        好好学习 JavaScript 知识.
    </body>
</html>
```

❷ 引入使用

当多个页面使用相同的 JavaScript 代码时，可以将共用的代码保存在以.js 为扩展名的文件中，然后在页面中使用 src 属性引入外部 JS 文件。示例代码如下：

```
myFirst.js
    alert("被引入页面中!");
引入外部 JS 文件.html
<!DOCTYPE html>
<html>
<head>
<meta charset="UTF-8">
<title>引入外部 JS 文件</title>
<script type="text/javascript" src="myFirst.js" charset="GBK">
```

```
    </script>
    </head>
    <body>
        好好学习 JavaScript 知识.
    </body>
</html>
```

▶ 1.3.2 JavaScript 的基本语法

❶ 变量

使用 var 可以声明任意类型的变量,例如:

```
var firstNumber = 10;
```

❷ 类型转换

JavaScript 是弱类型语言,变量的类型对应于其值的类型。可以对不同类型的变量执行运算,解释器强制转换数据类型,然后进行处理。例如数值与字符串相加,将数值强制转换为字符串;布尔值与字符串相加,将布尔值强制转换为字符串;数值与布尔值相加,将布尔值强制转换为数值。

字符串到数值的转换。例如 parseInt(s)将字符串转换为整数,parseFloat(s)将字符串转换为浮点数,Number(s)将字符串转换为数字。parseInt()和 parseFloat()方法只对 string 类型有效,且需要是以数字开头的字符串。

❸ 运算符

1) 赋值运算符

赋值运算符的运算规则及说明如表 1.3 所示。

表 1.3　赋值运算符的运算规则及说明

运　算　符	示　　例	说　　明
=	x=y;	将变量 y 的值赋给 x
+=	x+=y;	x=x+y;
-=	x-=y;	x=x-y;
*=	x*=y;	x=x*y;
/=	x/=y;	x=x/y;

2) 数学运算符

数学运算符的运算规则及说明如表 1.4 所示。

表 1.4　数学运算符的运算规则及说明

运　算　符	示　　例	说　　明
+	A = 5 + 8　　//结果是 13 A = "5" + 8　　//结果是"58"	如果操作数都是数字,执行加法运算;如果其中的操作数有字符串,执行连接字符串的运算
-	A = 8 - 5	减法
*	A = 8 * 5	乘法
/	A = 8 / 5//结果是 1.6	除法
%	10 % 3 = 1	取余

续表

运 算 符	示 例	说 明
++	++x 返回递增后的 x 值 x++返回递增前的 x 值	递增
--	--x 返回递减后的 x 值 x--返回递减前的 x 值	递减
-	如果 a 等于 5,则-a =-5	此运算符返回操作数的相反数

3）逻辑运算符

逻辑运算符的运算规则及说明如表 1.5 所示。

表 1.5 逻辑运算符的运算规则及说明

运 算 符	示 例	说 明
&&	expr1 && expr2	逻辑与(表达式 1 错误,表达式 2 不再运算)
||	expr1 || expr2	逻辑或(表达式 1 正确,表达式 2 不再运算)
!	!expr	逻辑非

4）typeof 运算符

对变量或值调用 typeof 运算符将返回对应的值，typeof 运算符的运算规则及说明如表 1.6 所示。

表 1.6 typeof 运算符的运算规则及说明

示 例	返 回 结 果	说 明
typeof(true)	boolean	变量或值是 boolean 类型
typeof(300)	number	变量或值是 number 类型
typeof('abc')	string	变量或值是 string 类型
typeof(null)	object	变量或值是一种引用类型或 null 类型
typeof(f)	function	变量是一个函数

❹ 注释

为了提高程序的可读性，以及便于日后代码的修改和维护，可以在 JavaScript 程序中为代码添加注释。在 JavaScript 程序中用两个斜杠“//”表示单行注释；多行注释用“/ *”表示开始，“ * /”表示结束。注释的示例代码如下：

```
aGoodIdea = "Comment your code thoroughly.";      //这是单行注释
/*
这是多行注释,行一。
这是多行注释,行二。
*/
```

❺ 变量的命名规则

变量以字母、下画线(_)或美元符号($)开头；其他的字符可以是下画线、美元符号或任何字母、数字；不能有空格，大小写敏感；不能使用 JavaScript 中的关键字或保留字命名。

❻ 部分保留字

JavaScript 中的保留字有 break、delete、function、return、typeof、case、do、if、switch、var、catch、else、in、this、void、continue、false、instanceof、throw、while、finally、new、true、with、default、for、null 和 try 等。

【例 1-11】 编写网页 example1_11. html，在网页中嵌入使用 JavaScript，JavaScript 程序的具体要求如下：

(1) 声明变量 firstNumber，并将"I am a String"赋值给该变量。

(2) 声明变量 secondNumber，并将 300 赋值给该变量。

(3) 声明变量 thirdNumber，并将 firstNumber＋secondNumber 赋值给该变量。

(4) 使用 alert()弹出变量 thirdNumber 的值。

(5) 使用 typeof 运算符判断变量 firstNumber、secondNumber 以及 thirdNumber 的值类型，并使用 alert()分别弹出 typeof 的返回结果。

example1_11. html 的代码如下：

```
<!DOCTYPE html>
<html>
<head>
<meta charset="UTF-8">
<title>example1_11.html</title>
<script type="text/javascript">
       var firstNumber = "I am a String";
       var secondNumber = 300;
       var thirdNumber = firstNumber + secondNumber;
       alert(thirdNumber);
       alert("firstNumber 的值类型：" + typeof(firstNumber));
       alert("secondNumber 的值类型：" + typeof(secondNumber));
       alert("thirdNumber 的值类型：" + typeof(thirdNumber));
</script>
</head>
<body>
</body>
</html>
```

▶ 1.3.3 流程控制与函数

❶ 流程控制语句

1) if 条件语句

```
if(表达式){
    语句
}
```

或

```
if(表达式){
    语句
}else{
    语句
}
```

2) switch 条件语句

```
switch(表达式){
       case case1:
            语句
            break;
       case case2:
```

```
            语句
            break;
        …
        default:
            default 语句
}
```

3）for 循环语句

```
for(表达式 1;表达式 2;表达式 3){
        语句
}
```

4）while 循环语句

```
while(表达式){
      语句
}
```

5）do…while 循环语句

```
do{
    语句
}while(表达式)
```

6）break 语句和 continue 语句

break 语句用于让执行语句从循环语句或其他程序块中跳出。continue 语句用于让执行语句跳过本次循环的剩余语句进入下一次循环。

❷ 函数

通常将完成某个功能的一组语句写成一个函数，函数的定义格式如下：

```
function 函数名([参数,参数]){
    函数体
}
```

function 是关键字，函数没有类型，参数也没有类型。例如：

```
function gogo(obj){
     document.write("函数没有类型,参数也没有类型");
}
```

❸ arguments 对象

函数可以接受任意个数的参数，通过 arguments 对象来访问。示例代码如下：

```
function say(){
   if(arguments[1] != "你好"){
        alert(arguments[0]);
   }else{
        alert(arguments[1]);
   }
   alert(arguments.length);                    //返回参数的个数
}
```

调用函数如下：

```
say("How are you?","你好");
```

❹ 系统函数

JavaScript 提供了与任何对象无关的系统函数，使用这些函数不需要创建任何对象就可以直接使用。

1）eval(字符串表达式)

该函数的功能是返回字符串表达式的值，例如：

```
var test = eval("2 + 3");                                //test 的值为 5
```

2）parseInt(字符串)

该函数的功能是将以数字开头的字符串转换为整数，例如：

```
var test = parseInt("200.5abc");                         //test 的值为 200
```

3）parseFloat(字符串)

该函数的功能是将以数字开头的字符串转换为浮点数，例如：

```
var test = parseFloat("200.5abc");                       //test 的值为 200.5
```

4）Number(字符串)

该函数的功能是将数字字符串转换为数字，若字符串中有非数字字符则返回 NaN。例如：

```
var test = Number("200.5abc");                           //test 的值为 NaN
```

【例 1-12】 编写网页 example1_12.html，在网页中嵌入使用 JavaScript 程序打印出九九乘法表，网页的运行效果如图 1.17 所示。

```
1*1=1
2*1=2 2*2=4
3*1=3 3*2=6 3*3=9
4*1=4 4*2=8 4*3=12 4*4=16
5*1=5 5*2=10 5*3=15 5*4=20 5*5=25
6*1=6 6*2=12 6*3=18 6*4=24 6*5=30 6*6=36
7*1=7 7*2=14 7*3=21 7*4=28 7*5=35 7*6=42 7*7=49
8*1=8 8*2=16 8*3=24 8*4=32 8*5=40 8*6=48 8*7=56 8*8=64
9*1=9 9*2=18 9*3=27 9*4=36 9*5=45 9*6=54 9*7=63 9*8=72 9*9=81
```

图 1.17 九九乘法表

example1_12.html 的代码如下：

```
<!DOCTYPE html>
<html>
<head>
<meta charset="UTF-8">
<title>example1_12.html</title>
<script type="text/javascript">
for(var i = 1;i <= 9; i++){
    for(var j = 1; j <= i; j++){
       document.write( i + "*" + j + "=" + i*j + " ");       //在页面中输出
    }
    document.write("<br>");
}
</script>
</head>
<body>
</body>
</html>
```

❺ 函数调用

1）在链接中调用函数

用户单击链接时即调用函数，格式如下：

```
<a href = "javascript:函数">…</a>
```

在链接中调用函数的示例代码如下：

```
<!DOCTYPE html>
<html>
<head>
<meta charset = "UTF-8">
<title>链接调用函数</title>
<script type = "text/javascript">
function gogo(){
    alert("被链接调用的函数");
}
</script>
</head>
<body>
    <a href = "javascript:gogo()">链接调用函数</a>
</body>
</html>
```

2）由事件触发调用函数

触发事件调用函数的格式如下：

```
事件 = "函数"
```

触发事件调用函数的示例代码如下：

```
<!DOCTYPE html>
<html>
<head>
<meta charset = "UTF-8">
<title>触发事件调用函数</title>
<script type = "text/javascript">
function gogo(param){
    alert(param);
}
</script>
</head>
<body>
    <form action = "">
        <input type = "button" value = "单击我" onclick = "gogo('O(∩_∩)O 哈哈~')"/>
    </form>
</body>
</html>
```

1.3.4　JavaScript 对象

在一个 JavaScript 对象中可以包含若干属性和方法。属性是描述对象的状态，对象用“.”运算符访问属性。方法是描述对象的行为动作，对象用“.”运算符调用方法。

❶ 创建对象

使用 new 关键字来创建对象，例如：

```
var oStringObject = new String();
```

如果构造函数无参数，则不必加括号。

❷ JavaScript 内部对象

1）数组(Array)对象

- 创建数组

创建数组的示例代码如下：

```
var myArray = new Array();                //新建一个长度为 0 的数组
var myArray = new Array(100);             //新建一个长度为 100 的数组
var myArray = new Array(1,2,3);           //新建一个指定长度的数组并赋初值
```

数组的长度不固定，通过赋值可改变数组的长度，length 属性用于返回数组的长度。

- 数组的常用方法

reverse()方法：将 JavaScript 数组对象的内容反转。

concat()方法：将两个或更多数组组合在一起。例如：

```
var newArray = tmpArray.concat(tmpArray);
```

join()方法：返回一个将数组中的所有元素用指定符号连接在一起的字符串。例如：

```
var newString = tmpArray.join(".");
```

pop()方法：移除数组中的最后一个元素并返回该元素。

shift()方法：移除数组中的第一个元素并返回该元素。

slice()方法：返回数组的一部分。例如：

```
var newArray = tmpArray.slice(1,3);
```

- 数组的使用

使用数组的示例代码如下：

```
<script type="text/javascript">
    var myArray = new Array();
    for(var i = 0; i < 5; i++){
        myArray[i] = i;
    }
    for(var j = 0; j < myArray.length; j++){
        alert(myArray[j]);
    }
</script>
```

2）日期(Date)对象

Date 对象用来表示任意的日期和时间。

- 创建 Date 对象

用户必须使用 new 运算符创建一个 Date 对象。示例代码如下：

```
var date = new Date("July 8,2012");       //2012 年 7 月 8 日
var date = new Date(2012,7,8);            //2012 年 7 月 8 日
var date = new Date("2012/7/8") ;         //2012 年 7 月 8 日
var date = new Date(Milliseconds);        //用自 1970 年 1 月 1 日以来的毫秒数创建的日期对象
var date = new Date();                    //当前系统的时间对象
```

- 获取日期和时间的方法

getYear()：返回年数。

getMonth()：返回当月号数(比实际值小 1)。

getDate()：返回当日号数。

getDay()：返回星期几(0 表示周日)。

getHours()：返回小时数。

getMinutes()：返回分钟数。

getSeconds()：返回秒数。

getTime()：返回毫秒数。

- 设置日期和时间的方法

setYear()：设置年数。

setMonth()：设置当月号数(set6 表示 7 月)。

setDate()：设置当日号数。

setHours()：设置小时数。

setMinutes()：设置分钟数。

setSeconds()：设置秒数。

setTime()：设置毫秒数。

- Date 对象的使用

使用 Date 对象的示例代码如下：

```
<script type = "text/javascript">
      var date = new Date("2050/12/25");
      document.write("2050 的圣诞节是星期" + date.getDay() + "<br>");
      var datenow = new Date();        //得到当前日期对象
      var mills = date - datenow;     //两个 Date 对象相减得到两个日期的时间间隔(单位是毫秒)
      document.write("2050 的圣诞节距离现在还有" + mills + "毫秒<br>");
</script>
```

3) String 对象

- 创建 String 对象

创建 String 对象的示例代码如下：

```
var firstString = "This is a string";
var secondString = new String("This is a string");
```

String 对象的 length 属性用于返回字符串的长度。

- String 对象的常用方法

charAt(i)：返回指定索引位置处的字符，索引从 0 开始。

concat(str)：连接字符串。

indexOf(str)：返回 String 对象内第一次出现子字符串的字符位置(从左向右查找)。

lastIndexOf(str)：返回 String 对象中子字符串最后出现的位置。

replace(str1,str2)：返回将 str1 替换为 str2 后的字符串。

split(separator, limit)：将字符串以 separator 作为分隔符分隔成多个子字符串，并将它们作为一个数组返回；如果有 limit 参数，则返回数组的 limit 个元素。

substring(start,end)：返回一个指定位置之间的子字符串，不包括 end。

toLowerCase()：返回一个字符串，字符串中的字母被转换为小写字母。

toUpperCase()：返回一个字符串，字符串中的字母被转换为大写字母。

- String 对象的使用

使用 String 对象的示例代码如下：

```
<script type="text/javascript">
        var firstString = "This is a string";
        for(var i = 0; i < firstString.length; i++){
            alert(firstString.charAt(i));
        }
</script>
```

4）Math 对象

Math 对象是一个全局对象，在使用时不需要创建。

- Math 对象的属性

LN10：10 的自然对数。

LN2：2 的对数。

PI：圆周率。

SQRT1_2：1/2 的平方根。

SQRT2：2 的平方根。

- Math 对象的常用方法

abs(x)：返回 x 的绝对值。

ceil(x)：返回大于或等于 x 的最小整数。

floor(x)：返回小于或等于 x 的最大整数。

round(x)：舍入最近整数。

sqrt(x)：返回 x 的平方根。

random()：返回 0～1 的随机数。

- Math 对象的使用

使用 Math 对象的示例代码如下：

```
<script type="text/javascript">
        alert(Math.SQRT2);
        alert(Math.random());
</script>
```

【例 1-13】 编写网页 example1_13.html，在网页中定义一个 JavaScript 函数，功能是去除字符串开头及末尾的空格，并使用超链接调用该函数。

example1_13.html 的代码如下：

```
<!DOCTYPE html>
<html>
<head>
    <meta charset="UTF-8">
    <title>example1_13.html</title>
    <script type="text/javascript">
            function print99(x){
                    while((x.length>0) && (x.charAt(0) == ''))
                            x = x.substring(1,x.length);
                    while(x.length>0&&(x.charAt(x.length-1) == ''))
                            x = x.substring(0,x.length-1);
                            alert("Kill=" + x + "==")
```

```
            return x;
        }
    </script>
</head>
<body>
    <a href="javascript:print99('abc def ')">单击我啊!</a>
</body>
</html>
```

▶ 1.3.5 JavaScript 对象模型

❶ 浏览器对象模型

浏览器对象是提供独立于内容与浏览器窗口进行交互的对象。浏览器对象模型如图 1.18 所示。

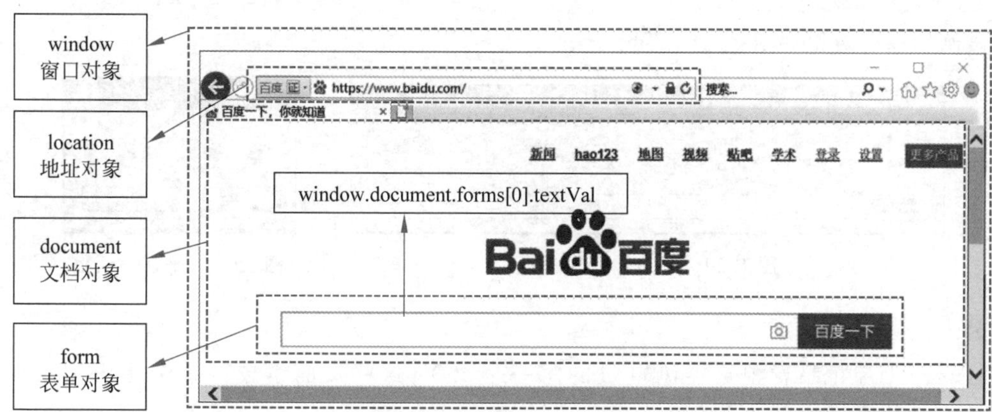

图 1.18 浏览器对象模型

❷ 窗口(window)对象

1) 打开新窗口

使用 open()方法可以打开一个新窗口,示例代码如下:

```
var winObj = open("target.html", "target_1","width = 500,height = 300,scrollbars = no");
```

open()方法有 3 个参数,第一个参数代表要载入新窗口页面的 URL,第二个参数代表新窗口的名称,第三个参数代表新窗口的属性,多个属性之间用逗号隔开。

2) 对话框(与用户交互)方法

- alert()

该方法的功能是弹出一个提示框。示例代码如下:

```
<script type = "text/javascript">
    alert("请单击确定按钮!");
</script>
```

该例的运行效果如图 1.19 所示。

图 1.19 具有确定按钮的对话框

- prompt(message,defaultText)

该方法的功能是弹出可以输入信息的文本框,第一个参数代表用户输入信息的提示,第二个参数代表文本框的默认值。示例代码如下:

```
<script type="text/javascript">
    prompt("What's your name?","chenheng");
</script>
```

该例的运行效果如图 1.20 所示。

- confirm(message)

该方法的功能是弹出对话框，提示用户确认信息。示例代码如下：

```
<script type="text/javascript">
    if(confirm("真的删除吗?")){
        //单击确定后的操作
    }else{
        //单击取消后的操作
    }
</script>
```

该例的运行效果如图 1.21 所示。

图 1.20　用户输入对话框

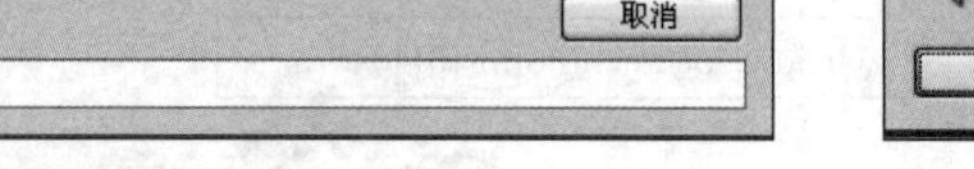

图 1.21　确认对话框

❸ history 对象

history 对象记录着浏览器浏览过的每一个页面，这些页面组成了一个历史记录列表。history 对象主要有以下 3 个方法。

forward()：将历史记录向前移动一个页面。

back()：将历史记录向后移动一个页面，在网页中经常使用该方法提供"返回"的功能。

go()：转向历史记录中的指定地址，使用该方法需要一个参数，这个参数可以是正/负整数，也可以是字符串。如果这个参数是字符串，那么浏览器会搜索列表，找到最接近当前页面位置且 URL 地址中含有此字符串的页面，然后转到该页面。

使用 history 对象的示例代码如下：

```
history.go(-3);                    //向后返回 3 个访问过的页面
history.go(3);                     //向前返回 3 个访问过的页面
history.back();                    //与"history.go(-1);"的功能相同
history.forward();                 //与"history.go(1);"的功能相同
```

❹ location 对象

使用 window 对象的 location 属性可以直接改变 URL 地址，例如：

```
window.location = "http://www.baidu.com";
```

或

```
location = "http://www.baidu.com";
```

用户还可以使用 location 对象的 href 属性或 replace(URL)方法改变 URL 地址，例如：

```
location.href = "http://www.baidu.com";
```

或

```
location.replace("http://www.baidu.com");
```

使用 location 对象的 href 属性可以清空页面，例如：

```
location.href = "about:blank";                //清空页面
```

❺ document 对象

1）forms 集合

在同一个页面上有多个表单，通过 document.forms[]数组获取这些表单对象要比使用表单名称方便得多。

2）getElementById(id)方法

该方法的功能是获取指定 id 值的表单控件对象。

3）getElementsByName(name)方法

该方法的功能是获取指定 name 值的表单控件对象，返回的是对象数组。

4）获取表单对象的方法

获取表单对象的方法如下：

```
document.forms[0];                    //通过 forms 对象的索引获取
document.forms["myForm"];             //通过 forms 对象和表单名称获取
document.myForm;                      //通过表单名称获取
```

5）document 对象的使用

使用 document 对象的示例代码如下：

```
<!DOCTYPE html>
<html>
<head>
<meta charset="UTF-8">
<title>The Document Object</title>
<script type="text/javascript">
        function testMethod() {
            //通过表单获取控件
            var name_1 = document.forms[0].nameTest;
            alert("name_1 = " + name_1.value);
            var name_2 = document.forms["myForm"].nameTest;
            alert("name_2 = " + name_2.value);
            var name_3 = document.myForm.nameTest;
            alert("name_3 = " + name_3.value);
            var name_4 = document.myForm.elements["nameTest"];
            alert("name_4 = " + name_4.value);
            //通过 name 获取控件
            var name_5 = document.getElementsByName("nameTest");
            alert("name_5[0] = " + name_5[0].value);
            //通过 id 获取控件
            var id_1 = document.getElementById("idTest");
            alert("id_1 = " + id_1.value);
        }
    </script>
    </head>
```

```
    <body>
        <form name="myForm">
            通过 name 获取:<input type="text" name="nameTest" value="firstTextValue"><br>
            <br>通过 id 获取:<input type="text" id="idTest" value="secondTextValue">
            <br><input type="button" value="Click Me" onclick="testMethod()">
        </form>
    </body>
</html>
```

▶ 1.3.6 操作 HTML

❶ 事件处理

通常将鼠标或热键的动作称为事件。由鼠标或热键引发的一连串程序的动作称为事件驱动。对事件进行处理的程序或函数称为事件处理程序。

1）窗口或页面的事件处理

窗口或页面的事件处理如表 1.7 所示。

表 1.7 窗口或页面的事件处理

事　件	说　明
onBlur	当前元素失去焦点时触发
onFocus	当某个元素获得焦点时触发
onLoad	页面内容完成装载时触发
onUnload	当前页面被退出或重置时触发

2）键盘或鼠标的事件处理

键盘或鼠标的事件处理如表 1.8 所示。

表 1.8 键盘或鼠标的事件处理

事　件	说　明
onClick	当鼠标单击时触发
onDblClick	当鼠标双击时触发
onMouseDown	当按下鼠标时触发
onMouseMove	当鼠标移动时触发
onMouseOut	当鼠标指针离开某对象范围时触发
onMouseOver	当鼠标指针移动到某对象范围的上方时触发
onMouseUp	当鼠标按下后松开时触发
onKeyPress	当键盘上的某个键被按下并且释放时触发
onKeyDown	当键盘上的某个键被按下时触发
onKeyUp	当键盘上的某个键被放开时触发

3）表单元素的事件处理

表单元素的事件处理如表 1.9 所示。

表 1.9 表单元素的事件处理

表单元素	主要事件
button(按钮)	onClick、onBlur、onFocus
checkbox(复选框)	onClick、onBlur、onFocus

续表

表单元素	主要事件
file(上传文件)	onClick、onBlur、onFocus
password(密码框)	onBlur、onFocus、onSelect
radio(单选按钮)	onClick、onBlur、onFocus
select(列表)	onFocus、onBlur、onChange
text(文本框)	onClick、onBlur、onFocus、onChange
textarea(文本区)	onClick、onBlur、onFocus、onChange

4）事件处理模型

在 JavaScript 中事件的处理程序通常由函数完成，格式为事件="函数名"，例如：

```
<!DOCTYPE html>
<html>
<head>
<meta charset="UTF-8">
<title>The Document Object</title>
<script type="text/javascript">
        function testMethod() {
            alert("事件处理模型");
        }
    </script>
    </head>
    <body>
        <form name="myForm">
            <input type="button" value="Click Me" onclick="testMethod()">
        </form>
    </body>
</html>
```

❷ 表单元素

1）表单元素的通用属性与方法

form 属性：获取表单控件所属的表单对象。

name 属性：获取或设置表单控件的名称。

type 属性：获取表单控件的类型。

value 属性：获取或设置表单控件的值。

focus()方法：让表单控件对象获得焦点。

blur()方法：让表单控件对象失去焦点。

表单元素的通用属性及方法的示例代码如下：

```
<!DOCTYPE html>
<html>
<head>
<meta charset="UTF-8">
<title>form</title>
<script type="text/javascript">
  //显示属性
  function test() {
       var text_name = document.myForm.text_name;
       alert("text_name.form=" + text_name.form.name
                   + "\ntext_name.name=" + text_name.name
                   + "\ntext_name.type=" + text_name.type
                   + "\ntext_name.value=" + text_name.value
```

```
                + "\ntext_name.defaultValue = " + text_name.defaultValue);
    }
    //获得焦点
    function do_focus() {
          document.myForm.text_name.focus();
    }
    //失去焦点
    function do_blur() {
          document.myForm.text_name.blur();
    }
</script>
</head>
<body>
    <form name = "myForm">
          <input type = "text"name = "text_name"value = "textValue"><br>
          <input type = "button" name = "button_1" value = "显示属性" onclick = "test()"><br>
          <input type = "button" name = "button_2" value = "获得焦点" onclick = "do_focus()"><br>
          <input type = "button" name = "button_3" value = "失去焦点" onclick = "do_blur()">
    </form>
  </body>
</html>
```

2）文本框

value 属性：获得文本框的值，值是字符串类型。

defaultValue 属性：获得文本框的默认值，值是字符串类型。

readonly 属性：只读，文本框中的内容不能修改。

focus()方法：获得焦点，即获得鼠标光标。

blur()方法：失去焦点。

select()方法：选中文本框中的内容，突出显示输入区域。

文本框的示例代码如下：

```
<!DOCTYPE html>
<html>
<head>
<meta charset = "UTF-8">
<title>文本框求和</title>
<script type = "text/javascript">
function add(){
      var sum = 0;
      var text_1Value = document.forms[0].text_1.value;
      var text_2Value = document.forms[0].text_2.value;
      sum = Number(text_1Value) + Number(text_2Value);
      document.forms[0].text_3.value = sum;
}
</script>
</head>
<body>
      <form name = "form1" method = "post" action = "">
        <input type = "text" name = "text_1" value = ""><br>
        <input type = "text" name = "text_2" value = ""><br>
        <input type = "text" name = "text_3" value = ""><br>
        <input type = "button" value = "求和" onclick = "add()">
      </form>
</body>
</html>
```

3）复选框

checked 属性：设置复选框是否被选中，选中为 true，未选中为 false。

value 属性：设置或获取复选框的值。

复选框的示例代码如下：

```
<!DOCTYPE html>
<html>
<head>
<meta charset="UTF-8">
<title>复选框示例</title>
<script type="text/javascript">
      function unSelect() {
            var n = document.forms[0].check.length;                    //得到复选框的个数
            for ( var i = 0; i < n; i++) {
                  if (document.forms[0].check[i].checked) {
                        document.forms[0].check[i].checked = false;
            } else {
                  document.forms[0].check[i].checked = true;
            }
        }
    }
</script>
</head>
<body>
      <form action = "">
            <input type = "checkbox" name = "check" value = "0"/> aaa <br> <input
                  type = "checkbox" name = "check" value = "1"/> bbb <br> <input
                  type = "checkbox" name = "check" value = "2"/> ccc <br> <input
                  type = "checkbox" name = "check" value = "3"/> ddd <br> <input
                  type = "checkbox" name = "check" value = "4"/> eee <br> <input
                  type = "checkbox" name = "check" value = "5"/> fff <br> <input
                  type = "button" value = "反选" onclick = "unSelect()">
      </form>
</body>
</html>
```

4）单选按钮

checked 属性：设置单选按钮是否被选中，选中为 true，未选中为 false。

value 属性：设置或获取单选按钮的值。

单选按钮的示例代码如下：

```
<!DOCTYPE html>
<html>
<head>
<meta charset="UTF-8">
<title>弹出单选按钮的值</title>
<script type="text/javascript">
      function gg() {
          var n = document.forms[0].sex.length;
          for ( var i = 0; i < n; i++) {
              if (document.forms[0].sex[i].checked) {
                  alert(document.forms[0].sex[i].value);
              }
          }
      }
</script>
```

```
</head>
<body>
    <form action = "">
        <input type = "radio" name = "sex" value = "male" onclick = "gg()"/>男
        <input type = "radio" name = "sex" value = "female" onclick = "gg()"/>女
    </form>
</body>
</html>
```

5) 下拉列表

length 属性：选项的个数。

selectedIndex 属性：当前被选中选项的索引。

options 属性：所有的选项组成一个数组，options 表示整个选项数组，第一个选项为 options[0]，第二个选项为 options[1]，其他选项以此类推。

option 的 value 属性：<option>标记中 value 所指定的值。

option 的 text 属性：显示于界面中的文本，即<option>和</option>之间的部分。

增加选项：每个选项都是一个 option 对象，用户可以创建 option 对象，然后添加到 select 的末尾。例如"select.options[select.length] = new Option(text,value);"。

下拉列表的示例代码如下：

```
<!DOCTYPE html>
<html>
<head>
<meta charset = "UTF-8">
<title>下拉列表的应用</title>
<script type = "text/javascript">
    function gg() {
        var opObject = document.forms[0].elements["cities"];        //获得列表对象
        for ( var i = 0; i < opObject.options.length; i++) {        //使用 options 属性
            if (opObject.options[i].selected) {                      //找到被选中的选项
                alert(opObject.options[i].value);                    //弹出选中选项的值
                alert(opObject.options[i].text);                     //弹出选中选项的文本
            }
        }
        //为列表新增选项
        opObject.options[opObject.length] = new Option("新增" + 1, "new" + 1);
  }
</script>
</head>
<body>
    <form action = "">
        <select name = "cities" onchange = "gg()">
            <option value = "daLian">大连</option>
            <option value = "beiJing">北京</option>
            <option value = "shangHai">上海</option>
            <option value = "guangZhou">广州</option>
        </select>
    </form>
    </body>
</html>
```

1.3.7 表单验证

在用户将表单中输入的内容提交到服务器之前，在客户端利用表单控件产生的事件，运用

JavaScript 验证用户输入数据的有效性。

❶ 正则表达式

下面是表单验证常用的正则表达式。

验证邮政编码：/^\d{6}$/

验证身份证号码：/^\d{15}$|^\d{18}$|^\d{17}[xX]$/

验证电子邮箱地址：/^\w+((-\w+)|(\.\w+))*\@[A-Za-z0-9]+((\.|-)[A-Za-z0-9]+)*\.[A-Za-z0-9]+$/

验证数字或英文字母：/^[a-z0-9]+$/

验证日期格式：/((^((1[8-9]\d{2})|([2-9]\d{3}))([-\/\._])(10|12|0?[13578])([-\/\._])(3[01]|[12][0-9]|0?[1-9])$)|(^((1[8-9]\d{2})|([2-9]\d{3}))([-\/\._])(11|0?[469])([-\/\._])(30|[12][0-9]|0?[1-9])$)|(^((1[8-9]\d{2})|([2-9]\d{3}))([-\/\._])(0?2)([-\/\._])(2[0-8]|1[0-9]|0?[1-9])$)|(^([2468][048]00)([-\/\._])(0?2)([-\/\._])(29)$)|(^([3579][26]00)([-\/\._])(0?2)([-\/\._])(29)$)|(^([1][89][0][48])([-\/\._])(0?2)([-\/\._])(29)$)|(^([2-9][0-9][0][48])([-\/\._])(0?2)([-\/\._])(29)$)|(^([1][89][2468][048])([-\/\._])(0?2)([-\/\._])(29)$)|(^([2-9][0-9][2468][048])([-\/\._])(0?2)([-\/\._])(29)$)|(^([1][89][13579][26])([-\/\._])(0?2)([-\/\._])(29)$)|(^([2-9][0-9][13579][26])([-\/\._])(0?2)([-\/\._])(29)$))/

应用正则表达式的示例代码如下：

```
<!DOCTYPE html>
<html>
<head>
<meta charset="UTF-8">
<title>正则表达的应用</title>
<script type="text/javascript">
//验证 Email
function checkEmail(){
    var exp=/^\w+((-\w+)|(\.\w+))*\@[A-Za-z0-9]+((\.|-)[A-Za-z0-9]+)*\.
[A-Za-z0-9]+$/;
    if(!exp.test(document.forms[0].email.value)){
        alert("Email 格式错误!");
        document.forms[0].email.focus();
        return false;
    }else{
        alert("Email 格式正确!");
        return true;
    }
}
</script>
</head>
<body>
    <form action="">
        Mail:<input type="text" name="email"/><br>
        <input type="button" value="提交" onclick="checkEmail()"/>
    </form>
</body>
</html>
```

❷ 表单验证实例

验证密码域，要求密码不能为空，长度要大于或等于 6，并且只能是字母或数字。其代码如下：

```
<!DOCTYPE html>
<html>
<head>
<meta charset = "UTF - 8">
<title>表单验证实例</title>
<script type = "text/javascript">
function valid(form){
	//验证非空
	if(form.pass.value.length == 0){
		alert("Please enter a password");
		form.pass.focus();
		return false;
	}
	//验证长度
	if(form.pass.value.length < 6){
		alert("Password must be at least 6 characters");
		form.pass.focus();
		return false;
	}
	var exp = /^[a - z0 - 9] + $/;
	//验证格式
	if(!exp.test(form.pass.value)){
		alert("Password contains illegal characters");
		form.pass.focus();
		return false;
	}
	alert("OK password");
	return true;
}
</script>
</head>
<body>
	<form action = "">
		Enter your password:
		<input name = "pass" type = "password"/>
		<input type = "button" value = "submit password" onclick = "valid(this.form)"/>
	</form>
</body>
</html>
```

1.3.8 实践环节——表单验证

制作用户注册页面 practice1_3.html，具体要求如下：

(1) 有常用的登录账号、密码、确认密码、姓名、身份证号码(只考虑 18 位的身份证号码)、出生年/月/日、住址、邮编、E-mail 等输入区域(自己设定)。

(2) 自己设定验证规则，在提交时检验是否符合要求，alert()输出非法的输入，并将焦点返回要输入的控件对象。

(3) 根据出生年/月/日判断身份证号码是否合法(只考虑 18 位身份证号码)。

(4) 其他验证：登录账号只能是字母或数字且以字母开头；密码要在 8 位以上且需要有字母和数字以外的字符；出生年/月/日的格式为 yyyy-mm-dd；邮编为 6 位数字；E-mail 的基本格式验证。

本章小结

本章简要介绍了 HTML、CSS 和 JavaScript，对于更多内容请读者参考其他教材或访问 http://www.w3school.com.cn、http://www.runoob.com。

习 题 1

习题

扫一扫

自测题

第 2 章 Java Web开发环境的构建

学习目的与要求

本章对开发工具和环境配置进行简要介绍。通过本章的学习，要求读者掌握使用 Eclipse 平台开发 Java Web 应用的基本步骤。

本章主要内容

- 构建开发环境
- 使用 Eclipse 开发 Web 应用

JSP 是 Java Server Pages(Java 服务器页面)的简称，是基于 Java 语言的一种 Web 应用开发技术，是由 Sun 公司倡导，多家公司共同参与建立的一种动态网页技术标准。

在学习 JSP 之前，读者应具有 Java 语言基础以及 HTML 语言方面的知识。本章 2.2 节通过一个简单的 Web 应用介绍了 JSP 项目开发的基本步骤，这些基本步骤对后续章节的学习是极其重要的。

扫一扫

视频讲解

2.1 构建开发环境

所谓"工欲善其事，必先利其器"，在开发 JSP 应用程序之前需要构建其开发环境。

2.1.1 开发工具

❶ Java 开发工具包(JDK)

JSP 引擎需要 Java 语言的核心库和相应编译器，在安装 JSP 引擎之前需要安装 Java 标准版(Java SE)提供的开发工具包 JDK。登录 http://www.oracle.com/technetwork/java，根据操作系统的位数下载相应的 JDK，例如 64 位的系统使用 64 位的 JDK。本书采用的 JDK 是 jdk-18_windows-x64_bin.exe。

❷ JSP 引擎

运行包含 JSP 页面的 Web 项目还需要一个支持 JSP 的 Web 服务软件，该软件也称为 JSP 引擎或 JSP 容器，通常将安装了 JSP 引擎的计算机称为一个支持 JSP 的 Web 服务器。目前比较常用的 JSP 引擎有 Tomcat、JRun、Resin、WebSphere、WebLogic 等，本书采用的是 Tomcat 10.0。

登录 Apache 软件基金会的官方网站(http://jakarta.Apache.org/tomcat)，下载 Tomcat 10.0 的免安装版(本书采用 apache-tomcat-10.0.23-windows-x64.zip)。登录网站后，首先在 Download 中选择 Tomcat 10.0，然后在 Binary Distributions 的 Core 中选择适合的 ZIP 文件。

❸ Eclipse

为了提高开发效率，通常需要安装 IDE(集成开发环境)工具，在本书中使用的 IDE 工具是 Eclipse。Eclipse 是一个可用于开发 JSP 程序的 IDE 工具。登录 http://www.eclipse.

org/ide,根据操作系统的位数下载相应的 Eclipse。本书采用的是“eclipse-jee-2022-09-M2-win32-x86_64.zip”。

▶ 2.1.2　工具的集成

❶ JDK 的安装与配置

1）安装 JDK

双击下载后的 jdk-18_windows-x64_bin.exe 文件的图标打开安装向导界面,选择接受软件安装协议,建议采用默认的安装路径 C:\Program Files\Java\jdk-18.0.2.1。

2）配置环境变量

在安装 JDK 后需要配置环境变量。在 Win10 系统下首先配置 Java_Home,如图 2.1 所示。

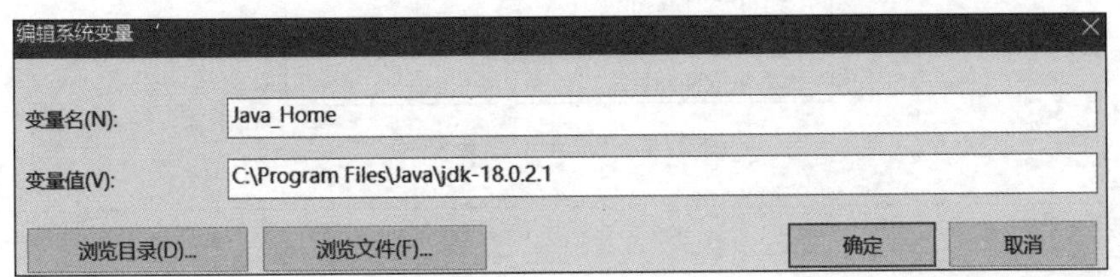

图 2.1　配置 Java_Home

然后在“环境变量”对话框中双击 Path,在弹出的“编辑环境变量”对话框中配置其值,如图 2.2 所示。

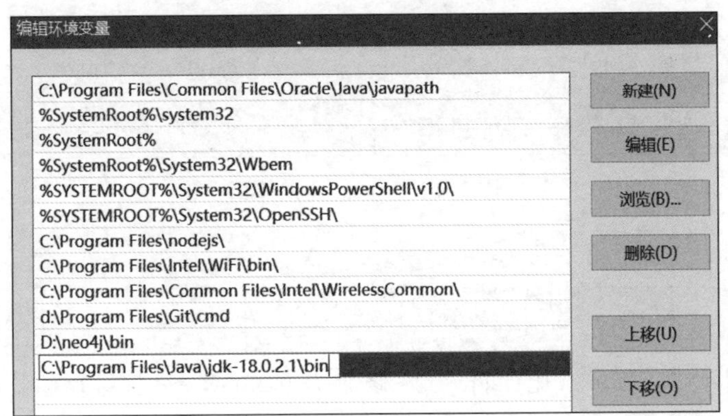

图 2.2　配置 Path

❷ Tomcat 的安装与启动

将下载的 apache-tomcat-10.0.23-windows-x64.zip 解压到某个目录下,例如解压到 D:\soft\Java EE 下,解压缩后将出现如图 2.3 所示的目录结构。

通过执行 Tomcat 根目录下 bin 文件夹中的 startup.bat 来启动 Tomcat 服务器。执行 startup.bat 启动 Tomcat 服务器会占用一个 MS-DOS 窗口,如果关闭当前 MS-DOS 窗口将关闭 Tomcat 服务器。

Tomcat 服务器启动后,在浏览器的地址栏中输入“http://localhost:8080”将出现如图 2.4 所示的 Tomcat 测试页面。

8080 是 Tomcat 服务器默认占用的端口,用户可以通过修改 Tomcat 的配置文件修改端口号。用记事本打开 conf 文件夹下的 server.xml 文件,找到以下代码:

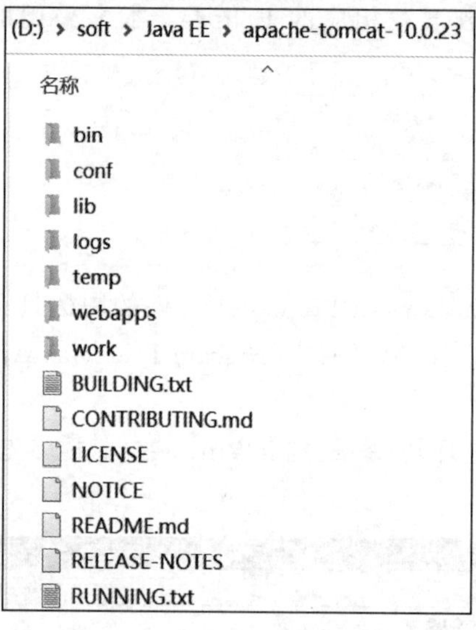

图 2.3　Tomcat 目录结构

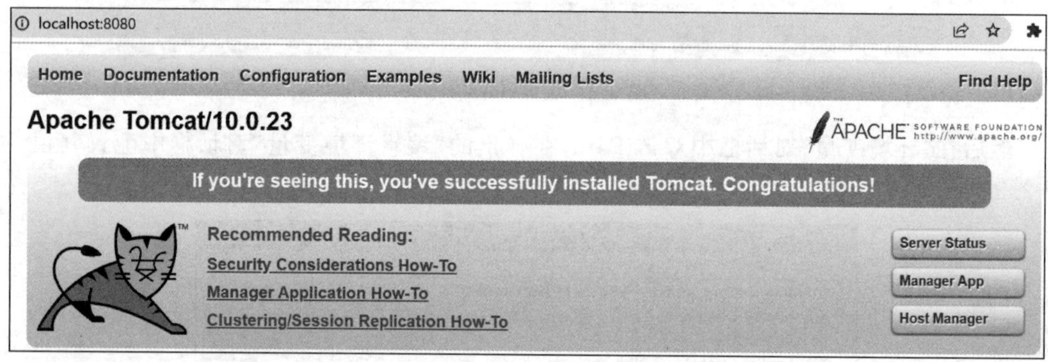

图 2.4　Tomcat 测试页面

```
<Connector port = "8080" protocol = "HTTP/1.1"
           connectionTimeout = "20000"
           redirectPort = "8443" />
```

在 port="8080"中修改端口号，比如将 8080 修改为 9090 等，然后保存 server.xml 文件并重新启动 Tomcat 服务器。如果修改为 9090，那么在浏览器的地址栏中输入“http://localhost:9090”才能打开 Tomcat 的测试页面。

需要说明的是，一般情况下不要修改 Tomcat 默认的端口，除非 8080 已经被占用。在修改端口时应避免与公用端口冲突，一旦冲突会使其他程序不能正常使用。

❸ 安装 Eclipse

在 Eclipse 下载完成后，解压到自己设置的路径下，即可完成安装。在 Eclipse 安装后，双击 Eclipse 安装目录下的 eclipse.exe 文件即可启动 Eclipse。

❹ 集成 Tomcat

启动 Eclipse，选择 Window/Preferences 菜单项，在弹出的对话框中选择 Server/Runtime Environment，单击右侧的 Add 按钮，弹出如图 2.5 所示的 New Server Runtime Environment 对话框，在其中可以配置各种版本的 Web 服务器。

在图 2.5 中选择 Apache Tomcat v10.0，单击 Next 按钮，进入如图 2.6 所示的界面。

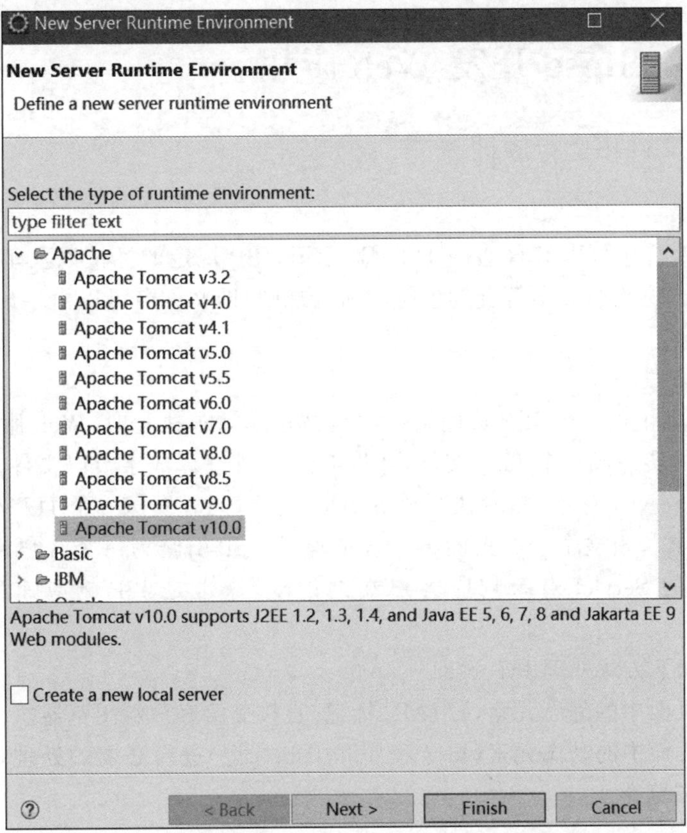

图 2.5　New Server Runtime Environment 对话框

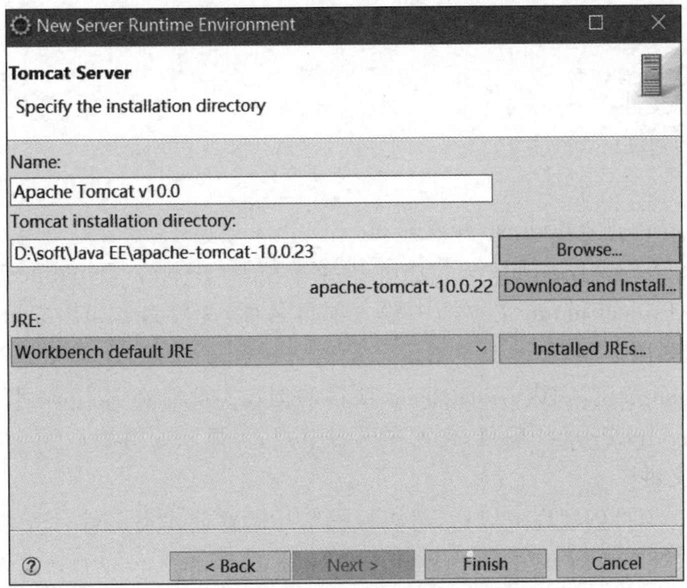

图 2.6　Tomcat Server 界面

在图 2.6 中单击 Browse 按钮，选择 Tomcat 的安装目录，然后单击 Finish 按钮完成 Tomcat 的配置。

至此可以使用 Eclipse 创建 Dynamic Web Project，并在 Tomcat 下运行。

扫一扫

视频讲解

2.2　使用 Eclipse 开发 Web 应用

▶ 2.2.1　JSP 文件和运行原理

❶ JSP 文件

在一个 JSP 文件中可以有普通的 HTML 标记、JSP 规定的标记以及 Java 程序。JSP 文件的扩展名是.jsp，文件名必须符合标识符的命名规则，即文件名可以由字母、下画线、美元符号和数字组成。

❷ JSP 运行原理

当 Web 服务器上的一个 JSP 页面第一次被客户端请求执行时，Web 服务器上的 JSP 引擎首先将 JSP 文件转译成一个 Java 文件，并将 Java 文件编译成字节码文件，字节码文件在服务器端创建一个 Servlet 对象，然后执行该 Servlet 对象，同时发送一个 HTML 页面到客户端响应客户端的请求。当这个 JSP 页面再次被请求时，JSP 引擎为每个客户端启动一个线程，并直接执行对应的 Servlet 对象响应客户端的请求，这也是 JSP 响应速度比较快的原因之一。

JSP 引擎用如下方式处理 JSP 页面：

(1) 将 JSP 页面中的静态元素(HTML 标记)直接交给客户端浏览器执行显示。

(2) 对 JSP 页面中的动态元素(Java 程序和 JSP 标记)进行必要的处理，将需要显示的结果发送给客户端浏览器。

▶ 2.2.2　一个简单的 Web 应用

使用 Eclipse 开发一个 Web 应用需要以下 3 个步骤：

(1) 创建项目。

(2) 创建 JSP 文件。

(3) 发布项目到 Tomcat 并运行。

❶ 创建项目

(1) 启动 Eclipse，进入 Eclipse 开发界面。

(2) 选择 File/New/Dynamic Web Project 菜单项，打开 New Dynamic Web Project 对话框，在该对话框的 Project name 文本框中输入项目名称，这里为 firstProject。然后在 Target runtime 区域中选择服务器，如图 2.7 所示。

(3) 单击 Finish 按钮，完成 firstProject 项目的创建。此时在 Eclipse 平台左侧的 Project Explorer 中将显示 firstProject 项目，依次展开各节点，可显示如图 2.8 所示的目录结构。

❷ 创建 JSP 文件

在 firstProject 项目创建完成以后，可以根据实际需要创建类文件、JSP 文件和其他文件。这些文件的创建会在需要时介绍，下面创建一个名为 myFirst.jsp 的 JSP 文件。

(1) 选中 firstProject 项目的 webapp 节点并右击，在弹出的快捷菜单中选择 New/JSP File 菜单项，打开 New JSP File 对话框，在该对话框的 File name 文本框中输入文件名 myFirst.jsp，其他采用默认设置，然后单击 Finish 按钮完成 JSP 文件的创建。

(2) 在 JSP 文件创建完成以后，在 firstProject 项目的 webapp 节点下将自动添加一个名为 myFirst.jsp 的 JSP 文件，并且 Eclipse 会自动将 JSP 文件在右侧的编辑框中打开。

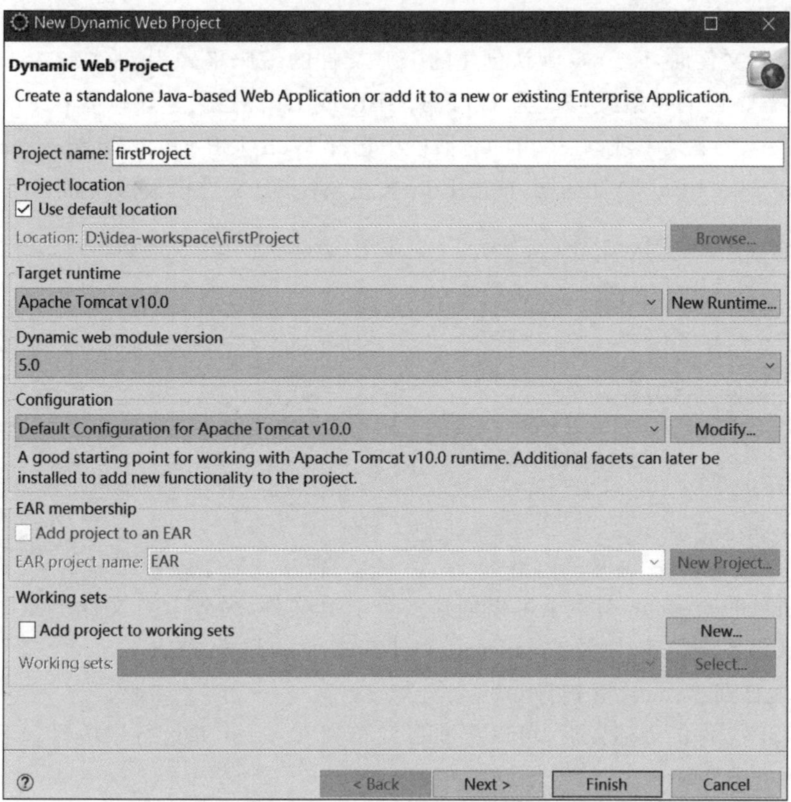

图 2.7 New Dynamic Web Project 对话框

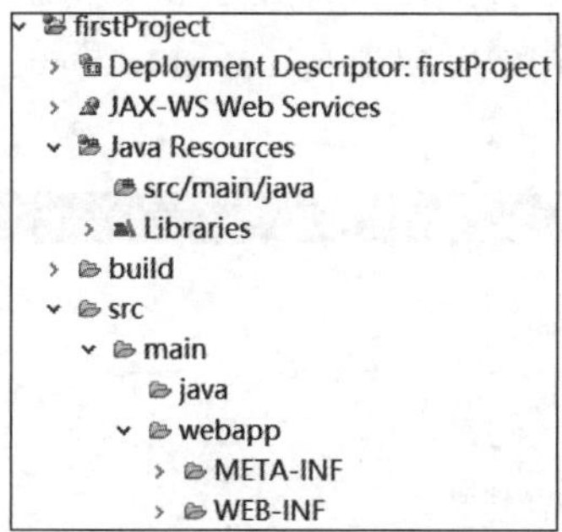

图 2.8 firstProject 项目的目录结构

(3) 将 myFirst.jsp 文件中的默认代码修改如下：

```
<%@ page language = "java" contentType = "text/html; charset = UTF - 8" pageEncoding = "UTF - 8" %>
<!DOCTYPE html>
<html>
<head>
<meta charset = "UTF - 8">
<title> Insert title here </title>
</head>
<body>
    <div align = "center">真高兴,忙乎半天了,终于要看到人生中第一个 JSP 页面了。</div>
</body>
</html>
```

(4) 将编辑好的 JSP 页面保存(按 Ctrl+S 组合键)，至此完成一个简单 JSP 程序的创建。

在创建 JSP 文件时，Eclipse 默认创建的 JSP 文件的编码格式为 ISO-8859-1，为了让页面支持中文，还需要将编码格式修改为 UTF-8、GBK 或 GB2312。建议读者在 Eclipse 中(选择 Window/Preferences 菜单项，在弹出的对话框中选择 Web/JSP Files/Editor/Templates，然后选中 New JSP File(html 5)复选框，单击 Edit 按钮)将 JSP 文件模板修改如下：

```
<%@ page language="java" contentType="text/html; charset=UTF-8" pageEncoding="UTF-8" %>
<!DOCTYPE html>
<html>
<head>
<meta charset="UTF-8">
<title>Insert title here</title>
</head>
<body>
    ${cursor}
</body>
</html>
```

在一个项目的 webapp 节点下可以创建多个 JSP 文件，另外 JSP 文件中使用到的图片文件、CSS 文件(层叠样式表)以及 JavaScript 文件都放在 webapp 节点下。

❸ 发布项目到 Tomcat 并运行

在完成 JSP 文件的创建以后，可以将项目发布到 Tomcat 并运行该项目。下面介绍具体的方法。

(1) 在 firstProject 项目的 webapp 节点下找到 myFirst.jsp 文件并右击，在弹出的快捷菜单中选择 Run As/Run On Server 菜单项，打开 Run On Server 对话框，在该对话框中选择 Apache/Tomcat v10.0 Server，并选中 Always use this server when running this project 复选框，其他采用默认设置，如图 2.9 所示。

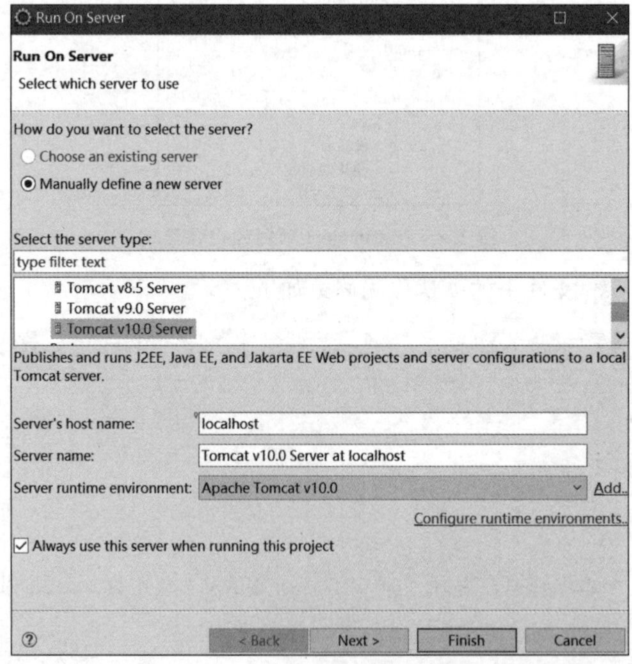

图 2.9 Run On Server 对话框

(2) 单击 Finish 按钮,即可通过 Tomcat 运行该项目,运行后的效果如图 2.10 所示。

图 2.10　运行 firstProject 项目

注意：在 Eclipse 中默认将 Web 项目发布到 Eclipse 的工作空间的.metadata\.plugins\org.eclipse.wst.server.core\tmp0\wtpwebapps\目录下。

▶ 2.2.3　实践环节——使用 Eclipse 开发 Web 应用

(1) 创建一个名为 secondTest 的项目。

(2) 在 secondTest 项目中创建一个名为 yourFirst.jsp 的文件,在 JSP 页面中显示“不错!不错! 自己能创建 JSP 文件了,并且可以发布运行了”。

(3) 发布并运行 secondTest 项目。

本章小结

本章主要介绍了 Java Web 集成开发环境的构建,用到的工具有 JDK、Tomcat 和 Eclipse,它们的安装顺序依次是 JDK、Tomcat、Eclipse。

Tomcat 是一个支持 JSP 的 Web 服务软件,该软件也称为 JSP 引擎或 JSP 容器。JSP 引擎是支持 JSP 程序的 Web 容器,负责运行 JSP 程序,并将有关结果发送给客户端。目前流行的 JSP 引擎有 Tomcat、JRun、Resin、WebSphere、WebLogic 等,本书使用的是 Tomcat 服务器。

习题 2

扫一扫

习题

扫一扫

自测题

第 3 章 JSP语法

学习目的与要求

本章主要介绍 JSP 脚本元素、JSP 指令标记和 JSP 动作标记。通过本章的学习，要求读者理解 JSP 页面的组成部分，掌握 JSP 语法，并能够使用 JSP 开发 Web 页面。

本章主要内容

- JSP 页面的基本构成
- JSP 脚本元素
- JSP 指令标记
- JSP 动作标记

一个 JSP 页面通常由 HTML 标记、JSP 注释、Java 脚本元素以及 JSP 标记 4 种基本元素组成。这 4 种基本元素在 JSP 页面中是如何被使用的为本章介绍的重点。

本章涉及的 JSP 页面保存在 ch3 项目的 src/main/webapp 目录中。

扫一扫

视频讲解

3.1 JSP 页面的基本构成

3.1.1 一个 JSP 页面

在 HTML 静态页面文件中加入和 Java 相关的动态元素，就构成了一个 JSP 页面。一个 JSP 页面通常由以下 4 种基本元素组成：

(1) 普通的 HTML 标记。

(2) JSP 注释。

(3) Java 脚本元素，包括声明、Java 程序片和 Java 表达式。

(4) JSP 标记，例如指令标记、动作标记和自定义标记等。

【例 3-1】 根据 example3_1.jsp 代码中的注释识别 JSP 页面的基本元素。

example3_1.jsp 的代码如下：

```
<%@ page language = "java" contentType = "text/html; charset = UTF - 8" pageEncoding = "UTF - 8" %>
<!DOCTYPE html>
<jsp:include page = "a.jsp"/> <!-- JSP 动作标记 -->
<%!
int i = 0;                          //数据声明
int add(int x, int y) {             //方法声明
      return x + y;
}
%>
<html>      <!-- HTML 标记 -->
<head>
<meta charset = "UTF - 8">
<title> Insert title here </title>
```

```
</head>
<body>
  <%
  i++;                    //Java程序片
  int result = add(1, 2);
  %>
  i的值为<% = i%><% -- Java表达式 -- %>
  <br>
  1+2的和为<% = result%>
</body>
</html>
```

a.jsp的代码如下：

```
<%@ page language = "java" contentType = "text/html; charset = UTF-8" pageEncoding = "UTF-8" %>
<!DOCTYPE html>
<html>
<head>
<meta charset = "UTF-8">
<title>Insert title here</title>
</head>
<body>
    被 example3_1.jsp 动态引用.
</body>
</html>
```

▶ 3.1.2 JSP页面注释

在example3_1.jsp的代码中有许多JSP注释，添加注释能够增强JSP文件的可读性，便于Web项目的更新和维护。JSP页面中常见的注释有以下两种：

❶ HTML注释

格式：<!--HTML注释-->

在标记符“<!--”和“-->”之间加入注释内容，就构成了HTML注释。

JSP引擎对于HTML注释也要进行处理，即不将它看作注释，如果其中有JSP代码，也将被JSP引擎处理。JSP引擎将处理之后的HTML注释交给客户端，在通过浏览器查看JSP源文件时能够看到HTML注释。

❷ JSP注释

格式：<%--JSP注释--%>

在标记符“<%--”和“--%>”之间加入注释内容，就构成了JSP注释。

JSP引擎将JSP注释当作真正的注释，在编译JSP页面时忽略这部分代码，因此在通过浏览器查看JSP源文件时无法看到JSP注释。

▶ 3.1.3 实践环节——识别JSP页面元素

识别出以下JSP页面的基本元素：

```
<%@ page language = "java" contentType = "text/html; charset = UTF-8" pageEncoding = "UTF-8" %>
<!DOCTYPE html>
<!-- 学习JSP页面的基本构成 -->
<%!
```

```
        String content = "JSP 页面的基本构成：";
 %>
<html>
<head>
<meta charset="UTF-8">
<title>shijian3_1.jsp</title>
</head>
<body>
<%
      content = content + "HTML 标记、JSP 注释、JSP 标记以及 Java 脚本元素";
 %>
<% = content %>
</body>
</html>
```

扫一扫

视频讲解

3.2 JSP 脚本元素

JSP 中的 Java 脚本元素包括声明、Java 程序片以及 Java 表达式。

3.2.1 Java 程序片

在标记符"<%"和"%>"之间插入的 Java 代码被称为 JSP 页面的 Java 程序片。Java 程序片的格式如下：

```
<% Java 代码 %>
```

一个 JSP 页面中可以有任意段 Java 程序片，这些程序片将被 JSP 引擎(本书中指 Tomcat 服务器)按顺序执行。在一个程序片中声明的变量称为 JSP 页面的局部变量，它们在 JSP 页面中后继的所有程序片以及表达式内都有效。

当多个用户请求一个 JSP 页面时，JSP 引擎为每个用户启动一个线程，不同的线程会分别执行该 JSP 页面中的 Java 程序片，程序片中的局部变量会在不同的线程中被分配不同的内存空间，因此一个用户对 JSP 页面中局部变量操作的结果不会影响其他用户。Java 程序片的执行原理如图 3.1 所示。

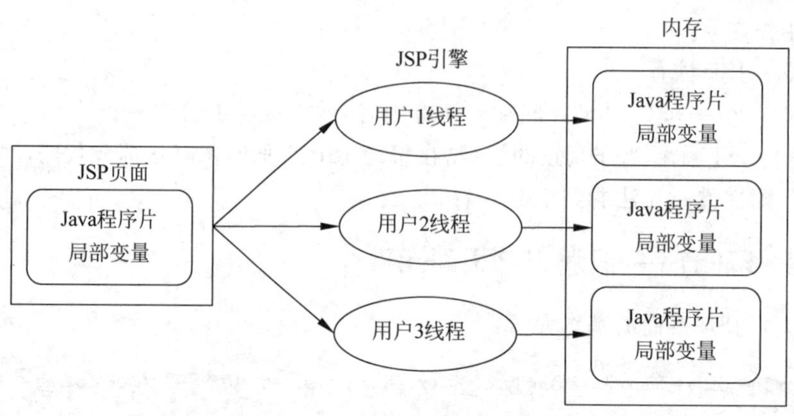

图 3.1　Java 程序片的执行原理

【例 3-2】 编写一个 JSP 页面 example3_2.jsp，在页面中存在一段 Java 程序片，该程序片内声明了一个整型的局部变量 n，初始值为 0。

example3_2.jsp 的代码如下：

```
<%@ page language = "java" contentType = "text/html; charset = UTF - 8" pageEncoding = "UTF - 8" %>
<!DOCTYPE html>
<html>
<head>
<meta charset = "UTF - 8">
<title>example3_2.jsp</title>
</head>
<body>
<%
    int n = 0;
    n++;
    out.print("n = " + n);
%>
</body>
</html>
```

如果有 5 个用户请求 example3_2.jsp 页面，JSP 引擎会启动 5 个线程，页面中的 Java 程序片在每个线程中都会被执行一次，共执行 5 次；在内存中，局部变量 n 对应 5 处不同的存储空间，初始值都为 0，且都仅执行了一次自加运算，所以 5 个用户看到的页面效果是相同的。

3.2.2 成员变量与方法的声明

成员变量和方法的声明格式如下：

```
<%! 变量或方法的定义 %>
```

在标记符"<%!"和"%>"之间声明的变量被称为 JSP 页面的成员变量，它们可以是 Java 语言允许的任何数据类型。例如：

```
<%!
    int n = 0;
    Date date;
%>
```

成员变量在整个 JSP 页面内都有效(与书写位置无关)，因为 JSP 引擎在将 JSP 页面转译成 Java 文件时将这些变量作为类的成员变量，这些变量的内存空间直到服务器关闭才释放，因此多个用户共享 JSP 页面的成员变量，任何用户对 JSP 页面成员变量操作的结果都会影响到其他用户。

在标记符"<%!"和"%>"之间声明的方法被称为 JSP 页面的成员方法，该方法在整个 JSP 页面内有效，但是在该方法内定义的变量仅在该方法内有效。

【例 3-3】 编写一个 JSP 页面 example3_3.jsp，在该页面中声明一个成员变量 n(初始值为 0)和方法 add()(求两个整数的和)，另外该页面中还有一段 Java 程序片，在程序片中声明一个局部变量 m，并且对成员变量 n 和局部变量 m 分别进行自加运算。

example3_3.jsp 的代码如下：

```
<%@ page language = "java" contentType = "text/html; charset = UTF - 8" pageEncoding = "UTF - 8" %>
<!DOCTYPE html>
```

```
<html>
<head>
<meta charset="UTF-8">
<title>example3_3.jsp</title>
</head>
<%!
int n=0;
int add(int x,int y){
    return x+y;
}
%>
<body>
<%
    int m=0;
    n++;
    m++;
    int result=add(1,2);
    out.print("成员变量 n 的值为: "+n+"<br>");
    out.print("局部变量 m 的值为: "+m+"<br>");
    out.print("1+2="+result+"<br>"+"<br>");
    out.print("第"+n+"个用户");
%>
</body>
</html>
```

在 example3_3.jsp 中,变量 n 是成员变量,被所有用户共享;变量 m 是局部变量,被每个用户独享。如果有 3 个用户请求这个 JSP 页面,则看到的效果如图 3.2 所示。

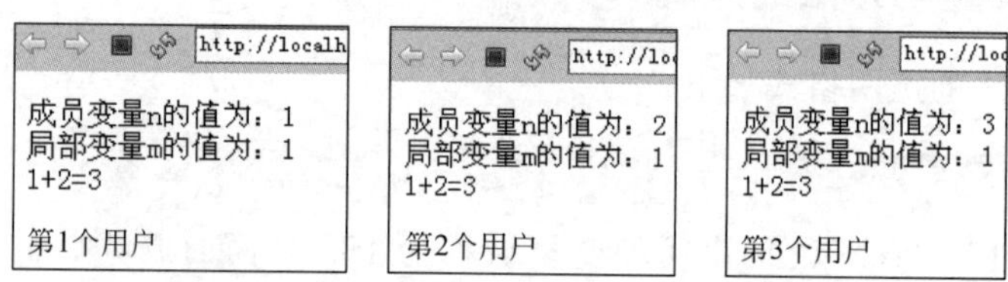

图 3.2 3 个用户请求 example3_3.jsp 页面的效果

从 example3_3.jsp 中可知 Java 程序片具有以下特点:

(1) 调用 JSP 页面声明的方法。

(2) 操作 JSP 页面声明的成员变量。

(3) 声明局部变量。

(4) 操作局部变量。

3.2.3 Java 表达式

在标记符"<%="和"%>"之间可以插入一个表达式,这个表达式必须能求值。表达式的值由 Web 服务器负责计算,并将计算结果用字符串形式发送到客户端,作为 HTML 页面的内容显示。

在 Java 表达式中可以有算术表达式、逻辑表达式、条件表达式等,但在使用 Java 表达式时需要注意以下两点:

(1) 不可以在"<%="和"%>"之间插入语句,即输入的内容不能以分号结束。

(2) "<%="是一个完整的符号,在"<%"和"="之间不能有空格。

▶ 3.2.4 实践环节——在 JSP 页面中输出英文字母表

编写一个 JSP 页面，在 JSP 页面中使用 Java 程序片输出小写的英文字母表。

▶ 3.2.5 实践环节——网站访问量的统计

利用成员变量被所有用户共享这一性质实现一个简单的计数器，页面效果如图 3.3 所示。

图 3.3 简单的计数器

▶ 3.2.6 实践环节——打印表格

在浏览器中输出 15×10 的表格，页面效果如图 3.4 所示。

http://localhost:8080/ch3/practice3_3.jsp

1	2	3	4	5	6	7	8	9	10	11	12	13	14	15
2	4	6	8	10	12	14	16	18	20	22	24	26	28	30
3	6	9	12	15	18	21	24	27	30	33	36	39	42	45
4	8	12	16	20	24	28	32	36	40	44	48	52	56	60
5	10	15	20	25	30	35	40	45	50	55	60	65	70	75
6	12	18	24	30	36	42	48	54	60	66	72	78	84	90
7	14	21	28	35	42	49	56	63	70	77	84	91	98	105
8	16	24	32	40	48	56	64	72	80	88	96	104	112	120
9	18	27	36	45	54	63	72	81	90	99	108	117	126	135
10	20	30	40	50	60	70	80	90	100	110	120	130	140	150

图 3.4 15×10 的表格

3.3 JSP 指令标记

常用的 JSP 指令标记有 page 指令标记和 include 指令标记。

▶ 3.3.1 page 指令标记

page 指令标记用来定义整个 JSP 页面中的一些属性和这些属性的值，可以用一个 page 指令标记指定多个属性的值，也可以使用多个 page 指令标记分别为每个属性指定值。page 指令标记的语法格式如下：

```
<%@ page 属性 1 = "属性 1 的值" 属性 2 = "属性 2 的值" … %>
```

或

```
<%@ page 属性 1 = "属性 1 的值" %>
<%@ page 属性 2 = "属性 2 的值" %>
<%@ page 属性 3 = "属性 3 的值" %>
…
<%@ page 属性 n = "属性 n 的值" %>
```

page 指令标记的属性主要有 contentType、import、language 和 pageEncoding 等。

❶ contentType 属性

JSP 页面使用 page 指令标记只能为 contentType 属性指定一个值，用来确定响应的 MIME 类型（MIME 类型就是设定某种文件用相应的一种应用程序来打开的方式类型）。当用户请求一个 JSP 页面时，服务器会告诉浏览器使用 contentType 属性指定的 MIME 类型来解释执行所接收到的服务器为之响应的信息。例如，当浏览器使用 Word 应用程序打开用户的请求时，可以将 contentType 属性值设置为：

```
<%@page contentType = "application/msword;charset = UTF - 8" %>
```

常见的 MIME 类型有 text/html（HTML 解析器，所谓的网页形式）、text/plain（普通文本）、application/pdf（PDF 文档）、application/msword（Word 应用程序）、image/jpeg（JPEG 图像）、image/png（PNG 图像）、image/gif（GIF 图形）以及 application/vnd. ms-powerpoint（PowerPoint 应用程序）。

❷ import 属性

在 JSP 页面中使用 page 指令标记可以为 import 属性指定多个值，import 属性的作用是为 JSP 页面引入包中的类，以便在 JSP 页面的程序片、变量及方法声明或表达式中使用包中的类。

❸ language 属性

language 属性用来指定 JSP 页面中使用的脚本语言，目前该属性的值只能取"java"。

❹ pageEncoding 属性

contentType 中的 charset 是指服务器发送给浏览器时用户所见到的网页内容的编码；pageEncoding 是指 JSP 文件存储时所用的编码。

在 JSP 规范中，如果 pageEncoding 属性存在，那么 JSP 页面的字符编码方式就由 pageEncoding 决定，否则由 contentType 属性中的 charset 决定，如果 charset 也不存在，JSP 页面的字符编码方式采用默认的 ISO-8859-1。

【例 3-4】 编写一个 JSP 页面 example3_4. jsp，当用户请求该页面时，在 Eclipse 内嵌的浏览器中启动本地的 PowerPoint 应用程序打开该页面。

example3_4. jsp 的代码如下：

```
<%@ page language = "java" contentType = "application/vnd.ms - powerpoint; charset = UTF - 8"
pageEncoding = "UTF - 8" %>
<!DOCTYPE html>
<html>
<head>
<meta charset = "UTF - 8">
<title>example3_4.jsp</title>
</head>
<body>
    在学习 page 指令标记时，请记住只能为 JSP 页面设置一个 contentType 属性值，可以为 import 属性
设置多个值.
</body>
</html>
```

▶ 3.3.2 include 指令标记

一个网站中的多个 JSP 页面有时需要显示同样的信息，例如该网站的 Logo、导航条等，为了便于维护网站程序，通常在这些 JSP 页面的适当位置嵌入一个相同的文件。include 指令标

记的作用就是将 JSP 文件、HTML 网页文件或其他文本文件等静态嵌入当前的 JSP 网页中，该指令标记的语法格式如下：

```
<%@include file="文件的 URL"%>
```

所谓静态嵌入就是“先包含后处理”，在编译阶段完成对文件的嵌入，即先将当前 JSP 页面与要嵌入的文件合并成一个新的 JSP 页面，然后由 JSP 引擎将新页面转化为 Java 文件处理并运行。

【例 3-5】 编写两个 JSP 页面 example3_5.jsp 和 example3_5_1.jsp，在 example3_5.jsp 页面中使用 include 指令标记静态嵌入 example3_5_1.jsp 页面，访问 example3_5.jsp 页面，运行效果如图 3.5 所示。

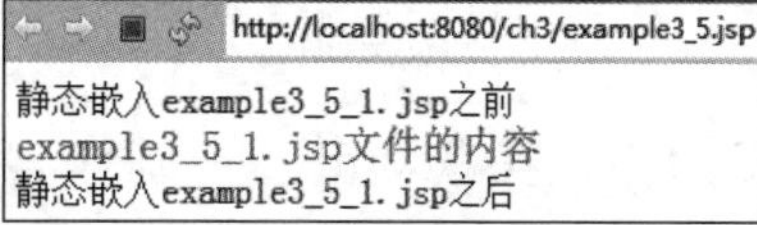

图 3.5 include 指令标记的使用

example3_5.jsp 的代码如下：

```
<%@ page language="java" contentType="text/html; charset=UTF-8" pageEncoding="UTF-8"%>
<!DOCTYPE html>
<html>
<head>
<meta charset="UTF-8">
<title>example3_5.jsp</title>
</head>
<body>
    静态嵌入 example3_5_1.jsp 之前
    <br>
    <%@include file="example3_5_1.jsp"%>
    <br>
    静态嵌入 example3_5_1.jsp 之后
</body>
</html>
```

example3_5_1.jsp 的代码如下：

```
<%@ page language="java" contentType="text/html; charset=UTF-8" pageEncoding="UTF-8"%>
<!DOCTYPE html>
<html>
<head>
<meta charset="UTF-8">
<title>example3_5_1.jsp</title>
</head>
<body>
    <font color="red" size=4>example3_5_1.jsp 文件的内容</font>
</body>
</html>
```

example3_5.jsp 页面静态嵌入 example3_5_1.jsp 页面，需要先将 example3_5_1.jsp 中的所有代码嵌入 example3_5.jsp 的指定位置，形成一个新的 JSP 文件，然后将新文件提交给 JSP 引擎处理，如图 3.6 所示。

在使用 include 指令标记时，需要注意嵌入文件后必须保证新合成的 JSP 页面符合 JSP 的语法规则，比如例 3-5 的 example3_5.jsp 和 example3_5_1.jsp 两个页面的 page 指令标记就不能指定不同的 contentType 值，否则合并后的 JSP 页面就使用两次 page 指令标记为 contentType 属性设置了不同的属性值，导致语法错误。

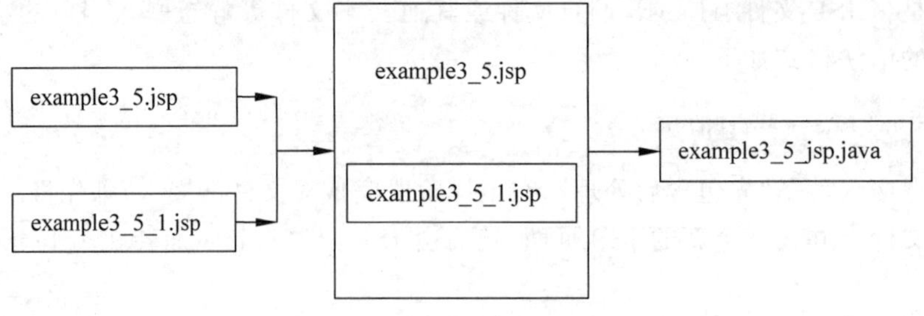

图 3.6 静态嵌入的原理

3.3.3 实践环节——制作导航栏

编写 3 个 JSP 页面 index.jsp、main.jsp 和 head.jsp，在 index.jsp 和 main.jsp 页面中分别使用 include 指令标记静态嵌入 head.jsp(导航栏)。导航栏的运行效果如图 3.7 所示。

图 3.7 导航栏的运行效果

扫一扫

视频讲解

3.4 JSP 动作标记

常用的 JSP 动作标记有 include、forward、param、useBean、getProperty 和 setProperty，其中 useBean、getProperty 和 setProperty 将在本书的第 5 章中介绍。

3.4.1 include 动作标记

动作标记 include 的作用是将 JSP 文件、HTML 网页文件或其他文本文件等动态嵌入当前的 JSP 网页中。该动作标记的语法格式如下：

```
<jsp:include page = "文件的 URL"/>
```

或

```
<jsp:include page = "文件的 URL">
    子标记
<jsp:include/>
```

当动作标记 include 不需要子标记时使用上述第一种形式。

所谓动态嵌入就是“先处理后包含”，在运行阶段完成对文件的嵌入，即在将 JSP 页面转译成 Java 文件时并不合并两个页面，而是在 Java 文件的字节码文件被加载并执行时才去处理 include 动作标记中引入的文件。与静态嵌入相比，动态嵌入的执行速度稍慢，但是灵活性较高。

【例 3-6】 编写两个 JSP 页面 example3_6.jsp 和 example3_6_1.jsp，在 example3_6.jsp 页面中使用 include 动作标记动态嵌入 example3_6_1.jsp 页面，运行 example3_6.jsp 页面。

example3_6.jsp 的代码如下：

```
<%@ page language = "java" contentType = "text/html; charset = UTF - 8" pageEncoding = "UTF - 8" %>
<!DOCTYPE html>
<html>
```

```
<head>
<meta charset="UTF-8">
<title>example3_6.jsp</title>
</head>
<body>
    动态嵌入 example3_6_1.jsp 之前
    <br>
    <jsp:include page="example3_6_1.jsp"/>
    <br>
    动态嵌入 example3_6_1.jsp 之后
</body>
</html>
```

example3_6_1.jsp 的代码如下：

```
<%@ page language="java" contentType="text/html; charset=UTF-8" pageEncoding="UTF-8" %>
<!DOCTYPE html>
<html>
<head>
<meta charset="UTF-8">
<title>example3_6_1.jsp</title>
</head>
<body>
    <font color="red" size=4>example3_6_1.jsp 文件的内容</font>
</body>
</html>
```

页面文件 example3_6.jsp 通过动作标记 include 动态嵌入了 example3_6_1.jsp，此时 JSP 引擎不会将两个文件合并成一个 JSP 页面，而是分别将文件 example3_6.jsp 和 example3_6_1.jsp 转化成对应的 Java 文件和字节码文件。当 JSP 解释器解释执行 example3_6.jsp 页面时会遇到动作指令<jsp:include page="example3_6_1.jsp"/>对应的代码，此时才会执行 example3_6_1.jsp 页面对应的字节码文件，然后将执行的结果发送到客户端，并由客户端负责显示这些结果，所以 example3_6.jsp 和 example3_6_1.jsp 页面中 page 指令标记的 contentType 属性值可以不同。

▶ 3.4.2　forward 动作标记

动作标记 forward 的作用是从该标记出现处停止当前 JSP 页面的继续执行，转而执行 forward 动作标记中 page 属性值指定的 JSP 页面。该动作标记的语法格式如下：

```
<jsp: forward page="文件的 URL"/>
```

或

```
<jsp: forward page="文件的 URL">
    子标记
</jsp: forward>
```

当动作标记 forward 不需要子标记时使用上述第一种形式。

【例 3-7】 编写 3 个 JSP 页面 example3_7.jsp、oddNumber.jsp 和 evenNumbers.jsp，在 example3_7.jsp 页面中随机获取 0～10 的整数，当该整数为偶数时转向页面 evenNumbers.jsp，否则转向页面 oddNumber.jsp。首先访问 example3_7.jsp 页面。

example3_7.jsp 的代码如下：

```
<%@ page language = "java" contentType = "text/html; charset = UTF - 8" pageEncoding = "UTF - 8" %>
<!DOCTYPE html>
<html>
<head>
<meta charset = "UTF - 8">
<title> example3_7.jsp </title>
</head>
<body>
<%
long i = Math.round(Math.random() * 10);
if(i%2 == 0){
        System.out.println("获得的整数是偶数,即将跳转到偶数页面 evenNumbers.jsp.");
%>
        <jsp:forward page = "evenNumbers.jsp"/>
<%
        System.out.println("我是偶数,尝试一下能看到我吗?");
}else{
        System.out.println("获得的整数是奇数,即将跳转到奇数页面 oddNumber.jsp.");
%>
<jsp:forward page = "oddNumber.jsp"/>
<%
        System.out.println("我是奇数,尝试一下能看到我吗?");
}
%>
</body>
</html>
```

evenNumbers.jsp 的代码如下：

```
<%@ page language = "java" contentType = "text/html; charset = UTF - 8" pageEncoding = "UTF - 8" %>
<!DOCTYPE html>
<html>
<head>
<meta charset = "UTF - 8">
<title> evenNumbers.jsp </title>
</head>
<body>
    我是偶数页.
</body>
</html>
```

oddNumber.jsp 的代码如下：

```
<%@ page language = "java" contentType = "text/html; charset = UTF - 8" pageEncoding = "UTF - 8" %>
<!DOCTYPE html>
<html>
<head>
<meta charset = "UTF - 8">
<title> oddNumber.jsp </title>
</head>
<body>
    我是奇数页.
</body>
</html>
```

3.4.3 param 动作标记

动作标记 param 不能单独使用，但可以作为 include、forward 动作标记的子标记来使用，该动作标记以“名字-值”对的形式为对应页面传递参数。该动作标记的语法格式如下：

```
<jsp:父标记 page = "接收参数页面的 URL">
    <jsp:param name = "参数名" value = "参数值"/>
</jsp:父标记>
```

接收参数的页面可以使用内置对象 request 调用 getParameter("参数名")方法获取动作标记 param 传递过来的参数值。内置对象将在本书的第 4 章中介绍。

用户可以使用 param 子标记向页面传递多个参数，格式如下：

```
<jsp:父标记 page = "接收参数页面的 URL">
    <jsp:param name = "参数名 1" value = "参数值 1"/>
    <jsp:param name = "参数名 2" value = "参数值 2"/>
    <jsp:param name = "参数名 3" value = "参数值 3"/>
    …
</jsp:父标记>
```

【例 3-8】 编写两个页面 example3_8.jsp 和 computer.jsp，在页面 example3_8.jsp 中使用 include 动作标记动态包含文件 computer.jsp，并向它传递一个矩形的长和宽；computer.jsp 接收到参数后计算矩形的面积，并显示结果。

example3_8.jsp 的代码如下：

```
<%@ page language = "java" contentType = "text/html; charset = UTF - 8" pageEncoding = "UTF - 8" %>
<!DOCTYPE html>
<html>
<head>
<meta charset = "UTF - 8">
<title>example3_8.jsp</title>
</head>
<body>
    加载 computer.jsp 页面计算矩形的面积<br><br>
    <jsp:include page = "computer.jsp">
        <jsp:param value = "10" name = "length"/>
        <jsp:param value = "6" name = "width"/>
    </jsp:include>
</body>
</html>
```

computer.jsp 的代码如下：

```
<%@ page language = "java" contentType = "text/html; charset = UTF - 8" pageEncoding = "UTF - 8" %>
<!DOCTYPE html>
<html>
<head>
<meta charset = "UTF - 8">
<title>computer.jsp</title>
</head>
<body>
    <%
        String m = request.getParameter("length");
```

```
            String n = request.getParameter("width");
            double a = Double.parseDouble(m);
            double b = Double.parseDouble(n);
            out.print("我是被加载的页面,负责计算矩形的面积" + "<br>");
            out.print("给我传递的矩形的长度是:" + a + ",宽度是:" + b + "<br>");
            out.print("矩形的面积是:" + a * b);
        %>
    </body>
</html>
```

▶ 3.4.4 实践环节——include和param动作标记的应用

编写3个JSP页面input.jsp、first.jsp和second.jsp,将3个JSP文件保存在同一个Web服务目录中,input.jsp使用include动作标记加载first.jsp和second.jsp页面。first.jsp页面可以画出一个表格,second.jsp页面可以计算出两个正整数的最大公约数。当first.jsp被加载时获取input.jsp页面中include动作标记的param子标记提供的表格的行数和列数,当second.jsp被加载时获取input.jsp页面中include动作标记的param子标记提供的两个正整数的值。

▶ 3.4.5 实践环节——登录验证

编写3个JSP页面login.jsp、validate.jsp和success.jsp,login.jsp输入用户名和密码信息,提交给validate.jsp进行用户验证,如果验证为合法用户(用户名为tom,密码为jenny),则转到(forward动作标记)success.jsp页面,否则转到login.jsp页面重新登录。

本章小结

本章主要介绍了JSP页面的组成、JSP脚本元素和JSP标记。一个JSP页面通常由HTML标记、JSP注释、Java脚本元素以及JSP标记组成。JSP脚本元素包括Java程序片、JSP页面成员变量与方法的声明、Java表达式。JSP标记包括指令标记和动作标记。

习题3

扫一扫

习题

扫一扫

自测题

第 4 章 JSP内置对象

学习目的与要求

本章主要介绍 request、response、out、session、application、pageContext、page、config 和 exception 等内置对象。通过本章的学习，要求读者理解 JSP 内置对象的含义，掌握 JSP 内置对象的使用方法。

本章主要内容

- request 对象
- response 对象
- out 对象
- session 对象
- application 对象
- pageContext 对象
- page 对象
- config 对象
- exception 对象

有些对象在 JSP 页面中不需要声明和实例化，可以直接在 Java 程序片和 Java 表达式部分使用，称这样的对象为 JSP 内置对象。JSP 内置对象由 Web 服务器负责实现和管理，JSP 自带了 9 个功能强大的内置对象，共分为 4 类。

(1) 与 Input/Output 有关的内置对象：与 Input/Output 有关的内置对象包括 request、response 和 out，该类对象主要用来作为客户端和服务器之间通信的桥梁。request 对象表示客户端对服务器发送的请求；response 对象表示服务器对客户端的响应；而 out 对象负责把处理结果输出到客户端。

(2) 与 Context 有关的内置对象：与 Context(上下文)有关的内置对象包括 session、application 和 pageContext。其中 session 对象表示浏览器与服务器会话的上下文环境；application 对象表示应用程序(Web 应用)的上下文环境；pageContext 对象表示当前 JSP 页面的上下文环境。

(3) 与 Servlet 有关的内置对象：与 Servlet 有关的内置对象包括 page 和 config。page 对象表示 JSP 文件转换为 Java 文件后的 Servlet 对象；config 对象表示 JSP 文件转换为 Java 文件后的 Servlet 的 ServletConfig 对象。

(4) 与 Error 有关的内置对象：与 Error 有关的内置对象只有一个 exception 对象。当 JSP 网页有错误时将产生异常，该对象用来处理这个异常。

本章涉及的 JSP 页面保存在 ch4 项目的 src/main/webapp 目录中。

4.1 request 对象

request 对象的类型为 jakarta. servlet. http. HttpServletRequest。当客户端请求一个 JSP 页面时，JSP 页面所在的服务器将客户端发出的所有请求信息封装在内置对象 request 中，因此使用该对象就可以获取客户端提交的信息。

4.1.1 request 对象的常用方法

request 对象的常用方法如表 4.1 所示。

表 4.1 request 对象的常用方法

序　号	方　法	功能说明
1	Object getAttribute(String name)	返回指定属性的属性值
2	Enumeration getAttributeNames()	返回所有可用属性名的枚举
3	String getCharacterEncoding()	返回字符编码方式
4	int getContentLength()	返回请求体的字节数
5	String getContentType()	返回请求体的 MIME 类型
6	ServletInputStream getInputStream()	返回请求体中一行的二进制流
7	String getParameter(String name)	返回 name 参数的值
8	Enumeration getParameterNames()	返回可用参数名的枚举
9	String[] getParameterValues(String name)	返回包含 name 参数的所有值的数组
10	String getProtocol()	返回请求所用的协议类型及版本号
11	String getServerName()	返回接受请求的服务器的主机名
12	int getServerPort()	返回服务器接受此请求所用的端口号
13	String getRemoteAddr()	返回发送此请求的客户端的 IP 地址
14	String getRemoteHost()	返回发送此请求的客户端的主机名
15	void setAttribute(String key, Object obj)	设置属性的值
16	String getRealPath(String path)	返回一个虚拟路径的真实路径

❶ 用 request 对象获取客户端提交的信息

1) String getParameter(String name)

该方法以字符串的形式返回客户端传来的某个参数的值，该参数名由 name 指定。

【例 4-1】 调用 getParameter(String name)方法获取表单信息。

example4_1. jsp 的代码如下：

```
<%@ page language="java" contentType="text/html; charset=UTF-8" pageEncoding="UTF-8"%>
<!DOCTYPE html>
<html>
<head>
<meta charset="UTF-8">
<title>example4_1.jsp</title>
</head>
<body>
<form action="getValue.jsp">
    <input type="text" name="userName"/>
    <input type="submit" value="提交"/>
</form>
```

```
</body>
</html>
```

getValue.jsp 的代码如下：

```
<%@ page language="java" contentType="text/html; charset=UTF-8" pageEncoding="UTF-8"%>
<!DOCTYPE html>
<html>
<head>
<meta charset="UTF-8">
<title>getValue.jsp</title>
</head>
<body>
<%
    String name = request.getParameter("userName");
    //userName 为 example4_1.jsp 页面中的表单参数名
    out.println(name);
%>
</body>
</html>
```

2) String[] getParameterValues(String name)

该方法以字符串数组的形式返回客户端向服务器传递的指定参数名的所有值。

【例 4-2】 调用 getParameterValues(String name)方法获取表单信息。

example4_2.jsp 的代码如下：

```
<%@ page language="java" contentType="text/html; charset=UTF-8" pageEncoding="UTF-8"%>
<!DOCTYPE html>
<html>
<head>
<meta charset="UTF-8">
<title>example4_2.jsp</title>
</head>
<body>
<form action="getValues.jsp">
    选择你去过的城市：<br/>
    <input type="checkbox" name="cities" value="北京"/>北京
    <input type="checkbox" name="cities" value="上海"/>上海
    <input type="checkbox" name="cities" value="西安"/>西安
    <input type="submit" value="提交"/>
</form>
</body>
</html>
```

getValues.jsp 的代码如下：

```
<%@ page language="java" contentType="text/html; charset=UTF-8" pageEncoding="UTF-8"%>
<!DOCTYPE html>
<html>
<head>
<meta charset="UTF-8">
<title>getValues.jsp</title>
</head>
<body>
```

```
您去过的城市:<br>
<%
    String yourCities[] = request.getParameterValues("cities");
    for(int i = 0; i < yourCities.length; i ++){
          out.println(yourCities[i] + "<br>");
    }
%>
</body>
</html>
```

❷ NullPointerException 异常

如果不选择 example4_2.jsp 页面中的城市,直接单击“提交”按钮,那么 getValues.jsp 页面就会提示出现 NullPointerException 异常。为了避免在运行时出现 NullPointerException 异常,在 getValues.jsp 页面中使用以下代码:

```
if(yourCities != null){
      for(int i = 0;i < yourCities.length; i ++){
            out.print(yourCities[i] + "<br>");
      }
}
```

▶ 4.1.2 用 request 对象存取数据

request 对象可以通过 void setAttribute(String key, Object obj)方法将参数 obj 指定的对象保存到 request 对象中,key 为所保存的对象指定一个关键字。若保存的两个对象关键字相同,则先保存的对象被清除。

request 对象可以通过 Object getAttribute(String key)方法获取请求域(例如 forward 转发)中的关键字为 key 的对象(属性值)。

在实际应用中,request 对象经常用于存储、传递本次请求的处理结果。

【例 4-3】 编写两个 JSP 页面 example4_3.jsp 和 example4_3_1.jsp,在 example4_3.jsp 页面中输入一个整数提交给 example4_3_1.jsp 页面求平方。当输入值为非整数时,在 example4_3_1.jsp 页面中使用 request 对象的 setAttribute(String key, Object obj)方法将错误消息存储到 request 对象中,同时使用 forward 动作标记转发到 example4_3_1.jsp 页面并显示错误消息。

example4_3.jsp 的代码如下:

```
<%@ page language = "java" contentType = "text/html; charset = UTF - 8" pageEncoding = "UTF - 8" %>
<!DOCTYPE html>
<html>
<head>
<meta charset = "UTF - 8">
<title>example4_3.jsp</title>
</head>
<body>
    <%
        //从请求域中获取 errorMsg 属性的错误消息
        String error = (String)request.getAttribute("errorMsg");
        if(error != null){
             out.print("<font color = 'red'>" + error + "</font>");
```

```
        }
    %>
    <form action = "example4_3_1.jsp">
        输入一个整数求平方:
        <input type = "text" name = "mynumber">
        <br>
        <input type = "submit" value = "提交">
    </form>
</body>
</html>
```

example4_3_1.jsp 的代码如下：

```
<%@ page language = "java" contentType = "text/html; charset = UTF - 8" pageEncoding = "UTF - 8" %>
<!DOCTYPE html>
<html>
<head>
<meta charset = "UTF - 8">
<title> example4_3_1.jsp </title>
</head>
<body>
    <%
        String number = request.getParameter("mynumber");
        int toNumber = 0;
        try{
            toNumber = Integer.parseInt(number);
            out.print(toNumber * toNumber);
        }catch(Exception e){
            request.setAttribute("errorMsg", "请输入一个整数!");
    %>
            <jsp:forward page = "example4_3.jsp"></jsp:forward>
    <%
        }
    %>
</body>
</html>
```

在例 4-3 中，错误消息被以请求域属性的形式保存到 request 对象中，并通过请求转发的方式将请求对象再转发给 example4_3.jsp，在 example4_3.jsp 页面中便可以从 request 对象中获取到属性值，从而实现了错误消息在一次 request 请求范围内传递。

4.1.3 中文乱码问题

Java 的内核和 class 文件是基于 unicode 的，这使 Java 程序具有良好的跨平台性，但也产生了一些中文乱码问题。

如果在例 4-1 的 example4_1.jsp 页面的文本框中输入中文姓名，那么 getValue.jsp 页面获得的姓名可能是乱码。如果出现中文乱码，可以使用 request 对象的 setCharacterEncoding(String code)方法设置统一字符编码，其中参数 code 以字符串形式传入要设置的编码格式，但这种方法仅对于提交方式是 post 的表单(表单默认的提交方式是 get)有效。例如，使用该方法解决例 4-1 中的 getValue.jsp 页面出现的中文乱码问题，需要完成以下两件事。

首先将 example4_1.jsp 中的表单提交方式改为“post”，具体代码如下：

```
<form action = "getValue.jsp" method = "post">
```

然后在 getValue.jsp 中获取表单信息之前设置统一编码，具体代码如下：

```
request.setCharacterEncoding("UTF - 8");
```

在使用该方法解决中文乱码问题时，接收参数的每个页面都需要执行 request.setCharacterEncoding("UTF-8")。为了避免每个页面都编写 request.setCharacterEncoding("UTF-8")，可以使用过滤器对所有 JSP 页面进行编码处理。过滤器将在本书的第 8 章中讲解。

▶ 4.1.4 实践环节——获取客户端的基本信息

编写一个 JSP 页面 practice4_1.jsp，在该页面中使用 request 的方法获取客户端的 IP 地址、客户机名称、服务器名称以及服务器端口号。

4.2 response 对象

当客户端请求服务器的一个页面时会提交一个 HTTP 请求，服务器收到请求后返回 HTTP 响应。request 对象对请求信息进行封装，与 request 对象对应的对象是 response 对象。response 对象的类型为 jakarta.servlet.http.HttpServletResponse，对客户端的请求做出动态响应。动态响应通常有动态改变 contentType 属性值、设置响应表头和 response 重定向。

▶ 4.2.1 动态改变 contentType 属性值

JSP 页面用 page 指令标记设置了页面的 contentType 属性值，response 对象按照此属性值的方式对客户端做出响应。在 page 指令标记中只能为 contentType 属性指定一个值。如果想动态改变 contentType 属性值，换一种方式来响应客户端，可以让 response 对象调用 setContentType(String s)方法来重新设置 contentType 的属性值。

【例 4-4】 编写一个 JSP 页面 example4_4.jsp，客户端通过单击页面上的不同按钮可以改变页面响应的 MIME 类型。当单击 Word 按钮时，JSP 页面动态改变 contentType 属性值为 application/msword，在 Eclipse 内置的浏览器中启用本地的 Word 软件来显示当前页面内容；当单击 Excel 按钮时，JSP 页面动态改变 contentType 属性值为 application/vnd.ms-excel，浏览器启用本地的 Excel 软件来显示当前页面内容。页面效果如图 4.1 所示。

(a) text/html响应方式

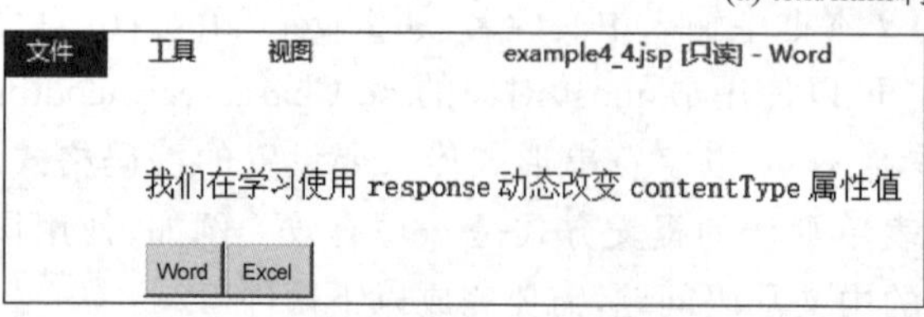

(b) application/msword响应方式

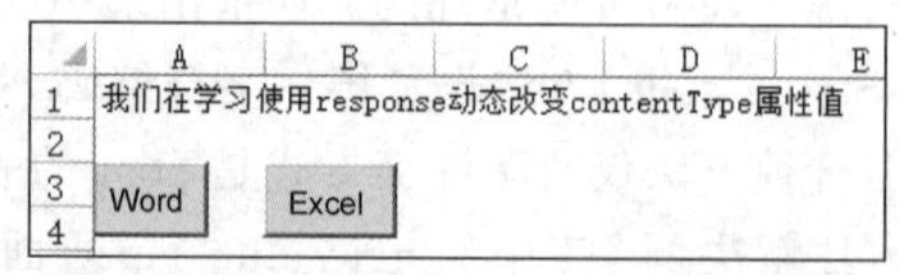

(c) application/vnd.ms-excel响应方式

图 4.1 例 4-4 的效果图

example4_4.jsp 的代码如下:

```
<%@ page language = "java" contentType = "text/html; charset = UTF - 8" pageEncoding = "UTF - 8" %>
<!DOCTYPE html>
<html>
<head>
<meta charset = "UTF - 8">
<title>example4_4.jsp</title>
</head>
<body>
<form action = "" method = "post">
<p>我们在学习使用 response 动态改变 contentType 属性值
<p>
        <input type = "submit" value = "Word" name = "submit">
        <input type = "submit" value = "Excel" name = "submit">
        <%
            String str = request.getParameter("submit");
            if ("Word".equals(str)) {
                //response 调用 setContentType()方法设置 MIME 类型为 application/msword
                response.setContentType("application/msword");
            } else if ("Excel".equals(str)) {
                //response 调用 setContentType()方法设置 MIME 类型为 application/vnd.ms - excel
                response.setContentType("application/vnd.ms - excel");
            }
        %>
</form>
</body>
</html>
```

▶ 4.2.2 设置响应表头

response 对象可以通过 setHeader(String name, String value)方法设置指定名字的 HTTP 文件头值,以此来操作 HTTP 文件头。如果希望某页面每 3 秒钟刷新一次,那么在该页面中添加如下代码:

```
response.setHeader("refresh","3");
```

大家有时候希望几秒钟后从当前页面自动跳转到另一个页面。比如打开 one.jsp 页面 3 秒钟后自动跳转到 another.jsp 页面(one.jsp 和 another.jsp 在同一个 Web 服务目录下)。这该如何实现呢?只需要为 one.jsp 设置一个响应头即可,也就是在 one.jsp 页面中添加如下代码:

```
response.setHeader("refresh","3;url = another.jsp");
```

【例 4-5】 编写一个 JSP 页面 example4_5.jsp,在该页面中使用 response 对象设置一个响应头"refresh",其值是"3"。那么用户收到这个响应头后,该页面会每 3 秒钟刷新一次。

example4_5.jsp 的代码如下:

```
<%@ page language = "java" contentType = "text/html; charset = UTF - 8" pageEncoding = "UTF - 8" %>
<%@ page import = "java.util.*" %>
<!DOCTYPE html>
```

```
<html>
<head>
<meta charset="UTF-8">
<title>example4_5.jsp</title>
</head>
<body>
<h2>该页面每3秒钟刷新一次</h2>
<p>现在的秒钟时间是:
<%
    Calendar c = Calendar.getInstance();
    out.print("" + c.get( Calendar.SECOND));
    response.setHeader("refresh","3");
%>
</body>
</html>
```

▶ 4.2.3 response 重定向

当需要将客户端引导至另一个页面时，可以使用 response 对象的 sendRedirect (String url)方法实现客户端的重定向。例如客户端输入的表单信息不完整或有误，应该再次被重定向到输入页面。

【例 4-6】 编写两个 JSP 页面 login.jsp 和 validate.jsp，如果在 login.jsp 页面中输入正确的密码"nihao2023"，单击按钮后提交给 validate.jsp 页面，如果输入不正确，重新定向到 login.jsp 页面。先运行 login.jsp 页面，页面效果如图 4.2 所示。

(a) login.jsp页面　　(b) validate.jsp页面

图 4.2　例 4-6 的效果图

login.jsp 的代码如下：

```
<%@ page language="java" contentType="text/html; charset=UTF-8" pageEncoding="UTF-8"%>
<!DOCTYPE html>
<html>
<head>
<meta charset="UTF-8">
<title>login.jsp</title>
</head>
<body>
<form action="validate.jsp" method="post" name=form>
<p>
    输入密钥:
<br>
<input type="password" name="pwd"/>
<input type="submit" value="提交">
</form>
</body>
</html>
```

validate.jsp 的代码如下：

```
<%@ page language="java" contentType="text/html; charset=UTF-8" pageEncoding="UTF-8"%>
<!DOCTYPE html>
<html>
<head>
<meta charset="UTF-8">
<title>validate.jsp</title>
</head>
<body>
<%
String str = request.getParameter("pwd");
if (!"nihao2023".equals(str)) {
      response.sendRedirect("login.jsp");
} else {
      out.print("2023年是蛮拼的一年!");
}
%>
</body>
</html>
```

response 对象的 sendRedirect()方法在客户端的浏览器中工作，Web 服务器要求浏览器重新发送一个到被定向页面的请求。在浏览器的地址栏上将出现重定向页面的 URL，且为绝对路径。

forward 动作标记也可以实现页面的跳转，例如<jsp:forward page="info.jsp"/>。使用 forward 动作标记与使用 response 对象调用 sendRedirect()不同，两者的比较如下：

(1) forward 动作标记为服务器端跳转，浏览器的地址栏不变；sendRedirect()为客户端跳转，浏览器的地址栏改变为新页面的 URL。

(2) 执行到 forward 动作标记出现处停止当前 JSP 页面的继续执行，转向动作标记中 page 属性指定的页面；sendRedirect()在所有代码执行完毕之后再跳转。

(3) 使用 forward 动作标记，request 请求信息能够保留到下一个页面；使用 sendRedirect()不能保留 request 请求信息。

forward 动作标记传递参数的格式如下：

```
<jsp:forward page="info.jsp">
        <jsp:param name="no" value="001"/>
        <jsp:param name="age" value="18"/>
</jsp:forward>
```

response 对象的 sendRedirect()传递参数的格式如下：

```
response.sendRedirect("info.jsp?sno=001&sage=18");
```

▶ 4.2.4　实践环节——登录验证

编写 3 个 JSP 页面 login_1.jsp、server.jsp 和 loginSuccess.jsp。在 login_1.jsp 页面中输入用户名和密码，单击“提交”按钮将输入的信息提交给 server.jsp 页面。在 server.jsp 页面中进行登录验证：如果输入正确(用户名为“zhangsan”，密码为“123”)，提示“成功登录，3 秒钟后进入 loginSuccess.jsp 页面”，如果输入不正确，重新定向到 login_1.jsp 页面。先运行 login_1.jsp 页面，页面效果如图 4.3 所示。

(a) login_1.jsp页面

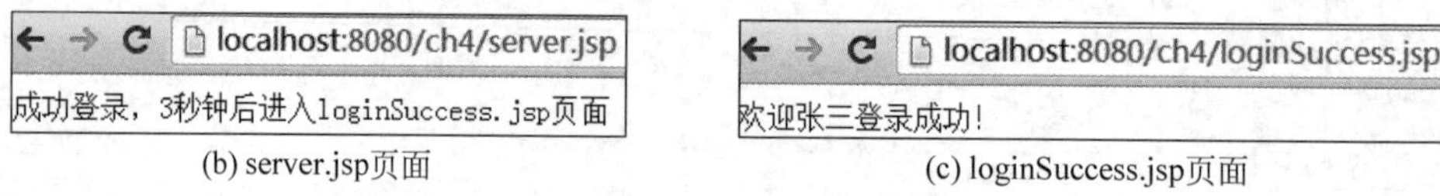

(b) server.jsp页面　　(c) loginSuccess.jsp页面

图 4.3　4.2.4 节实践环节的效果图

4.3　out 对象

out 对象的类型为 jakarta.servlet.jsp.JspWriter，它是一个输出流，用来向客户端的浏览器输出数据。out 对象的常用方法如表 4.2 所示。

表 4.2　out 对象的常用方法

序　号	方　法	功能说明
1	void clear()	清除缓冲区的内容
2	void clearBuffer()	清除缓冲区的当前内容
3	void flush()	清空流
4	int getBufferSize()	返回缓冲区的字节数，如果不设缓冲区则返回 0
5	int getRemaining()	返回缓冲区的剩余大小
6	boolean isAutoFlush()	返回缓冲区满时是自动清空还是抛出异常
7	void close()	关闭输出流
8	void print()	输出各种数据类型
9	void newLine()	输出一个换行符

【例 4-7】　编写一个页面 example4_7.jsp，在该页面中使用 out 对象输出信息。

example4_7.jsp 的代码如下：

```
<%@ page language="java" contentType="text/html; charset=UTF-8" pageEncoding="UTF-8"%>
<%@ page import="java.util.Date"%>
<!DOCTYPE html>
<html>
<head>
<meta charset="UTF-8">
<title>example4_7.jsp</title>
</head>
<body>
    <%
        int myNumber = 1000;
        Date myDate = new Date();
        out.print(myNumber);
        out.print("<br>");
        out.print(myDate);
    %>
</body>
</html>
```

扫一扫

视频讲解

4.4 session 对象

浏览器与 Web 服务器之间使用 HTTP 进行通信。HTTP 是一种无状态协议,客户端向服务器发出请求(request),服务器返回响应(response),连接就被关闭了,在服务器端不保留连接的相关信息,所以服务器必须采取某种手段来记录每个客户端的连接信息。Web 服务器可以使用内置对象 session 来存放有关连接的信息,session 对象的类型为 jakarta. servlet. http. HttpSession。session 对象指的是客户端与服务器端的一次会话,从客户端连到服务器端的一个 Web 应用程序开始,直到客户端与服务器端断开为止。

▶ 4.4.1 session 对象的 ID

Web 服务器会给每一个用户自动创建一个 session 对象,为每个 session 对象分配一个唯一标识的 String 类型的 session ID,这个 ID 用于区分其他用户。这样每个用户都对应着一个 session 对象,不同用户的 session 对象互不相同。session 对象调用 getId()方法可以获取当前 session 对象的 ID。

【例 4-8】 编写 3 个 JSP 页面 example4_8_1. jsp、example4_8_2. jsp 和 example4_8_3. jsp,其中,example4_8_2. jsp 存放在目录 tom 中,example4_8_3. jsp 存放在目录 cat 中。用户首先访问 example4_8_1. jsp 页面,从该页面链接到 example4_8_2. jsp 页面,然后从 example4_8_2. jsp 页面链接到 example4_8_3. jsp,效果如图 4. 4 所示。

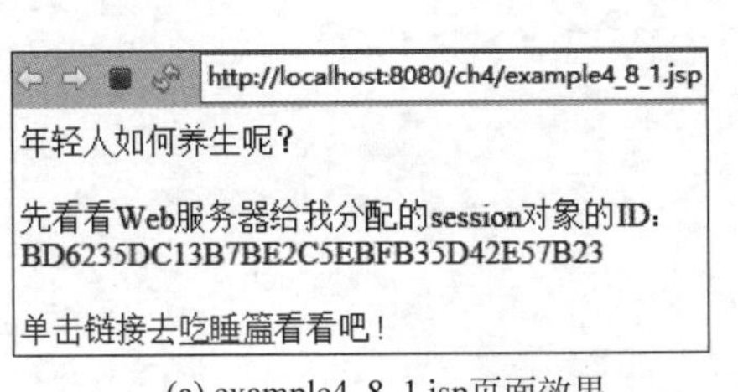

(a) example4_8_1.jsp页面效果

http://localhost:8080/ch4/tom/example4_8_2.jsp

欢迎您进入养生之吃睡篇!

先看看Web服务器给我分配的session对象的ID:
BD6235DC13B7BE2C5EBFB35D42E57B23

吃,不忌口,五谷杂粮、蔬菜水果通吃不挑食
睡,早睡早起不熬夜

单击链接去运动篇看看吧!

(b) example4_8_2.jsp页面效果

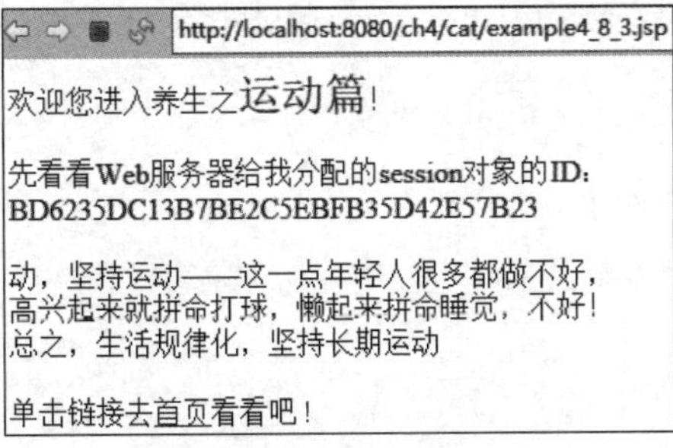

(c) example4_8_3.jsp页面效果

图 4.4 获取 session 对象的 ID

example4_8_1. jsp 的代码如下:

```
<%@ page language = "java" contentType = "text/html; charset = UTF - 8" pageEncoding = "UTF - 8" %>
<! DOCTYPE html >
< html >
```

```
<head>
<meta charset = "UTF - 8">
<title> example4_8_1.jsp </title>
</head>
<body>
年轻人如何养生呢?<br><br>
先看看 Web 服务器给我分配的 session 对象的 ID:
<%
    String id = session.getId();
%>
<br>
<% = id %>
<br><br>
单击链接去<a href = "tom/example4_8_2.jsp">吃睡篇</a>看看吧!
</body>
</html>
```

example4_8_2.jsp 的代码如下：

```
<%@ page language = "java" contentType = "text/html; charset = UTF - 8" pageEncoding = "UTF - 8" %>
<!DOCTYPE html>
<html>
<head>
<meta charset = "UTF - 8">
<title> example4_8_2.jsp </title>
</head>
<body>
欢迎您进入养生之<font size = 5>吃睡篇</font>!<br><br>
先看看 Web 服务器给我分配的 session 对象的 ID:
<%
    String id = session.getId();
%>
<br>
<% = id %>
<br><br>
吃,不忌口,五谷杂粮、蔬菜水果通吃不挑食<br>
睡,早睡早起不熬夜<br><br>
单击链接去<a href = "../cat/example4_8_3.jsp">运动篇</a>看看吧!
</body>
</html>
```

example4_8_3.jsp 的代码如下：

```
<%@ page language = "java" contentType = "text/html; charset = UTF - 8" pageEncoding = "UTF - 8" %>
<!DOCTYPE html>
<html>
<head>
<meta charset = "UTF - 8">
<title> example4_8_3.jsp </title>
</head>
<body>
欢迎您进入养生之<font size = 5>运动篇</font>!<br><br>
先看看 Web 服务器给我分配的 session 对象的 ID:
<%
    String id = session.getId();
```

```
%>
<br>
<%= id %>
<br><br>
动,坚持运动——这一点年轻人很多都做不好,<br>高兴起来就拼命打球,懒起来拼命睡觉,不好!<br>
总之,生活规律化,坚持长期运动<br><br>
单击链接去<a href="../example4_8_1.jsp">首页</a>看看吧!
</body>
</html>
```

从例 4-8 各个页面的运行结果来看,一个用户在同一个 Web 服务中只有一个 session 对象,当用户访问相同 Web 服务的其他页面时,Web 服务器不会再重新分配 session 对象,直到用户关闭浏览器或这个 session 对象结束了它的生命周期。当用户重新打开浏览器访问该 Web 服务时,Web 服务器为该用户再创建一个新的 session 对象。

需要注意的是,同一用户在多个不同的 Web 服务中所对应的 session 对象是不同的,一个 Web 服务对应一个 session 对象。

▶ 4.4.2 用 session 对象存取数据

使用 session 对象可以保存用户在访问某个 Web 服务期间的有关数据。有关数据处理的方法如下。

(1) public void setAttribute(String key,Object obj):将参数 obj 指定的对象保存到 session 对象中,key 为所保存的对象指定一个关键字。若保存的两个对象的关键字相同,则先保存的对象被清除。

(2) public Object getAttribute(String key):获取 session 中关键字是 key 的对象。

(3) public void removeAttribute(String key):从 session 中删除关键字 key 所对应的对象。

(4) public Enumeration getAttributeNames():产生一个枚举对象,该枚举对象可以使用 nextElements()方法遍历 session 中各个对象所对应的关键字。

【例 4-9】 使用 session 对象模拟在线考试系统。编写 3 个 JSP 页面 example4_9_1.jsp、example4_9_2.jsp 和 example4_9_3.jsp,在 example4_9_1.jsp 页面中考试,在 example4_9_2.jsp 页面中显示答题结果,在 example4_9_3.jsp 页面中计算并公布考试成绩。首先运行 example4_9_1.jsp 页面,效果如图 4.5 所示。

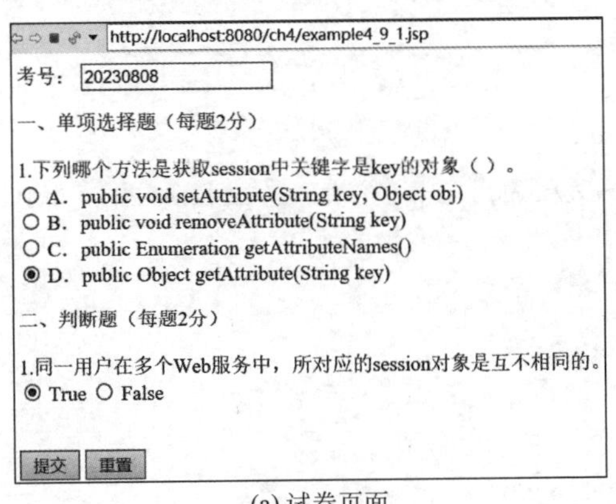

(a) 试卷页面

http://localhost:8080/ch4/example4_9_2.jsp
您的考号: 20230808
一、单项选择题(每题2分)
1.D
二、判断题(每题2分)
1.True
确认完毕 重新答题

(b) 确认页面

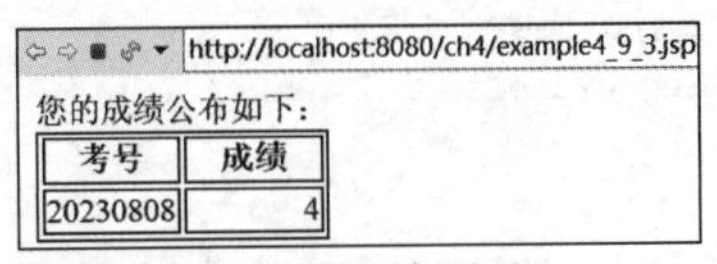

(c) 成绩公布页面

图 4.5 使用 session 对象模拟在线考试系统

example4_9_1.jsp 的代码如下：

```
<%@ page language="java" contentType="text/html; charset=UTF-8" pageEncoding="UTF-8"%>
<!DOCTYPE html>
<html>
<head>
<meta charset="UTF-8">
<title>example4_9_1.jsp</title>
</head>
<body>
<form action="example4_9_2.jsp" method="post">
        考号：
        <input type="text" name="id"/>
        <p>
            一、单项选择题(每题 2 分)
            <br/><br/>
            1.下列哪个方法是获取 session 中关键字是 key 的对象().
            <br/>
            <input type="radio" name="one" value="A"/>
            A.public void setAttribute(String key, Object obj)<br/>
            <input type="radio" name="one" value="B"/>
            B.public void removeAttribute(String key)<br/>
            <input type="radio" name="one" value="C"/>
            C.public Enumeration getAttributeNames()<br/>
            <input type="radio" name="one" value="D"/>
            D.public Object getAttribute(String key)<br/>
        </p>
        <p>
            二、判断题(每题 2 分)
            <br/><br/>
            1.同一用户在多个 Web 服务中，所对应的 session 对象是互不相同的.
            <br/>
            <input type="radio" name="two" value="True"/>
            True
            <input type="radio" name="two" value="False"/>
            False
        </p><br/>
        <input type="submit" value="提交" name=submit>
        <input type="reset" value="重置" name=reset>
    </form>
</body>
</html>
```

example4_9_2.jsp 的代码如下：

```
<%@ page language="java" contentType="text/html; charset=UTF-8" pageEncoding="UTF-8"%>
<!DOCTYPE html>
<html>
<head>
<meta charset="UTF-8">
<title>example4_9_2.jsp</title>
</head>
<body>
<form action="example4_9_3.jsp" method="post">
        <%
            //考号
```

```
            String id = request.getParameter("id");
            //把考号 id 以“id”为关键字存储到 session 对象中
            session.setAttribute("id", id);
            //单项选择题的第 1 题
            String first = request.getParameter("one");
            //把答案 first 以“one”为关键字存储到 session 对象中
            session.setAttribute("one", first);
            //判断题的第 1 题
            String second = request.getParameter("two");
            //把答案 second 以“two”为关键字存储到 session 对象中
            session.setAttribute("two", second);
        %>
        您的考号：<% = id %><br/>
        一、单项选择题(每题 2 分)
        <br/>
        1.<% = first %>
        <br/>
        二、判断题(每题 2 分)
        <br/>
        1.<% = second %><br/>
        <input type="submit" value="确认完毕"/>
        <a href="example4_9_1.jsp">重新答题</a>
    </form>
</body>
</html>
```

example4_9_3.jsp 的代码如下：

```
<%@ page language="java" contentType="text/html; charset=UTF-8" pageEncoding="UTF-8" %>
<!DOCTYPE html>
<html>
<head>
<meta charset="UTF-8">
<title>example4_9_3.jsp</title>
</head>
<body>
<%
    //获取考号
    //获取 session 中关键字是 id 的对象(考号)
    String id = (String) session.getAttribute("id");
    //计算成绩
    int sum = 0;
    //如果单项选择题的第 1 题选中 D 选项,得 2 分
    //获取 session 中关键字是 one 的对象(选择答案)
    String first = (String) session.getAttribute("one");
    if ("D".equals(first)) {
        sum += 2;
    }
    //如果判断题的第 1 题选中 True,得 2 分
    //获取 session 中关键字是 two 的对象(判断答案)
    String second = (String) session.getAttribute("two");
    if ("True".equals(second)) {
        sum += 2;
    }
%>
```

```
您的成绩公布如下：
<table border = "1">
      <tr>
            <th width = "50 % ">
                考号
            </th>
            <th width = "50 % ">
                成绩
            </th>
    </tr>
    <tr>
            <td><% = id %></td>
            <td align = "right"><% = sum %></td>
    </tr>
</table>
</body>
</html>
```

▶ 4.4.3　session 对象的生命周期

在某个 Web 服务中 session 对象的生命周期依赖于以下几个因素：

（1）用户是否关闭浏览器。

（2）session 对象是否调用 invalidate()方法。

（3）session 对象是否达到设置的最长"发呆"时间。

与 session 对象的生命周期相关的方法如表 4.3 所示。

表 4.3　与 session 对象的生命周期相关的方法

序　　号	方　　法	功 能 说 明
1	long getCreationTime()	返回 session 的创建时间
2	long getLastAccessedTime()	返回此 session 中客户端最近一次请求的时间
3	int getMaxInactiveInterval()	返回两次请求的间隔时间(单位是秒)
4	void invalidate()	使 session 失效
5	boolean isNew()	判断客户端是否已经加入服务器创建的 session
6	void setMaxInactiveInterval()	设置两次请求的间隔时间(单位是秒)

【例 4-10】　编写一个 JSP 页面 example4_10.jsp。如果用户是第一次访问该页面，会显示欢迎信息，并输出 session 对象允许的最长"发呆"时间、创建时间，以及 session 对象的 id。在 example4_10.jsp 页面中，session 对象使用 setMaxInactiveInterval(int maxValue)方法设置最长"发呆"时间为 10 秒。如果用户两次刷新的间隔时间超过 10 秒，用户先前的 session 会被取消，用户将获得一个新的 session 对象。页面的运行效果如图 4.6 所示。

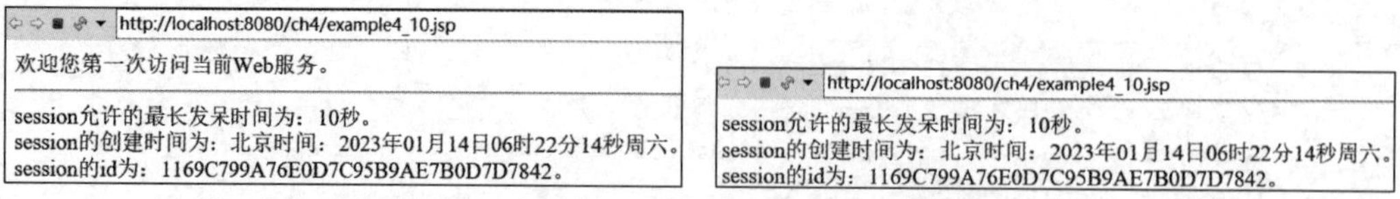

http://localhost:8080/ch4/example4_10.jsp

欢迎您第一次访问当前Web服务。

session允许的最长发呆时间为：10秒。
session的创建时间为：北京时间：2023年01月14日06时22分14秒周六。
session的id为：1169C799A76E0D7C95B9AE7B0D7D7842。

(a) 第一次或10秒后访问该页面

http://localhost:8080/ch4/example4_10.jsp

session允许的最长发呆时间为：10秒。
session的创建时间为：北京时间：2023年01月14日06时22分14秒周六。
session的id为：1169C799A76E0D7C95B9AE7B0D7D7842。

(b) 10秒之内访问该页面

图 4.6　session 生命周期示例的运行效果

example4_10.jsp 的代码如下：

```
<%@ page language = "java" contentType = "text/html; charset = UTF - 8" pageEncoding = "UTF - 8" %>
<! DOCTYPE html >
<%@ page import = "java.util. * " %>
<%@ page import = "java.text. * " %>
< html >
< head >
< meta charset = "UTF - 8">
< title > example4_10.jsp </title >
</head >
< body >
<%
//session 调用 setMaxInactiveInterval(int n)方法设置最长"发呆"时间为 10 秒
session.setMaxInactiveInterval(10);
//session 调用 isNew()方法判断 session 是否为新创建的
      boolean flg = session.isNew();
      if (flg) {
            out.println("欢迎您第一次访问当前 Web 服务。");
            out.println("< hr/>");
      }
      out.println("session 允许的最长发呆时间为：" +
      session.getMaxInactiveInterval() + "秒.");
      //获取 session 对象被创建的时间
      long num = session.getCreationTime();
      //将整数转换为 Date 对象
      Date time = new Date(num);
      //用给定的模式和默认语言环境的日期格式符号构造 SimpleDateFormat 对象
      SimpleDateFormat matter = new SimpleDateFormat(
                  "北京时间：yyyy 年 MM 月 dd 日 HH 时 mm 分 ss 秒 E.");
      //得到格式化后的字符串
      String strTime = matter.format(time);
      out.println("< br/> session 的创建时间为：" + strTime);
      out.println("< br/> session 的 id 为：" + session.getId() + ".");
%>
</body >
</html >
```

从例 4-10 中可以看出，如果用户长时间不关闭浏览器，session 对象也没有调用 invalidate()方法，那么用户的 session 对象也可能消失。例如该例中的 JSP 页面如果在 10 秒钟之内不被访问，它先前创建的 session 对象就消失了，服务器又重新创建一个 session 对象。这是因为 session 对象达到了它的最长"发呆"时间。所谓"发呆"时间，是指用户对某个 Web 服务发出的两次请求之间的间隔时间。

用户对某个 Web 服务的 JSP 页面发出请求并得到响应，如果用户不再对该 Web 服务发出请求，比如不再操作浏览器，那么用户对该 Web 服务进入"发呆"状态，直到用户再次请求该 Web 服务时"发呆"状态结束。

Tomcat 服务器允许用户的最长"发呆"时间为 30 分钟，用户可以通过修改 Tomcat 安装目录中 conf 文件夹下的配置文件 web.xml，找到下面的片段，修改其中的默认值"30"，这样就可以重新设置各个 Web 服务目录下的 session 对象的最长"发呆"时间。这里的时间单位为分钟。

```
<session-config>
        <session-timeout>30</session-timeout>
</session-config>
```

另外,用户也可以通过 session 对象调用 setMaxInactiveInterval(int time)方法来设置最长“发呆”时间,参数的时间单位为秒。

4.4.4 实践环节——购物车

客户到便民超市采购商品,在购物前需要登录会员卡号,购物时先将选购的商品放入购物车,再到柜台清点商品。请借助 session 对象模拟购物车,并存储客户的会员卡号和购买的商品的名称。会员卡号在输入以后可以修改,购物车中的商品可以查看。编写程序模拟上述过程。loginID. jsp 实现会员卡号的输入,shop. jsp 实现商品导购,food. jsp 实现商品购物,count. jsp 实现清点商品。本节实践环节的 4 个 JSP 页面都保存在 practice4 目录中,先运行 loginID. jsp 页面,运行效果如图 4.7 所示。

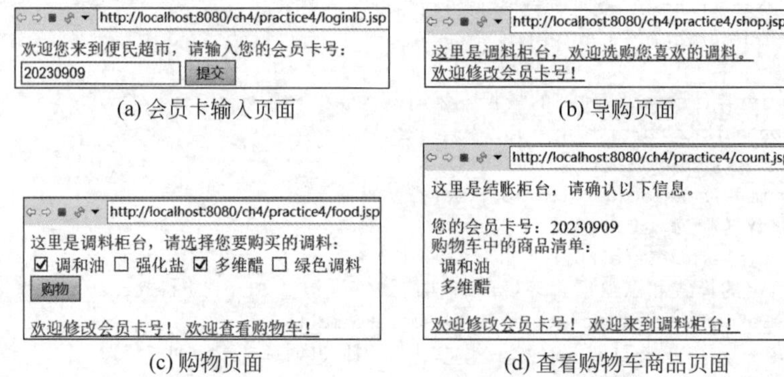

图 4.7 借助 session 对象模拟购物车

4.5 application 对象

4.5.1 什么是 application

不同用户的 session 对象互不相同,但有时用户之间可能需要共享一个对象,在 Web 服务器启动后就产生了这样一个唯一的内置对象 application。application 对象实现了 jakarta. servlet. ServletContext 接口。任何用户在访问同一个 Web 服务的各个页面时共享一个 application 对象,直到服务器关闭这个 application 对象才被取消。

4.5.2 用 application 对象存取数据

application 对象和 session 对象一样也可以进行数据的存取,处理数据的方法如下。

(1) public void setAttribute(String key, Object obj):将参数 obj 指定的对象保存到 application 对象中,key 为所保存的对象指定一个关键字。若保存的两个对象的关键字相同,则先保存的对象被清除。

(2) public Object getAttribute(String key):获取 application 中关键字是 key 的对象。

(3) public void removeAttribute(String key):从 application 中删除关键字 key 所对应

的对象。

（4）public Enumeration getAttributeNames()：产生一个枚举对象，该枚举对象可以使用 nextElements()方法遍历 application 中各个对象所对应的关键字。

【例 4-11】 用 application 对象模拟"成语接龙"，用户通过 example4_11_1.jsp 向 example4_11_2.jsp 页面提交四字成语，example4_11_2.jsp 页面在获取成语内容后用同步方法将该成语内容和以前的成语进行连接，然后将这些四字成语添加到 application 对象中。页面的运行效果如图 4.8 所示。

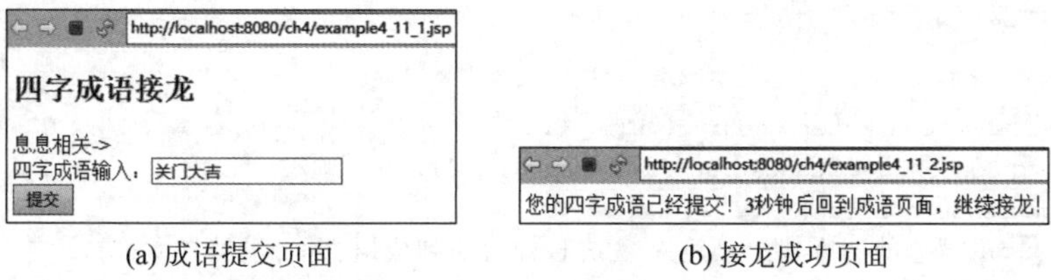

(a) 成语提交页面　　(b) 接龙成功页面

图 4.8　成语接龙

example4_11_1.jsp 的代码如下：

```
<%@ page language = "java" contentType = "text/html; charset = UTF - 8" pageEncoding = "UTF - 8" %>
<!DOCTYPE html>
<html>
<head>
<meta charset = "UTF - 8">
<title>example4_11_1.jsp</title>
</head>
<body>
<h2>四字成语接龙</h2>
<%
//取出 application 中关键字是 message 的对象(成语内容)
StringBuffer s = (StringBuffer)application.getAttribute("message");
if(s != null){
    out.print(s.toString());
}
else{
    out.print("还没有词语,请您龙头开始!<br>");
}
%>
<form action = "example4_11_2.jsp" method = "post">
四字成语输入:<input type = "text" name = "mes"/><br>
<input type = "submit" value = "提交"/>
</form>
</body>
</html>
```

example4_11_2.jsp 的代码如下：

```
<%@ page language = "java" contentType = "text/html; charset = UTF - 8" pageEncoding = "UTF - 8" %>
<!DOCTYPE html>
<html>
<head>
<meta charset = "UTF - 8">
<title>example4_11_2.jsp</title>
</head>
```

```
<body>
<%!
      StringBuffer message = new StringBuffer("");
      ServletContext application;
      synchronized void sendMessage(String s){
            application = getServletContext();
            message.append(s + "->");
            //把成语内容 message 以"message"为关键字存储到 application 对象中
            application.setAttribute("message", message);
      }
%>
<%
      request.setCharacterEncoding("UTF-8");
      String content = request.getParameter("mes");
      sendMessage(content);
      out.print("您的四字成语已经提交!3 秒钟后回到成语页面,继续接龙!");
      response.setHeader("refresh", "3;url=example4_11_1.jsp");
%>
</body>
</html>
```

例 4-11 中的成语接龙方法 sendMessage()为什么定义为同步方法？这是因为 application 对象对所有用户都是相同的，任何用户对该对象中存储的数据进行操作都会影响到其他用户。

如果客户端浏览不同的 Web 服务，将产生不同的 application 对象。同一个 Web 服务的所有 JSP 页面都共享一个 application 对象，即使浏览这些 JSP 页面的是不同的客户端也是如此。因此，保存在 application 对象中的数据不仅可以跨页面分享，还可以由所有用户共享。

有些 Web 服务器不能直接使用 application 对象，必须使用父类 ServletContext 声明这个对象，然后使用 getServletContext()方法为 application 对象进行实例化。例如例 4-11 中 example4_11_2.jsp 页面的代码。

4.5.3 实践环节——网站访客计数器

使用 application 对象实现网站访客计数器的功能。

扫一扫

视频讲解

4.6 pageContext 对象

pageContext 对象即页面上下文对象，表示当前页面运行环境，用于获取当前 JSP 页面的相关信息，它的作用范围是当前 JSP 页面。pageContext 对象的类型为 jakarta.servlet.jsp.PageContext。pageContext 对象可以访问当前 JSP 页面的所有内置对象，如表 4.4 所示。另外，pageContext 对象提供了存取属性的方法，如表 4.5 所示。

表 4.4　pageContext 对象获取内置对象的方法

序　号	方　法	功能说明
1	ServletRequest getRequest()	获取当前 JSP 页面的请求对象
2	ServletResponse getResponse()	获取当前 JSP 页面的响应对象
3	HttpSession getSession()	获取和当前 JSP 页面有关的会话对象
4	ServletConfig getServletConfig()	获取当前 JSP 页面的 ServletConfig 对象
5	ServletContext getServletContext()	获取当前 JSP 页面的运行环境的 application 对象

续表

序号	方法	功能说明
6	Object getPage()	获取当前 JSP 页面的 Servlet 实体的 page 对象
7	Exception getException()	获取当前 JSP 页面的异常对象 exception，这时此页面的 page 指令的 isErrorPage 属性要设置为 true
8	JspWriter getOut()	获取当前 JSP 页面的输出流对象 out

表 4.5 pageContext 对象提供的存取属性的方法

序号	方法	功能说明
1	Object getAttribute(String key,int scope)	获取范围为 scope、关键字为 key 的属性对象
2	void setAttribute(String key, Object value, int scope)	以 k-v 对的方式存储范围为 scope 的属性对象
3	void removeAttribute(String key,int scope)	从 scope 范围移除关键字为 key 的属性对象
4	Enumeration getAttributeNamesInScope(int scope)	从 scope 范围中获取所有属性对象对应的关键字

【例 4-12】 编写一个 JSP 页面 example4_12.jsp，在该页面中使用 pageContext 对象添加和获取请求域属性值。

example4_12.jsp 的代码如下：

```
<%@ page language = "java" contentType = "text/html; charset = UTF - 8" pageEncoding = "UTF - 8" %>
<! DOCTYPE html >
< html >
< head >
< meta charset = "UTF - 8">
< title > Insert title here </title >
</head >
< body >
    <%
        //添加页面域属性值
        pageContext.setAttribute("pageKey", "页面域属性");
        //获取页面域属性值
        String pageValue = (String)pageContext.getAttribute("pageKey");
        //添加请求域属性值
        pageContext.getRequest().setAttribute("requestKey", "请求域属性");
        //获取请求域属性值
        String requestValue = (String)pageContext.getAttribute("requestKey", 2);
        out.print(pageValue + "< br >");
        out.print(requestValue);
    %>
</body >
</html >
```

4.7 page 对象

page 对象是一个与 Servlet 有关的内置对象，它表示 JSP 文件转译后的 Servlet 对象，代表 JSP 页面本身，即 this，因此它可以调用 Servlet 类所定义的方法。page 对象的类型为 jakarta.servlet.jsp.HttpJspPage，在实际应用中很少在 JSP 页面中使用 page 对象。

【例 4-13】 编写一个 JSP 页面 example4_13.jsp，在该页面中使用 page 指令的 info 属性

设置页面的说明信息,并分别使用 this 和 page 对象获取页面的说明信息。

example4_13.jsp 的代码如下:

```
<%@ page language="java" contentType="text/html; charset=UTF-8"
pageEncoding="UTF-8" info="page 内置对象测试" %>
<!DOCTYPE html>
<html>
<head>
<meta charset="UTF-8">
<title>example4_13.jsp</title>
</head>
<body>
    使用 this 获取本页面的说明信息: <% = this.getServletInfo() %><br>
    使用 page 对象获取本页面的说明信息: <% = ((HttpJspPage)page).getServletInfo() %>
</body>
</html>
```

4.8 config 对象

config 对象即页面配置对象,表示当前 JSP 页面转译后的 Servlet 的 ServletConfig 对象,它存储了一些初始数据。config 对象实现了 jakarta.servlet.ServletConfig 接口。config 对象和 page 对象一样,也很少被用到。

【例 4-14】 编写一个 JSP 页面 example4_14.jsp,在该页面中使用 config 对象获取当前 JSP 页面转译后的 Servlet 对象名。

example4_14.jsp 的代码如下:

```
<%@ page language="java" contentType="text/html; charset=UTF-8" pageEncoding="UTF-8" %>
<!DOCTYPE html>
<html>
<head>
<meta charset="UTF-8">
<title>example4_14.jsp</title>
</head>
<body>
<!-- 获取当前 JSP 页面转译后的 Servlet 对象名 -->
<% = config.getServletName() %>
</body>
</html>
```

4.9 exception 对象

exception 对象是一个与 Error 有关的内置对象,表示 JSP 页面产生的异常。如果一个 JSP 页面需要使用此对象,必须将页面中 page 指令的 isErrorPage 属性设置为 true,否则无法编译。

【例 4-15】 编写两个 JSP 页面 example4_15.jsp 和 example4_15_1.jsp。在 example4_15.jsp 页面中使用语句"exception.printStackTrace(response.getWriter());"输出 JSP 页面产生的异常信息;在 example4_15_1.jsp 页面中产生数组越界异常,并设置该页面 page 指令的 errorPage 属性值为 example4_15.jsp。

example4_15.jsp 的代码如下：

```
<%@ page language="java" contentType="text/html; charset=UTF-8"
pageEncoding="UTF-8" isErrorPage="true" %>
<!DOCTYPE html>
<html>
<head>
<meta charset="UTF-8">
<title>example4_15.jsp</title>
</head>
<body>
    <%
        exception.printStackTrace(response.getWriter());
    %>
</body>
</html>
```

example4_15_1.jsp 的代码如下：

```
<%@ page language="java" contentType="text/html; charset=UTF-8"
pageEncoding="UTF-8" errorPage="example4_15.jsp" %>
<!DOCTYPE html>
<html>
<head>
<meta charset="UTF-8">
<title>example4_15_1.jsp</title>
</head>
<body>
<%
    int a[] = {1,2,3,4,5};
    for(int i = 0; i <= 5; i++){
        out.print(a[i]);
    }
%>
</body>
</html>
```

运行 example4_15_1.jsp 页面，效果如图 4.9 所示。

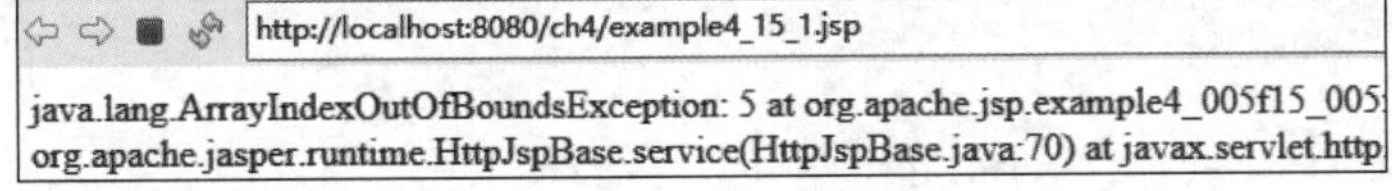

图 4.9　example4_15_1.jsp 页面的运行效果

4.10　JSP 的 4 种作用域

对象的作用域就是对象的生命周期和可访问性，在 JSP 中有 4 种作用域，即页面域、请求域、会话域和应用域。

❶ 页面域

页面域(page scope)的生命周期为页面执行期间。存储在页面域中的对象只能在它所在的页面被访问。

❷ 请求域

请求域(request scope)的生命周期为一次请求过程，包括请求被转发(forward)或者被包含(include)的情况。存储在请求域中的对象只有在此次请求过程中才可以被访问。

❸ 会话域

会话域(session scope)的生命周期为某个客户端与服务器所连接的时间。客户端在第一次访问服务器时创建会话,在会话过期或用户主动退出后结束会话。存储在会话域中的对象在整个会话期间(可以包含多次请求)都可以被访问。

❹ 应用域

应用域(application scope)的生命周期为从服务器开始执行服务到服务器关闭为止,是4个作用域中时间最长的。存储在应用域中的对象在整个应用程序运行期间可以被所有JSP和Servlet共享访问。

JSP的4种作用域分别对应pageContext、request、session和application 4个内置对象,这4个内置对象都可以通过setAttribute(String key,Object value)方法存储数据,通过getAttribute(String key)方法获取数据。

【例4-16】 编写一个JSP页面example4_16.jsp,在该页面中使用pageContext、session和application对象分别实现页面域、会话域和应用域的页面访问统计情况。

example4_16.jsp的代码如下:

```
<%@ page language="java" contentType="text/html; charset=UTF-8" pageEncoding="UTF-8" %>
<!DOCTYPE html>
<html>
<head>
<meta charset="UTF-8">
<title>example4_16.jsp</title>
</head>
<body>
    <%
        int pageSum = 1;
        int sessionSum = 1;
        int applicationSum = 1;
        //页面域的计数
        if(pageContext.getAttribute("pageCount") != null){
            pageSum = Integer.parseInt(pageContext.getAttribute("pageCount").toString());
            pageSum++;
        }
        pageContext.setAttribute("pageCount", pageSum);
        //会话域的计数
        if(session.getAttribute("sessionCount") != null){
            sessionSum = Integer.parseInt(session.getAttribute("sessionCount").toString());
            sessionSum++;
        }
        session.setAttribute("sessionCount", sessionSum);
        //应用域的计数
        if(application.getAttribute("applicationCount") != null){
            applicationSum = Integer.parseInt(application.getAttribute("applicationCount").
toString());
            applicationSum++;
        }
        application.setAttribute("applicationCount", applicationSum);
    %>
```

```
        <p>页面域访问统计：<% = pageSum %></p>
        <p>会话域访问统计：<% = sessionSum %></p>
        <p>应用域访问统计：<% = applicationSum %></p>
</body>
</html>
```

第一次访问 example4_16.jsp 页面，运行效果如图 4.10 所示。

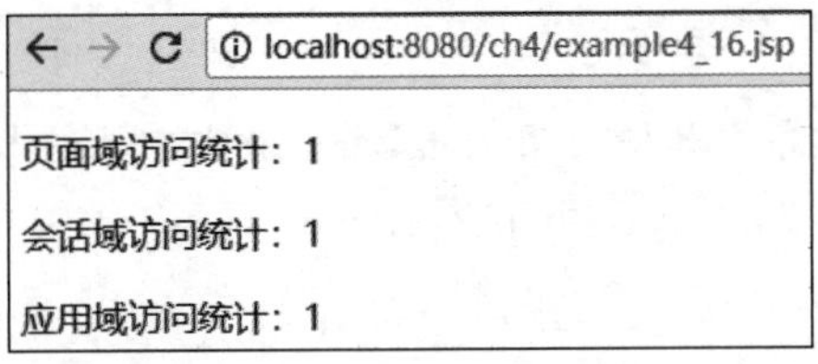

图 4.10　第一次访问 example4_16.jsp 页面

多次刷新浏览器窗口，运行效果如图 4.11 所示。

打开另一个浏览器窗口，再次访问 example4_16.jsp 页面，运行效果如图 4.12 所示。

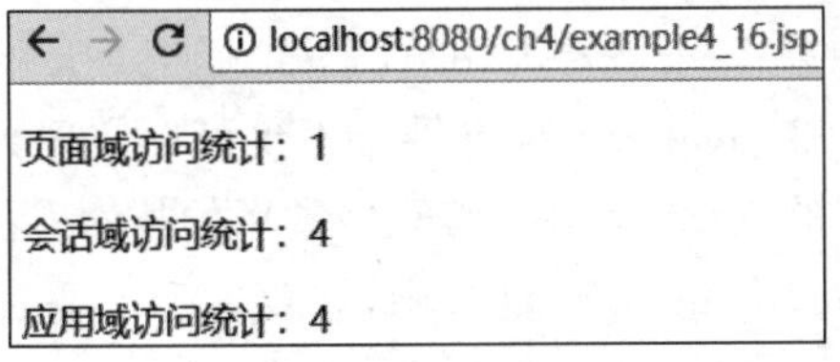

图 4.11　多次刷新 example4_16.jsp 页面

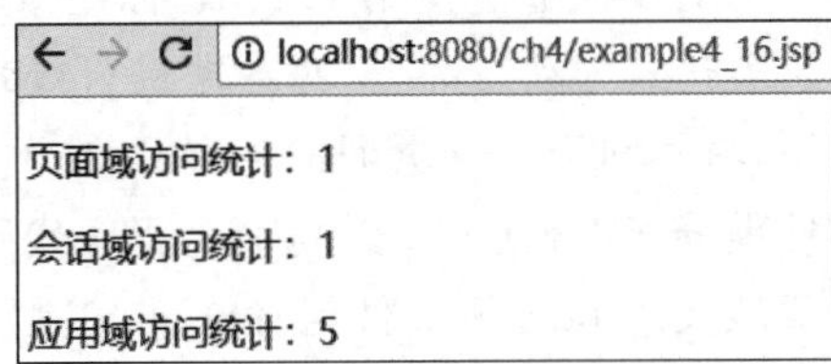

图 4.12　打开新的浏览器窗口访问 example4_16.jsp 页面

从图 4.10～图 4.12 的运行效果可以看出，pageContext 域的访问范围为当前 JSP 页面，因此访问计数始终为 1；session 域的访问范围为当前浏览器与服务器的会话，因此刷新页面访问计数会累加，但新打开浏览器窗口时会新建一个会话，计数又从 1 开始；application 域的访问范围为整个应用，因此只要服务器不停止运行，计数会不断累加。

本章小结

本章重点介绍了 request、session 和 application 对象，request、session 和 application 对象的范围是逐个增加的：request 只在一个请求范围内；session 在客户端与服务器会话范围内；application 则在整个服务器的运行过程中。

习题 4

扫一扫

习题

扫一扫

自测题

第 5 章 JSP与JavaBean

学习目的与要求

本章主要介绍在 JSP 程序中如何使用 JavaBean 组件。通过本章的学习，要求读者熟练掌握<jsp:useBean><jsp:setProperty><jsp:getProperty>等 JSP 的操作指令。

本章主要内容

- JavaBean 的含义
- 在 JSP 中使用 JavaBean

一个 JSP 页面通过使用 HTML 标记为用户显示数据(静态部分)，页面中变量的声明、程序片以及表达式为动态部分，对数据进行处理。如果 Java 程序片和 HTML 标记大量掺杂在一起使用，将不利于 JSP 页面的扩展和维护。JSP 和 JavaBean 技术结合不仅可以实现数据的表示和处理分离，而且可以提高 JSP 程序代码重用的程度，是 JSP 编程中常用的技术。

本章涉及的 Java 源文件保存在 ch5 项目的 src/main/java 目录中，涉及的 JSP 页面保存在 ch5 项目的 src/main/webapp 目录中。

5.1 编写 JavaBean

JavaBean 是一个可重复使用的软件组件，是遵循一定标准、用 Java 语言编写的一个类，该类的一个实例称为一个 JavaBean，简称 bean。JavaBean 具有可重用、升级方便、不依赖于平台等特点。JavaBean 又可以分为业务 bean 和数据 bean。业务 bean 用于封装业务逻辑、数据库操作等；数据 bean 用于封装数据。

编写一个 JavaBean 就是编写一个 Java 类(该类必须带有包名)，这个类创建的一个对象称为一个 bean，为了让 JSP 引擎(比如 Tomcat)知道这个 bean 的属性和方法，JavaBean 类必须遵守以下规则：

(1) 如果类的成员变量的名字是 name，那么为了获取或更改成员变量的值，类中必须提供以下两个方法。

getName()用来获取 name 属性。

setName()用来修改 name 属性。

方法的名字用 get 或 set 作为前缀，后缀是首字母大写的成员变量的名字。

(2) 对于 boolean 类型的成员变量，允许使用"is"代替上面的"get"和"set"。

(3) 类中方法的访问权限必须是 public。

(4) 如果有构造方法，必须提供一个无参数的构造方法。

【例 5-1】 创建 bean 的源文件 Rectangle. java(在 com. bean 包中)。该 bean 的作用是封装矩形的长和宽，并计算矩形的面积和周长。

Rectangle. java 的代码如下：

```
package com.bean;
public class Rectangle {
private double length;
private double width;
public Rectangle(){
       length = 20;
       width = 10;
}
public double getLength(){
       return length;
}
public void setLength(double length){
       this.length = length;
}
public double getWidth() {
       return width;
}
public void setWidth(double width) {
       this.width = width;
}
public double computerArea(){
       return length * width;
}
public double computerLength(){
       return (length + width) * 2;
}
}
```

JavaBean 可以在任何 Java 程序编写环境下完成编写，再通过编译成为一个字节码文件，为了让 JSP 引擎（比如 Tomcat）找到这个字节码文件，必须把字节码文件放在特定的位置。本书使用 Eclipse 集成环境开发 JSP 程序，Java 类的字节码文件由 Eclipse 自动保存到 Web 项目的 build\classes（Navigator 视图）中。例如，例 5-1 中的 Rectangle.class 文件保存在 ch5\build\classes\com\bean 目录中。

5.2　在 JSP 中使用 JavaBean

当在 JSP 页面中使用 bean 时，首先使用 page 指令的 import 属性导入创建 bean 的类，例如：

```
<%@ page import = "com.bean.*" %>
```

5.2.1　动作标记 useBean

扫一扫

视频讲解

useBean 动作标记用来查找或者实例化一个 JavaBean。useBean 动作标记的语法格式如下：

```
<jsp:useBean id = "bean 的名字" class = "创建 bean 的类" scope = "bean 的有效范围"/>
```

或

```
<jsp:useBean id = "bean 的名字" type = "创建 bean 的类" scope = "bean 的有效范围"/>
```

例如：

```
<jsp:useBean id= "rectangle" class= "com.bean.Rectangle" scope= "page"/>
```

useBean 动作标记中各属性的含义如表 5.1 所示。

表 5.1　useBean 动作标记中各属性的含义

属 性 名	描　　述
id	指定该 JavaBean 实例的变量名，通过 id 可以访问这个实例
class	指定 JavaBean 的类名。如果需要创建一个新的实例，Web 容器会使用 class 指定的类，并调用无参数的构造方法来完成实例化
scope	指定 JavaBean 的作用范围，包括 page、request、session 和 application。其默认值为 page，表明此 JavaBean 只能应用于当前页；值为 request 表明此 JavaBean 只能应用于当前的请求；值为 session 表明此 JavaBean 能应用于当前会话；值为 application 表明此 JavaBean 能应用于整个应用程序
type	指定 JavaBean 对象的类型，通常在查找已存在的 JavaBean 时使用，这时使用 type 不会产生新的对象。如果是查找已存在的 JavaBean 对象，type 属性的值可以是此对象的准确类名、其父类或者其实现的接口；如果是新建实例，则只能是准确类名或者父类。另外，如果能够确定此 JavaBean 的对象肯定存在，则指定 type 属性后可以省略 class 属性

当含有 useBean 动作标记的 JSP 页面被 Web 容器加载执行时，Web 容器首先在 pageContext 内置对象中查看是否含有名字为 id、作用域为 scope 的对象，如果该对象存在，Web 容器就将这个对象的副本(bean)分配给 JSP 页面使用；如果没有找到，就根据 class 指定的类创建一个名字是 id 的 bean，并添加到 pageContext 对象中，同时将这个 bean 分配给 JSP 页面使用。useBean 动作标记的执行流程如图 5.1 所示。

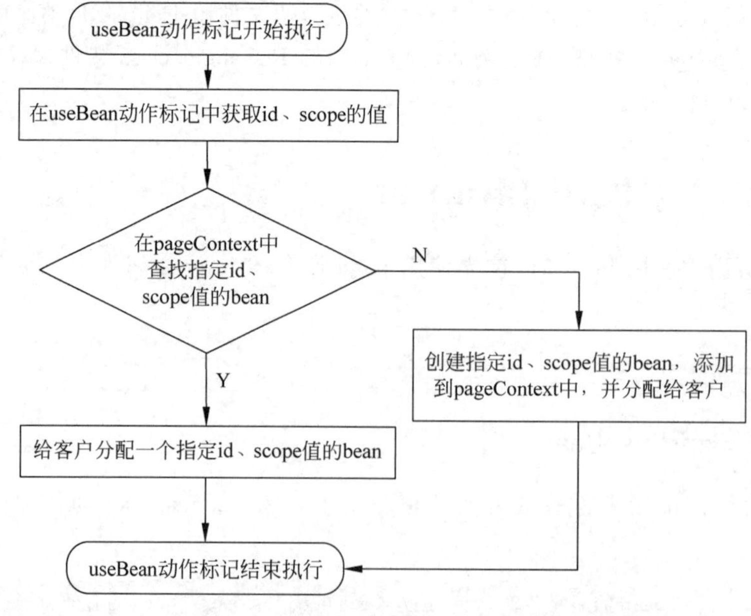

图 5.1　useBean 动作标记的执行流程

【例 5-2】　编写一个 JSP 页面 example5_2.jsp，在 JSP 页面中使用 useBean 动作标记获取一个 bean，负责创建 bean 的类是例 5-1 中的 Rectangle 类，bean 的名字是 rectangle，rectangle

的 scope 值为 page。JSP 页面的运行效果如图 5.2 所示。

图 5.2　使用 bean 的 JSP 页面

example5_2.jsp 的代码如下：

```
<%@ page language="java" contentType="text/html; charset=UTF-8" pageEncoding="UTF-8"%>
<!DOCTYPE html>
<html>
<head>
<meta charset="UTF-8">
<title>example5_2.jsp</title>
</head>
<body>
    <jsp:useBean id="rectangle" class="com.bean.Rectangle" scope="page"/>
    <p>矩形的长是：<% =rectangle.getLength() %>
    <p>矩形的宽是：<% =rectangle.getWidth() %>
    <p>矩形的面积是：<% =rectangle.computerArea() %>
    <p>矩形的周长是：<% =rectangle.computerLength() %>
</body>
</html>
```

扫一扫

视频讲解

▶ 5.2.2　动作标记 getProperty

JavaBean 的实质是遵守一定规范的类所创建的对象，用户可以通过以下两种方式获取 bean 的属性：

(1) 在 Java 程序片或表达式中使用 bean 对象调用 getXxx()方法获取 bean 的属性值，比如例 5-2 中的语句"<%=rectangle.getLength()%>;"。

(2) 先通过<jsp:useBean>标记获取一个 bean，再通过<jsp:getProperty>标记获取 bean 的属性值。

使用 getProperty 动作标记可以获取 bean 的属性值。在使用该动作标记之前，必须先使用 useBean 动作标记获取一个相应的 bean。getProperty 动作标记的语法格式如下：

```
<jsp:getProperty name= "bean的名字" property= "bean的属性"/>
```

或

```
<jsp:getProperty name= "bean的名字" property= "bean的属性"/> </jsp:getProperty>
```

其中，name 的取值是 bean 的名字，和 useBean 动作标记中的 id 对应；property 的取值是 bean 的一个属性名，和创建该 bean 的类的成员变量名对应。这条指令相当于在 Java 表达式中使用 bean 的名字调用 getXxx()方法。

【例 5-3】 创建 bean 的源文件 NewRectangle.java，该 bean 的作用是计算矩形的面积和周长。编写一个 JSP 页面 useGetProperty.jsp，在该 JSP 页面中使用 useBean 动作标记创建一个名字是 pig 的 bean，并使用 getProperty 动作标记获取 pig 的属性值。负责创建 pig 的类是 NewRectangle 类。JSP 页面的运行效果如图 5.3 所示。

```
http://localhost:8080/ch5/useGetProperty.jsp
矩形的长是：30.0
矩形的宽是：20.0
矩形的面积是：600.0
矩形的周长是：100.0
```

图 5.3　使用 getProperty 动作标记获取 pig 的属性值

NewRectangle.java 的代码如下：

```
package com.bean;
public class NewRectangle {
double length;
double width;
double rectangleArea;
double rectangleLength;
public NewRectangle() {
     length = 20;
     width = 10;
}
public double getLength() {
     return length;
}
public void setLength(double length) {
     this.length = length;
}
public double getWidth() {
     return width;
}
public void setWidth(double width) {
     this.width = width;
}
public double getRectangleArea() {
     return length * width;
}
public double getRectangleLength() {
     return 2 * (width + length);
}
}
```

useGetProperty.jsp 的代码如下：

```
<%@ page language = "java" contentType = "text/html; charset = UTF-8" pageEncoding = "UTF-8" %>
<!DOCTYPE html>
<html>
<head>
<meta charset = "UTF-8">
<title>useGetProperty.jsp</title>
</head>
<body>
     <jsp:useBean id = "pig" class = "com.bean.NewRectangle" scope = "page"/>
     <% pig.setLength(30); %>
     <% pig.setWidth(20); %>
     <p>矩形的长是：<jsp:getProperty property = "length" name = "pig"/>
     <p>矩形的宽是：<jsp:getProperty property = "width" name = "pig"/>
     <p>矩形的面积是：<jsp:getProperty property = "rectangleArea" name = "pig"/>
```

```
    <p>矩形的周长是: <jsp:getProperty property = "rectangleLength" name = "pig"/>
</body>
</html>
```

扫一扫

视频讲解

▶ 5.2.3 动作标记 setProperty

用户除了可以在 Java 程序片中使用 bean 对象调用 setXxx()方法修改 bean 的属性值以外，还可以使用 setProperty 动作标记修改 bean 的属性值。在使用该动作标记之前，必须先使用 useBean 动作标记获取一个相应的 bean。使用 setProperty 动作标记设置 bean 的属性值有以下 3 种方式。

❶ 用表达式或字符串设置 bean 的属性值

(1) 用表达式设置 bean 的属性值：

```
<jsp:setProperty name = "bean 的名字" property = "bean 的属性" value = "<% = expression %>"/>
```

(2) 用字符串设置 bean 的属性值：

```
<jsp:setProperty name = "bean 的名字" property = "bean 的属性" value = "字符串"/>
```

在用表达式修改 bean 的属性值时，表达式值的类型必须和 bean 的属性类型一致。在用字符串修改 bean 的属性值时，字符串会自动转化为 bean 的属性类型，不能成功转化的可能会抛出 NumberFormatException 异常。

❷ 通过 HTTP 表单的参数值设置 bean 的属性值

其语法格式如下：

```
<jsp:setProperty name = "bean 的名字" property = " * "/>
```

在通过 HTTP 表单的参数值设置 bean 的属性值时，表单参数的名字必须和 bean 属性的名字相同，服务器会根据名字自动匹配，类型自动转换。

❸ 任意指定请求参数设置 bean 的属性值

```
<jsp:setProperty name = "bean 的名字" property = "属性名" param = "参数名"/>
```

用户可以根据自己的需要任意选择传递的参数，请求参数名无须和 bean 属性名相同。

【例 5-4】 用表达式或字符串修改 bean 的属性值。具体要求如下：

(1) 创建 bean 的源文件 Car.java，该 bean 的作用是描述汽车的一些属性。

(2) 编写 JSP 页面 car.jsp，在该 JSP 页面中使用 useBean 动作标记创建一个名字是 smallCar 的 bean，其有效范围是 page，并使用 setProperty 动作标记修改、获取该 bean 的属性值。负责创建 smallCar 的类是 Car。JSP 页面的运行效果如图 5.4 所示。

图 5.4 用表达式或字符串修改 bean 的属性值

Car.java 的代码如下：

```
package com.bean;
public class Car {
String tradeMark;
String number;
public String getTradeMark() {
```

```
        return tradeMark;
    }
    public void setTradeMark(String tradeMark) {
        this.tradeMark = tradeMark;
    }
    public String getNumber() {
        return number;
    }
    public void setNumber(String number) {
        this.number = number;
    }
}
```

car.jsp 的代码如下：

```
<%@ page language = "java" contentType = "text/html; charset = UTF-8" pageEncoding = "UTF-8" %>
<!DOCTYPE html>
<html>
<head>
<meta charset = "UTF-8">
<title>car.jsp</title>
</head>
<body>
    <jsp:useBean id = "smallCar" class = "com.bean.Car" scope = "page"/>
    <%
        String carNo = "京A8888";
    %>
    <%--使用 setProperty 动作标记设置 smallCar 的 tradeMark 属性值为宝马 X6 -- %>
    <jsp:setProperty property = "tradeMark" name = "smallCar" value = "宝马 X6"/>
    <%--使用 setProperty 动作标记设置 smallCar 的 number 属性值为 carNo-- %>
    <jsp:setProperty property = "number" name = "smallCar" value = "<% = carNo %>"/>
    汽车的品牌是：<jsp:getProperty property = "tradeMark" name = "smallCar"/>
    <br>汽车的牌号是：<jsp:getProperty property = "number" name = "smallCar"/>
</body>
</html>
```

【例 5-5】 通过 HTTP 表单的参数值设置 bean 的属性值。具体要求如下：

(1) 编写 JSP 页面 inputCar.jsp 和 showCar.jsp。

(2) 在 inputCar.jsp 页面中输入信息后提交给 showCar.jsp 页面显示信息。

(3) JSP 页面中用到的 bean 是例 5-4 中的 Car 类创建的。JSP 页面的运行效果如图 5.5 所示。

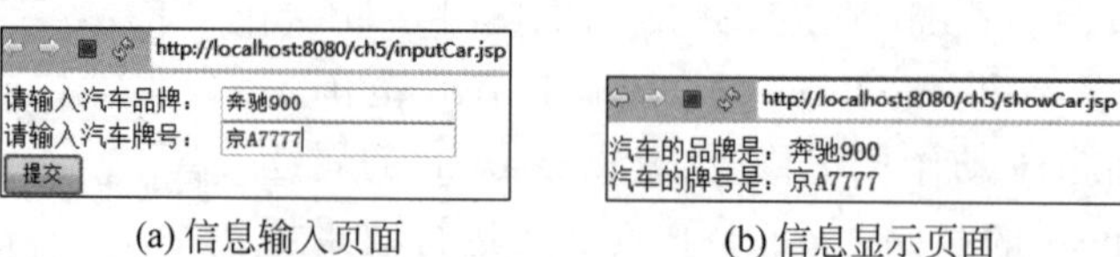

(a) 信息输入页面　　(b) 信息显示页面

图 5.5 通过 HTTP 表单的参数值设置 bean 的属性值

inputCar.jsp 的代码如下：

```
<%@ page language = "java" contentType = "text/html; charset = UTF-8" pageEncoding = "UTF-8" %>
<!DOCTYPE html>
<html>
<head>
```

```
<meta charset="UTF-8">
<title>inputCar.jsp</title>
</head>
<body>
<form action="showCar.jsp" method="post">
      请输入汽车品牌:
      <input type="text" name="tradeMark"/>
      <br>
      请输入汽车牌号:
      <input type="text" name="number"/>
      <br>
      <input type="submit" value="提交"/>
</form>
</body>
</html>
```

showCar.jsp 的代码如下：

```
<%@ page language="java" contentType="text/html; charset=UTF-8" pageEncoding="UTF-8"%>
<!DOCTYPE html>
<html>
<head>
<meta charset="UTF-8">
<title>showCar.jsp</title>
</head>
<body>
    <%
    request.setCharacterEncoding("UTF-8");
    %>
    <jsp:useBean id="smallCar" class="com.bean.Car" scope="page"/>
    <%-- 通过 HTTP 表单的参数值设置 bean 的属性值(表单参数和属性自动匹配) --%>
    <jsp:setProperty property="*" name="smallCar"/>
    汽车的品牌是:<jsp:getProperty property="tradeMark" name="smallCar"/>
    <br>汽车的牌号是:<jsp:getProperty property="number" name="smallCar"/>
</body>
</html>
```

5.2.4　实践环节——使用 JavaBean 计算三角形的面积和周长

编写两个 JSP 页面 inputTriangle.jsp 和 showTriangle.jsp。inputTriangle.jsp 提供一个表单,用户可以通过表单输入三角形的 3 条边提交给 showTriangle.jsp。用户提交表单后,JSP 页面将计算三角形的面积和周长的任务交给一个 bean 去完成,创建 bean 的源文件是 Triangle.java。页面的运行效果如图 5.6 所示。

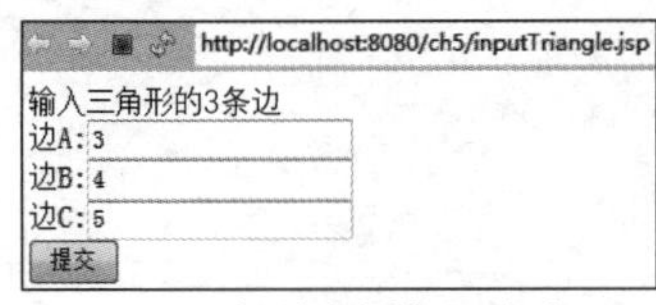

(a) 三角形边长输入页面

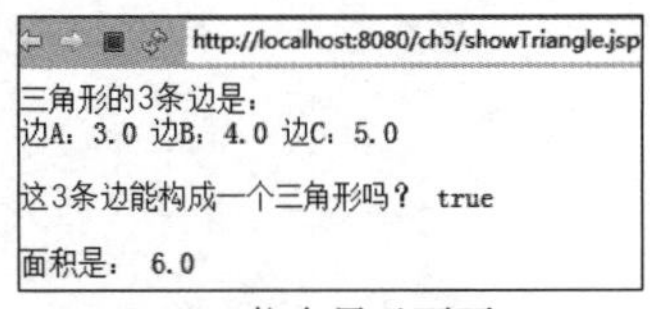

(b) 信息显示页面

图 5.6　使用 JavaBean 计算三角形的面积和周长

本章小结

本章重点介绍了在 JSP 中如何使用动作标记 useBean、getProperty 和 setProperty。

习题 5

扫一扫

习题

扫一扫

自测题

第 6 章 Java Servlet基础

学习目的与要求

本章主要介绍 Java Servlet 的基础知识，包括部署 Servlet、Servlet 的生命周期、通过 JSP 页面访问 Servlet、重定向与转发等。通过本章的学习，要求读者熟练掌握 Servlet 对象的创建与运行，理解 Servlet 的生命周期与工作原理。

本章主要内容

- Servlet 对象的创建与运行
- Servlet 的生命周期
- 通过 JSP 页面访问 Servlet
- doGet()和 doPost()方法
- 重定向与转发
- 在 Java Servlet 中使用 session
- 基于 Servlet 的 MVC 模式

Java Servlet 的核心思想就是在 Web 服务器端创建用来响应客户端请求的对象，该对象被称为一个 Servlet 对象。JSP 技术以 Java Servlet 为基础，当客户端请求一个 JSP 页面时，Web 服务器(例如 Tomcat 服务器)会自动生成一个对应的 Java 文件，编译该 Java 文件，并用编译得到的字节码文件在服务器端创建一个 Servlet 对象。实际的 Web 应用需要 Servlet 对象具有特定的功能，这就需要 Web 开发人员编写创建 Servlet 对象的类。对于如何编写 Servlet 类以及如何使用 Servlet 类，将在本章中重点介绍。

本章涉及的 Java 源文件保存在 ch6 项目的 src/main/java 目录中，涉及的 JSP 页面保存在 ch6 项目的 src/main/webapp 目录中。

6.1 Servlet 类与 Servlet 对象

编写一个 Servlet 类很简单，只要继承 jakarta. servlet. http 包中的 HttpServlet 类，并重写响应 HTTP 请求的方法即可。HttpServlet 类实现了 Servlet 接口，实现了响应用户请求的接口方法。HttpServlet 类的一个子类习惯地称为一个 Servlet 类，这样的子类创建的对象又习惯地称为 Servlet 对象。

【例 6-1】 一个简单的 Servlet 类。

例 6-1 的 FirstServlet. java 的代码如下：

```
package servlet;
import java.io.IOException;
import java.io.PrintWriter;
import jakarta.servlet.ServletConfig;
import jakarta.servlet.ServletException;
```

```
import jakarta.servlet.http.HttpServlet;
import jakarta.servlet.http.HttpServletRequest;
import jakarta.servlet.http.HttpServletResponse;
public class FirstServlet extends HttpServlet{
private static final long serialVersionUID = 1L;
public void init(ServletConfig config) throws ServletException{
     super.init(config);
}
public void service(HttpServletRequest request,HttpServletResponse response)
           throws IOException{
     //设置响应的内容类型
     response.setContentType("text/html;charset = UTF - 8");
     //取得输出对象
     PrintWriter out = response.getWriter();
     out.println("< html >< body >");
     //在浏览器中显示"第一个 Servlet 类"
     out.println("第一个 Servlet 类");
     out.println("</body></html >");
}
}
```

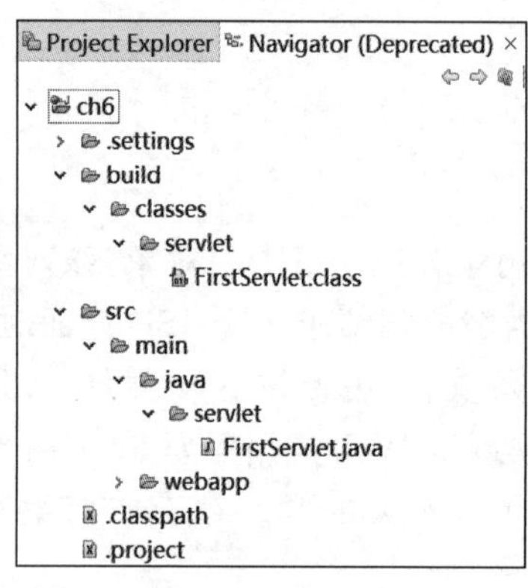

图 6.1　Servlet 类的源文件和字节码文件的保存目录

在编写 Servlet 类时必须有包名，也就是说必须在包中编写 Servlet 类。在本章中新建一个 Web 项目 ch6，所有的 Servlet 类都放在 src/main/java 目录下的 servlet 包中。

例 6-1 中 Servlet 类的源文件 FirstServlet.java 保存在 Eclipse 的 Web 项目 ch6 的 src/main/java 目录下的 servlet 包中。FirstServlet.java 源文件由 Eclipse 自动编译生成字节码文件 FirstServlet.class，保存在 build\classes\servlet 中。Servlet 类的源文件和字节码文件的保存目录如图 6.1 所示。

编写完 Servlet 类的源文件，并编译了源文件，是不是就可以运行 Servlet 对象了呢？不可以，需要在部署 Servlet 以后才可以运行 Servlet 对象。

扫一扫

视频讲解

6.2　Servlet 对象的创建与运行

如果想让 Web 服务器使用 Servlet 类编译后的字节码文件创建 Servlet 对象处理用户请求，必须先为 Web 服务器部署 Servlet。部署 Servlet 目前有两种方式，一种是在 web.xml 中部署 Servlet，另一种是基于注解的方式部署 Servlet。

6.2.1　在 web.xml 中部署 Servlet

web.xml 文件由 Web 服务器负责管理，该文件是 Web 应用的部署描述文件，包含如何将用户请求 URL 映射到 Servlet。在 Web 项目的 webapp\WEB-INF 目录下创建 web.xml 文件(可以在创建 Java Web 应用 ch6 时首先在对话框的 Project name 文本框中输入项目名称 ch6，然后两次单击 Next 按钮，选中 Generate web.xml deployment descriptor 复选框，系统会自动生成 web.xml)，并部署自己的 Servlet。

❶ 部署 Servlet

为了在 web. xml 文件中部署 6. 1 节中的 FirstServlet，需要在 web. xml 文件中找到 < web-app ></web-app >标记，然后在< web-app ></web-app >标记中添加如下内容：

```
<servlet>
    <servlet-name>firstServlet</servlet-name>
    <servlet-class>servlet.FirstServlet</servlet-class>
</servlet>
<servlet-mapping>
    <servlet-name>firstServlet</servlet-name>
    <url-pattern>/firstServlet</url-pattern>
</servlet-mapping>
```

❷ 运行 Servlet

Servlet 第一次被访问时，需要把它发布到 Web 服务器(选中 Servlet 类的源文件，然后右击，选择 Run As/Run On Server 菜单项)，这时在 Eclipse 内嵌的浏览器中可以看到如图 6. 2 所示的运行效果。

在把 Servlet 发布到 Web 服务器以后，也可以在浏览器的地址栏中输入"http://localhost:8080/ch6/firstServlet"来运行 Servlet。

图 6. 2　第一个 Servlet 的运行效果

❸ web. xml 文件中与 Servlet 部署有关的标记及其说明

1) 根标记< web-app >

在 XML 文件中必须有一个根标记，web. xml 的根标记是< web-app >。

2) < servlet >标记及其子标记

在 web. xml 文件中可以有若干< servlet >标记，该标记的内容由 Web 服务器负责处理。在< servlet >标记中有两个子标记< servlet-name >和< servlet-class >，其中< servlet-name >子标记的内容是 Web 服务器创建的 Servlet 对象的名字。在 web. xml 文件中虽然可以有若干< servlet >标记，但是要求它们的< servlet-name >子标记的内容互不相同。< servlet-class >子标记的内容指定 Web 服务器用哪个类来创建 Servlet 对象，如果 Servlet 对象已经创建，那么 Web 服务器就不再使用指定的类创建。

3) < servlet-mapping >标记及其子标记

在 web. xml 文件中出现一个< servlet >标记就会对应地出现一个< servlet-mapping >标记。在< servlet-mapping >标记中有两个子标记< servlet-name >和< url-pattern >，其中< servlet-name >子标记的内容是 Web 服务器创建的 Servlet 对象的名字(该名字必须和< servlet >标记的子标记< servlet-name >的内容相同)；< url-pattern >子标记用来指定用户用怎样的模式请求 Servlet 对象，比如< url-pattern >子标记的内容是/firstServlet，用户需要请求服务器运行 Servlet 对象 firstServlet 为其服务，那么可以在浏览器的地址栏中输入"http://localhost:8080/ch6/firstServlet"。

一个 Web 项目的 web. xml 文件负责管理该 Web 项目的所有 Servlet 对象，当 Web 项目需要提供更多的 Servlet 对象时，只要在 web. xml 文件中添加< servlet >和< servlet-mapping >标记即可。

▶ 6.2.2　基于注解的方式部署 Servlet

从 6. 2. 1 节可知，每开发一个 Servlet，都要在 web. xml 文件中部署 Servlet 才能够使用，这样会给 Web 项目的维护带来非常大的麻烦。从 Servlet 3.0 开始提供了@WebServlet 注解，使得用户不再需要在 web.xml 文件中进行 Servlet 的部署描述，简化了开发流程。本书中后续的 Servlet 都是基于注解的方式进行部署。

注解虽然方便了开发人员，但是在后期会让维护和调试成本增加。为了方便后期维护，建议开发人员在部署 Servlet 时把@WebServlet 的 urlPatterns 属性的值设置为 Servlet 类的名字。例如：

```
@WebServlet(name = "secondServlet", urlPatterns = {"/secondServlet"})
public class SecondServlet extends HttpServlet {
}
```

❶ @WebServlet

@WebServlet 用于将一个类声明为 Servlet 对象，该注解将会在部署时被 Web 容器处理，Web 容器根据具体属性将相应的类部署为 Servlet 对象。该注解的常用属性如表 6.1 所示。

表 6.1 @WebServlet 注解的常用属性

属 性 名	类 型	描 述
name	String	指定 Servlet 的 name 属性，等价于<servlet-name>。如果没有显式指定，则该 Servlet 的取值即为类的全名
value	String[]	该属性等价于 urlPatterns 属性，这两个属性不能同时使用
urlPatterns	String[]	指定一组 Servlet 的 URL 匹配模式，等价于<url-pattern>标记
loadOnStartup	int	指定 Servlet 的加载顺序，等价于<load-on-startup>标记
initParams	WebInitParam[]	指定一组 Servlet 初始化参数，等价于<init-param>标记

以上所有属性都为可选属性，但是 value 或者 urlPatterns 通常是必需的，且两者不能共存，如果同时指定，通常是忽略 value 的取值。用户可使用简化注解，例如@WebServlet("/secondServlet")，其中"/secondServlet"为请求的 URL，即 urlPatterns 属性的值。

【例 6-2】 基于注解的 Servlet 类——SecondServlet。

例 6-2 的 SecondServlet.java 的代码如下：

```
package servlet;
import java.io.IOException;
import java.io.PrintWriter;
import jakarta.servlet.ServletConfig;
import jakarta.servlet.ServletException;
import jakarta.servlet.annotation.WebServlet;
import jakarta.servlet.http.HttpServlet;
import jakarta.servlet.http.HttpServletRequest;
import jakarta.servlet.http.HttpServletResponse;
//建议 urlPatterns 的值和类名一样,以方便维护,可使用@WebServlet("/secondServlet")简化注解
@WebServlet(name = "secondServlet", urlPatterns = {"/secondServlet"})
public class SecondServlet extends HttpServlet {
private static final long serialVersionUID = 1L;
public void init(ServletConfig config) throws ServletException {
}
protected void service ( HttpServletRequest request, HttpServletResponse response ) throws
ServletException, IOException {
        //设置响应的内容类型
        response.setContentType("text/html;charset = UTF - 8");
```

```
        //取得输出对象
        PrintWriter out = response.getWriter();
        out.println("<html><body>");
        //在浏览器中显示"第二个 Servlet 类"
        out.println("第二个 Servlet 类");
        out.println("</body></html>");
    }
}
```

在 SecondServlet.java 的代码中使用"@WebServlet(name="secondServlet",urlPatterns={"/secondServlet"})"部署以后，就不必在 web.xml 中部署相应的<servlet>和<servlet-mapping>元素了，Web 容器会在部署时根据指定的属性将该类发布为 Servlet 对象。"@WebServlet(name="secondServlet",urlPatterns={"/secondServlet"})"等价的 web.xml 部署形式如下：

```
<servlet>
    <servlet-name>secondServlet</servlet-name>
    <servlet-class>servlet.SecondServlet</servlet-class>
</servlet>
<servlet-mapping>
    <servlet-name>secondServlet</servlet-name>
    <url-pattern>/secondServlet</url-pattern>
</servlet-mapping>
```

❷ @WebInitParam

@WebInitParam 注解通常不单独使用，而是配合@WebServlet 和@WebFilter(在第 8 章中讲解)使用。它的作用是为 Servlet 或 Filter 指定初始化参数，这等价于 web.xml 中<servlet>的<init-param>子标记。@WebInitParam 注解的常用属性如表 6.2 所示。

表 6.2 @WebInitParam 注解的常用属性

属性名	类型	是否可选	描述
name	String	否	指定参数的名字，等价于<param-name>
value	String	否	指定参数的值，等价于<param-value>

@WebInitParam 注解的示例代码如下：

```
@WebServlet(name = "thirdServlet", urlPatterns = {"/thirdServlet"}, initParams = {@WebInitParam
(name = "firstParam", value = "one"),@WebInitParam(name = "secondParam", value = "two")})
```

▶ 6.2.3 实践环节——@WebServlet 的应用

首先将 web.xml 文件中有关 Servlet 部署的代码删除，然后使用注解的方式部署例 6-1 的 Servlet，并运行部署后的 Servlet。

扫一扫

视频讲解

6.3 Servlet 的生命周期

一个 Servlet 对象的生命周期主要由以下 3 个过程组成。

(1) 初始化 Servlet 对象：当 Servlet 对象第一次被请求加载时，服务器会创建一个 Servlet 对象，该 Servlet 对象调用 init()方法完成必要的初始化工作。

(2) service()方法响应请求：创建的 Servlet 对象调用 service()方法响应客户的请求。

(3) Servlet 对象死亡：当服务器关闭时,Servlet 对象调用 destroy()方法使自己消亡。

从上面 3 个过程来看,init()方法只能被调用一次,即在 Servlet 第一次被请求加载时调用。当客户端请求 Servlet 服务时,服务器将启动一个新的线程,在该线程中 Servlet 对象调用 service()方法响应客户端的请求。那么当多客户端请求 Servlet 服务时服务器会怎么处理?服务器会为每个客户端启动一个新的线程,在每个线程中 Servlet 对象调用 service()方法响应客户端的请求。也就是说,每个客户端请求都会导致 service()方法被调用执行,分别运行在不同的线程中。

【例 6-3】 Servlet 接口的 init()、service()和 destroy()方法。

例 6-3 的 ThirdServlet. java 的代码如下：

```
package servlet;
import java.io.IOException;
import jakarta.servlet.ServletConfig;
import jakarta.servlet.ServletException;
import jakarta.servlet.annotation.WebInitParam;
import jakarta.servlet.annotation.WebServlet;
import jakarta.servlet.http.HttpServlet;
import jakarta.servlet.http.HttpServletRequest;
import jakarta.servlet.http.HttpServletResponse;
@WebServlet(name = "thirdServlet", urlPatterns = {"/thirdServlet"},
initParams = {@WebInitParam(name = "firstParam", value = "one"),
      @WebInitParam(name = "secondParam", value = "two")})
public class ThirdServlet extends HttpServlet {
private static final long serialVersionUID = 1L;
private String first = null;
private String second = null;
private static int count = 0;
public void init(ServletConfig config) throws ServletException {
      //获取 firstParam 参数的值
      first = config.getInitParameter("firstParam");
      second = config.getInitParameter("secondParam");
      System.out.println("第一个参数值: " + first);
      System.out.println("第二个参数值: " + second);
}
protected void service (HttpServletRequest request, HttpServletResponse response) throws
ServletException, IOException {
      count ++;
      System.out.println("您是第" + count + "个客户端请求该 Servlet!");
}
public void destroy() {
}
}
```

在 ThirdServlet 的 init()方法中,通过 ServletConfig 的 config 对象调用 getInitParameter()方法来获取参数的值。当请求 3 次该 Servlet 以后,在 Eclipse 的控制台中打印出如图 6.3 所示的结果。

从图 6.3 可以看出,不管请求几次 thirdServlet,它的 init()方法只执行一次,而 service()方法每请求一次就执行一次。

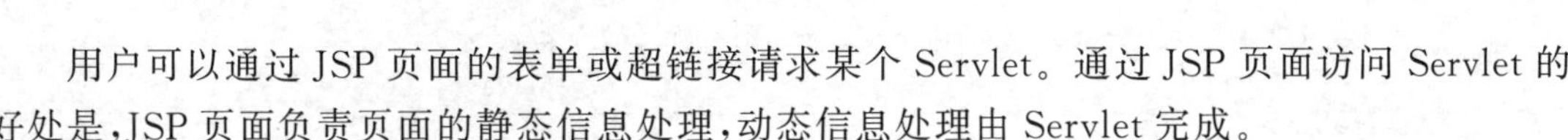

图 6.3 请求 3 次 thirdServlet 的结果

扫一扫

视频讲解

6.4 通过 JSP 页面访问 Servlet

用户可以通过 JSP 页面的表单或超链接请求某个 Servlet。通过 JSP 页面访问 Servlet 的好处是，JSP 页面负责页面的静态信息处理，动态信息处理由 Servlet 完成。

❶ 通过表单访问 Servlet

假设在 JSP 页面中有如下表单：

```
<form action = "isLogin" method = "post">
    …
</form>
```

那么该表单的处理程序(action)就是一个 Servlet，在为该 Servlet 部署时，@WebServlet 的 urlPatterns 属性值为“{"/isLogin"}”。

❷ 通过超链接访问 Servlet

在 JSP 页面中可以单击超链接访问 Servlet 对象，也可以通过超链接向 Servlet 提交信息。例如“<a href = "loginServlet?user = taipingle&&pwd = zhenzuile">查看用户名和密码</a>”，“查看用户名和密码”这个超链接将 user=taipingle 和 pwd=zhenzuile 两个信息提交给 Servlet 处理。

【例 6-4】 编写 JSP 页面 login.jsp，在该页面中通过表单向 urlPatterns 为“{"/loginServlet"}”的 Servlet(由 LoginServlet 类负责创建)提交用户名和密码，Servlet 负责判断输入的用户名和密码是否正确，并把判断结果返回。页面的运行效果如图 6.4 所示。

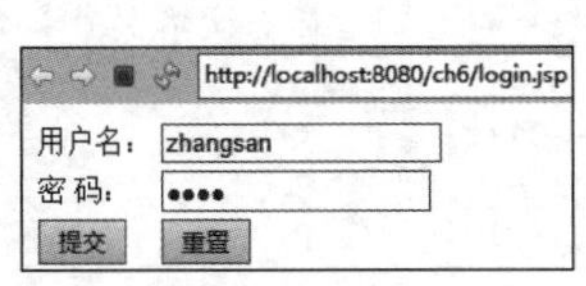

(a) 信息输入页面

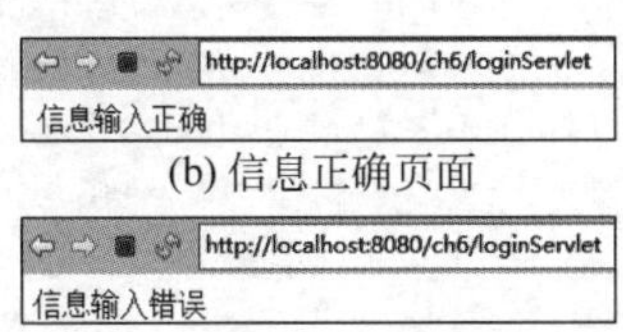

(b) 信息正确页面

(c) 信息错误页面

图 6.4 通过 JSP 页面访问 Servlet

login.jsp 的代码如下：

```
<%@ page language = "java" contentType = "text/html; charset = UTF - 8" pageEncoding = "UTF - 8" %>
<!DOCTYPE html>
<html>
<head>
<meta charset = "UTF - 8">
<title>login.jsp</title>
</head>
    <body>
```

```
        <form action = "loginServlet" method = "post">
         <table>
              <tr>
                  <td>用户名：</td>
                  <td><input type = "text" name = "user"/></td>
              </tr>
              <tr>
                  <td>密 码：</td>
                  <td><input type = "password" name = "pwd"/></td>
              </tr>
              <tr>
                  <td><input type = "submit" value = "提交"/></td>
                  <td><input type = "reset" value = "重置"/></td>
              </tr>
         </table>
        </form>
    </body>
</html>
```

LoginServlet.java 的代码如下：

```
package servlet;
import java.io.IOException;
import java.io.PrintWriter;
import jakarta.servlet.ServletException;
import jakarta.servlet.annotation.WebServlet;
import jakarta.servlet.http.HttpServlet;
import jakarta.servlet.http.HttpServletRequest;
import jakarta.servlet.http.HttpServletResponse;
@WebServlet(name = "loginServlet", urlPatterns = {"/loginServlet"})
public class LoginServlet extends HttpServlet {
private static final long serialVersionUID = 1L;
protected void service ( HttpServletRequest request, HttpServletResponse response ) throws
ServletException, IOException {
      response.setContentType("text/html;charset = UTF - 8");
      PrintWriter out = response.getWriter();
      String name = request.getParameter("user");            //获取客户提交的信息
      String password = request.getParameter("pwd");         //获取客户提交的信息
          out.println("<html><body>");
          if(name == null || name.length() == 0){
              out.println("请输入用户名");
          }
          else if(password == null || password.length() == 0){
              out.println("请输入密码");
          }
          else if(name.length() > 0 && password.length() > 0){
              if(name.equals("zhangsan") && password.equals("lisi")){
                  out.println("信息输入正确");
              }else{
                   out.println("信息输入错误");
              }
          }
          out.println("</body></html>");
      }
}
```

扫一扫

视频讲解

6.5 doGet()和 doPost()方法

当服务器接收到一个 Servlet 请求时会产生一个新线程，在这个线程中让 Servlet 对象调用 service()方法为请求做出响应。service()方法首先检查 HTTP 请求类型(get 或 post)，并在 service()方法中根据用户的请求方式对应地调用 doGet()或 doPost()方法。

当 HTTP 请求类型为 get 方式时，service()方法调用 doGet()方法响应用户请求；当 HTTP 请求类型为 post 方式时，service()方法调用 doPost()方法响应用户请求，因此在 Servlet 类中没有必要重写 service()方法，直接继承即可。

在 Servlet 类中通过重写 doGet()或 doPost()方法来响应用户的请求，这样可以增加响应的灵活性，同时减轻服务器的负担。

在一般情况下，如果不论用户的请求类型是 get 还是 post，服务器的处理过程完全相同，那么可以只在 doPost()方法中编写处理过程，而在 doGet()方法中调用 doPost()方法；或只在 doGet()方法中编写处理过程，而在 doPost()方法中调用 doGet()方法。

【例 6-5】 编写 JSP 页面 inputLader.jsp，在该页面中使用表单向 urlPatterns 为"{"/ getLengthOrAreaServlet"}"的 Servlet 提交矩形的长与宽。Servlet(由 GetLengthOrAreaServlet 负责创建)的处理手段依赖表单提交数据的方式，当提交方式为 get 时，Servlet 计算矩形的周长；当提交方式为 post 时，Servlet 计算矩形的面积。页面的运行效果如图 6.5 所示。

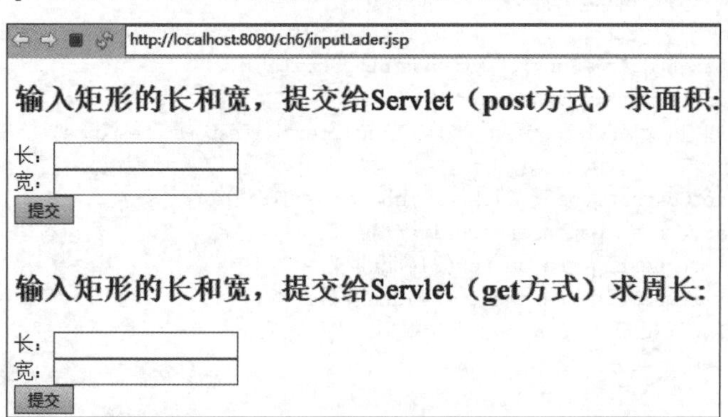

(a) 信息输入页面

http://localhost:8080/ch6/getLengthOrAreaServlet

矩形的面积是：5000.0

(b) 以post方式提交获取矩形的面积

http://localhost:8080/ch6/getLengthOrAreaServlet?length=100&width=50

矩形的周长是：300.0

(c) 以get方式提交获取矩形的周长

图 6.5 计算矩形的面积和周长

inputLader.jsp 的代码如下：

```
<%@ page language = "java" contentType = "text/html; charset = UTF - 8" pageEncoding = "UTF - 8" %>
<!DOCTYPE html>
<html>
<head>
<meta charset = "UTF - 8">
<title> inputLader.jsp </title>
</head>
<body>
    <h2>输入矩形的长和宽,提交给 Servlet(post 方式)求面积:</h2>
```

```
        <form action = "getLengthOrAreaServlet" method = "post">
        长: <input type = "text" name = "length"/><br/>
        宽: <input type = "text" name = "width"/><br/>
        <input type = "submit" value = "提交"/>
      </form>
        <br/>
        <h2>输入矩形的长和宽,提交给 Servlet(get 方式)求周长:</h2>
      <form action = "getLengthOrAreaServlet" method = "get">
        长: <input type = "text" name = "length"/><br/>
        宽: <input type = "text" name = "width"/><br/>
        <input type = "submit" value = "提交"/>
    </form>
  </body>
</html>
```

GetLengthOrAreaServlet.java 的代码如下：

```
package servlet;
import java.io.IOException;
import java.io.PrintWriter;
import jakarta.servlet.ServletException;
import jakarta.servlet.annotation.WebServlet;
import jakarta.servlet.http.HttpServlet;
import jakarta.servlet.http.HttpServletRequest;
import jakarta.servlet.http.HttpServletResponse;
@WebServlet(name = "getLengthOrAreaServlet", urlPatterns = {"/getLengthOrAreaServlet"})
public class GetLengthOrAreaServlet extends HttpServlet {
private static final long serialVersionUID = 1L;
protected void doGet(HttpServletRequest request, HttpServletResponse response) throws ServletException,
IOException {
        response.setContentType("text/html;charset = UTF - 8");
        PrintWriter out = response.getWriter();
        String l = request.getParameter("length");
        String w = request.getParameter("width");
        out.println("<html><body>");
        double m = 0,n = 0;
        try{
                m = Double.parseDouble(l);
                n = Double.parseDouble(w);
                out.println("矩形的周长是: " + ( m + n ) * 2);
        }catch(NumberFormatException e){
                out.println("请输入数字字符!");
        }
        out.println("</body></html>");
}
protected void doPost(HttpServletRequest request, HttpServletResponse response) throws ServletException,
IOException {
          response.setContentType("text/html;charset = UTF - 8");
          PrintWriter out = response.getWriter();
          String l = request.getParameter("length");
          String w = request.getParameter("width");
          out.println("<html><body>");
          double m = 0, n = 0;
          try{
                m = Double.parseDouble(l);
```

```
            n = Double.parseDouble(w);
            out.println("矩形的面积是: " + m * n);
        }catch(NumberFormatException e){
            out.println("请输入数字字符!");
        }
        out.println("</body></html>");
    }
}
```

扫一扫

视频讲解

6.6 重定向与转发

重定向是将用户从当前 JSP 页面或 Servlet 定向到另一个 JSP 页面或 Servlet，以前的 request 中存放的信息全部失效，并进入一个新的 request 作用域；转发是将用户对当前 JSP 页面或 Servlet 的请求转发给另一个 JSP 页面或 Servlet，以前的 request 中存放的信息不会失效。

▶ 6.6.1 重定向

在 Servlet 中通过调用 HttpServletResponse 类中的 sendRedirect(String location)方法来实现重定向，重定向的目标页面或 Servlet(由参数 location 指定)无法从以前的 request 对象中获取用户提交的数据。

▶ 6.6.2 转发

使用 jakarta.servlet.RequestDispatcher 对象可以将用户对当前 JSP 页面或 Servlet 的请求转发给另一个 JSP 页面或 Servlet，实现转发需要以下两个步骤。

❶ 获取 RequestDispatcher 对象

在当前 JSP 页面或 Servlet 中使用 request 对象调用 public RequestDispatcher getRequestDispatcher(String url)方法返回一个 RequestDispatcher 对象，其中参数 url 就是要转发的 JSP 页面或 Servlet 的地址。例如：

```
RequestDispatcher dis = request.getRequestDispatcher("dologin");
```

❷ 使用 RequestDispatcher 对象调用 forward()方法实现转发

在获取 RequestDispatcher 对象之后，就可以使用该对象调用 public void forward (ServletRequest request,ServletResponse response)方法将用户对当前 JSP 页面或 Servlet 的请求转发给 RequestDispatcher 对象所指定的 JSP 页面或 Servlet。例如：

```
dis.forward(request,response);
```

转发是服务器行为，重定向是客户端行为。其具体工作流程如下。

转发过程：客户浏览器发送 HTTP 请求，Web 服务器接受此请求，调用内部的一个方法在容器内部完成请求处理和转发动作，将目标资源发送给客户。在这里转发的路径必须是同一个 Web 容器下的 URL，其不能转向到其他的 Web 路径上，中间传递的是自己容器内的 request。在客户浏览器的地址栏中显示的仍然是其第一次访问的路径，也就是说客户是感觉不到服务器做了转发的。转发行为是浏览器只做了一次访问请求。

重定向过程：客户浏览器发送 HTTP 请求，Web 服务器接受后发送 302 状态码响应及对应的新的 location 给客户浏览器，客户浏览器发现是 302 响应，则自动发送一个新的 HTTP 请求，请求 URL 是新的 location 地址，服务器根据此请求寻找资源并发送给客户。在这里 location 可以重定向到任意 URL，既然是浏览器重新发出了请求，则就没有什么 request 传递的概念了。在客户浏览器的地址栏中显示的是其重定向的路径，客户可以观察到地址的变化。重定向行为是浏览器至少做了两次访问请求。

【例 6-6】 编写 JSP 页面 redirectForward.jsp，在该 JSP 页面中通过表单向 urlPatterns 为"{"/redirectForwardServlet"}"的 Servlet(由 RedirectForwardServlet 负责创建)提交用户名和密码。如果用户输入的数据不完整，redirectForwardServlet 将用户重定向到 redirectForward.jsp 页面；如果用户输入的数据完整，redirectForwardServlet 将用户对 redirectForward.jsp 页面的请求转发给 urlPatterns 为"{"/showServlet"}"的 Servlet(由 showServlet 负责创建)，showServlet 显示用户输入的信息。

redirectForward.jsp 的代码如下：

```
<%@ page language="java" contentType="text/html; charset=UTF-8" pageEncoding="UTF-8"%>
<!DOCTYPE html>
<html>
<head>
<meta charset="UTF-8">
<title>redirectForward.jsp</title>
</head>
  <body>
    <form action="redirectForwardServlet" method="post">
     <table>
           <tr>
               <td>用户名：</td>
               <td><input type="text" name="user"/></td>
           </tr>
           <tr>
               <td>密 码：</td>
               <td><input type="password" name="pwd"/></td>
           </tr>
           <tr>
               <td><input type="submit" value="提交"/></td>
               <td><input type="reset" value="重置"/></td>
           </tr>
      </table>
    </form>
  </body>
</html>
```

RedirectForwardServlet.java 的代码如下：

```
package servlet;
import java.io.IOException;
import jakarta.servlet.RequestDispatcher;
import jakarta.servlet.ServletException;
import jakarta.servlet.annotation.WebServlet;
import jakarta.servlet.http.HttpServlet;
import jakarta.servlet.http.HttpServletRequest;
import jakarta.servlet.http.HttpServletResponse;
```

```
@WebServlet(name = "redirectForwardServlet", urlPatterns = {"/redirectForwardServlet"})
public class RedirectForwardServlet extends HttpServlet {
private static final long serialVersionUID = 1L;
protected void doGet(HttpServletRequest request,
          HttpServletResponse response) throws ServletException, IOException {
      doPost(request, response);
}
protected void doPost(HttpServletRequest request,
          HttpServletResponse response) throws ServletException, IOException {
      String name = request.getParameter("user");
      String password = request.getParameter("pwd");
      if (name == null || name.length() == 0) {
          //使用 response 调用 sendRedirect()方法重定向到 redirectForward.jsp
          response.sendRedirect("redirectForward.jsp");
      } else if (password == null || password.length() == 0) {
          response.sendRedirect("redirectForward.jsp");
      } else if (name.length() > 0 && password.length() > 0) {
          //转发
          RequestDispatcher dis = request.getRequestDispatcher("showServlet");
          dis.forward(request, response);
      }
}
}
```

ShowServlet.java 的代码如下：

```
package servlet;
import java.io.IOException;
import java.io.PrintWriter;
import jakarta.servlet.ServletException;
import jakarta.servlet.annotation.WebServlet;
import jakarta.servlet.http.HttpServlet;
import jakarta.servlet.http.HttpServletRequest;
import jakarta.servlet.http.HttpServletResponse;
@WebServlet(name = "showServlet", urlPatterns = {"/showServlet"})
public class ShowServlet extends HttpServlet {
private static final long serialVersionUID = 1L;
protected void doGet(HttpServletRequest request,
          HttpServletResponse response) throws ServletException, IOException {
      doPost(request, response);
}
protected void doPost(HttpServletRequest request,
          HttpServletResponse response) throws ServletException, IOException {
      response.setContentType("text/html;charset=UTF-8");
      PrintWriter out = response.getWriter();
      String name = request.getParameter("user");
      String password = request.getParameter("pwd");
      out.println("您的用户名是: " + name);
      out.println("<br>您的密码是: " + password);
}
}
```

▶ 6.6.3 实践环节——登录验证

编写登录页面 login_1.jsp，在该 JSP 页面中通过表单向 urlPatterns 为“{"/loginServlet_1"}”

的 Servlet（由 LoginServlet_1 类负责创建）提交用户名和密码。如果用户输入的数据不完整，loginServlet_1 将用户重定向到 login_1.jsp 页面；如果用户输入的数据完整并正确（用户名为“zhangsan”，密码为“123”），loginServlet_1 将用户的请求转发给 loginSuccess_1.jsp 页面，loginSuccess_1.jsp 页面显示用户输入的信息。

扫一扫

视频讲解

6.7 在 Java Servlet 中使用 session

在 Servlet 中获取当前请求的会话对象可以通过调用 HttpServletRequest 的 getSession()方法实现。例如：

```
HttpSession session = request.getSession(true);      //若存在会话返回该会话,否则新建一个会话
```

或

```
HttpSession session = request.getSession(false);    //若存在会话返回该会话,否则返回 null
```

在通常情况下，通过第一种方式获取 session，即指定 getSession()的参数为 true，true 是默认值，也就是 request.getSession(true)等同于 request.getSession()。

【例 6-7】 编写 JSP 页面 useSession.jsp，在该页面中通过表单向名为 useSession 的 Servlet 对象（由 UseSessionServlet 类负责创建）提交用户名，useSession 将用户名存入用户的 session 对象中，然后用户请求另一个 Servlet 对象 showName（由 ShowNameServlet 类负责创建），showName 从用户的 session 对象中取出存储的用户名，并显示在浏览器中。页面的运行效果如图 6.6 所示。

(a) 信息输入页面

(b) 获取会话并存储数据

(c) 获取会话中的数据并显示

图 6.6 在 Java Servlet 中使用 session

useSession.jsp 的代码如下：

```
<%@ page language = "java" contentType = "text/html; charset = UTF - 8" pageEncoding = "UTF - 8" %>
<!DOCTYPE html>
<html>
<head>
<meta charset = "UTF - 8">
<title>useSession.jsp</title>
  </head>
  <body>
  <form action = "sendMyName" method = "post">
    <table>
          <tr>
              <td>用户名：</td>
```

```
                <td><input type="text" name="user"/></td>
            </tr>
            <tr>
                <td><input type="submit" value="提交"/></td>
            </tr>
        </table>
      </form>
   </body>
</html>
```

UseSessionServlet.java 的代码如下：

```
package servlet;
import java.io.*;
import jakarta.servlet.ServletConfig;
import jakarta.servlet.ServletException;
import jakarta.servlet.annotation.WebServlet;
import jakarta.servlet.http.HttpServlet;
import jakarta.servlet.http.HttpServletRequest;
import jakarta.servlet.http.HttpServletResponse;
import jakarta.servlet.http.HttpSession;
@WebServlet(name = "useSession", urlPatterns = {"/sendMyName"})
public class UseSessionServlet extends HttpServlet {
private static final long serialVersionUID = 1L;
public void init(ServletConfig config) throws ServletException {
      super.init(config);
}
public void doPost(HttpServletRequest request, HttpServletResponse response)
           throws ServletException, IOException {
      response.setContentType("text/html;charset=UTF-8");
      PrintWriter out = response.getWriter();
      String name = request.getParameter("user");
      if (null == name || name.trim().length() == 0) {
           response.sendRedirect("useSession.jsp");
      } else {
           HttpSession session = request.getSession(true);
           session.setAttribute("myName", name);
           out.println("<htm><body>");
           out.println("您请求的 Servlet 对象是：" + getServletName());
           out.println("<br>您的会话 ID 是：" + session.getId());
           out.println("<br>请单击请求另一个 Servlet：");
           out.println("<br><a href='showMyName'>请求另一个 Servlet</a>");
           out.println("</body></htm>");
      }
}
public void doGet(HttpServletRequest request, HttpServletResponse response)
           throws ServletException, IOException {
      doPost(request, response);
}
}
```

ShowNameServlet.java 的代码如下：

```
package servlet;
import java.io.*;
```

```
import jakarta.servlet.ServletConfig;
import jakarta.servlet.ServletException;
import jakarta.servlet.annotation.WebServlet;
import jakarta.servlet.http.HttpServlet;
import jakarta.servlet.http.HttpServletRequest;
import jakarta.servlet.http.HttpServletResponse;
import jakarta.servlet.http.HttpSession;
@WebServlet(name = "showName", urlPatterns = {"/showMyName"})
public class ShowNameServlet extends HttpServlet {
private static final long serialVersionUID = 1L;
public void init(ServletConfig config) throws ServletException {
      super.init(config);
}
public void doPost(HttpServletRequest request, HttpServletResponse response)
           throws ServletException, IOException {
      response.setContentType("text/html;charset = UTF - 8");
      PrintWriter out = response.getWriter();
      HttpSession session = request.getSession(true);
      String name = (String) session.getAttribute("myName");
      out.println("< htm >< body >");
      out.println("您请求的 Servlet 对象是: " + getServletName());
      out.println("< br >您的会话 ID 是: " + session.getId());
      out.println("< br >您的会话中存储的用户名是: " + name);
      out.println("</body ></htm >");

}
public void doGet(HttpServletRequest request, HttpServletResponse response)
           throws ServletException, IOException {
      doPost(request, response);
}
}
```

扫一扫

视频讲解

6.8 基于 Servlet 的 MVC 模式

本节将重点介绍基于 Servlet 的 MVC 模式。

▶ 6.8.1 MVC 模式

❶ MVC 的概念

MVC 是 Model、View、Controller 的缩写,分别代表 Web 应用程序中的 3 种职责。

(1) 模型:用于存储数据以及处理用户请求的业务逻辑。

(2) 视图:向控制器提交数据,显示模型中的数据。

(3) 控制器:根据视图提出的请求判断将请求和数据交给哪个模型处理以及将处理后的有关结果交给哪个视图更新显示。

❷ 基于 Servlet 的 MVC 模式的具体实现

基于 Servlet 的 MVC 模式的具体实现如下。

(1) 模型:一个或多个 JavaBean 对象,用于存储数据(实体模型,由 JavaBean 类创建)和处理业务逻辑(业务模型,由一般的 Java 类创建)。

(2) 视图:一个或多个 JSP 页面,向控制器提交数据和为模型提供数据显示,JSP 页面主要使用 HTML 标记和 JavaBean 标记来显示数据。

(3) 控制器：一个或多个 Servlet 对象，根据视图提交的请求进行控制，即将请求转发给处理业务逻辑的 JavaBean，并将处理结果存放到实体模型 JavaBean 中，输出给视图显示。

基于 Servlet 的 MVC 模式的工作流程如图 6.7 所示。

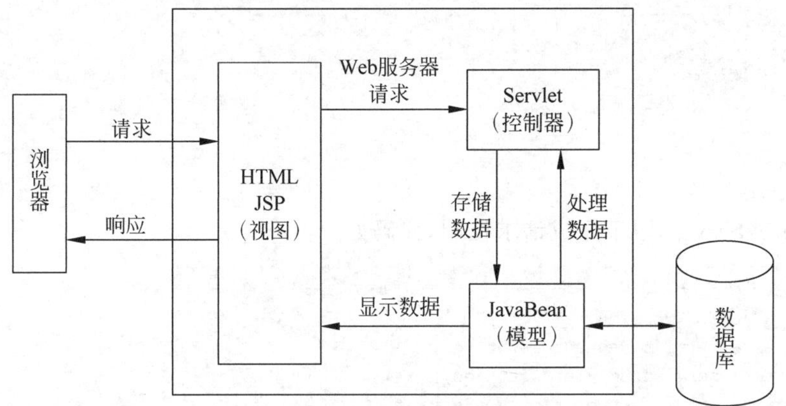

图 6.7 基于 Servlet 的 MVC 模式的工作流程

6.8.2 使用 JSP、Servlet 和 JavaBean 实现 MVC

【例 6-8】 使用 MVC 模式实现简单的用户登录验证程序，其中包括实体模型 User、业务模型 UserCheck、控制器 LoginCheckServlet 和两个视图页面，即登录页面和登录成功页面。

❶ 定义实体模型来表示数据

User 类用于创建实体模型存储用户信息，代码如下：

```
package dto;
public class User {
private String name;
private String pwd;
public String getName() {
        return name;
}
public void setName(String name) {
        this.name = name;
}
public String getPwd() {
        return pwd;
}
public void setPwd(String pwd) {
        this.pwd = pwd;
}
}
```

❷ 定义业务模型来处理业务

UserCheck 类用于判断用户名和密码是否正确，代码如下：

```
package service;
import dto.User;
public class UserCheck {
//验证登录
```

```
public boolean validate(User user) {
    if (user != null && user.getName().equals("JSPMVC")) {
        if (user.getPwd().equals("MVC")) {
            return true;
        }
        return false;
    }
    return false;
}
}
```

❸ 编写 Servlet 处理请求

LoginCheckServlet 用于完成请求控制，代码如下：

```
package servlet;
import java.io.IOException;
import jakarta.servlet.RequestDispatcher;
import jakarta.servlet.ServletException;
import jakarta.servlet.annotation.WebServlet;
import jakarta.servlet.http.HttpServlet;
import jakarta.servlet.http.HttpServletRequest;
import jakarta.servlet.http.HttpServletResponse;
import service.UserCheck;
import dto.User;
@WebServlet(name = "loginCheckServlet", urlPatterns = {"/loginCheckServlet"})
public class LoginCheckServlet extends HttpServlet {
private static final long serialVersionUID = 1L;
protected void doGet(HttpServletRequest request,
        HttpServletResponse response) throws ServletException, IOException {
    doPost(request, response);
}
protected void doPost(HttpServletRequest request,
        HttpServletResponse response) throws ServletException, IOException {
    String name = request.getParameter("name");
    String pwd = request.getParameter("pwd");
    User user = new User();                         //实例化实体模型 user
    user.setName(name);                             //把数据存储在模型 user 中
    user.setPwd(pwd);                               //把数据存储在模型 user 中
    UserCheck uc = new UserCheck();                 //实例化业务模型 userCheck
    if (uc.validate(user)) {
        //把装有数据的实体模型 user 存储在 request 范围内
        request.setAttribute("user", user);
        RequestDispatcher dis = request
                .getRequestDispatcher("loginSuccess.jsp");
        dis.forward(request, response);
    } else {
        response.sendRedirect("loginCheck.jsp");
    }
}
}
```

❹ 编写视图

登录页面 loginCheck.jsp 的代码如下：

```
<%@ page language="java" contentType="text/html; charset=UTF-8" pageEncoding="UTF-8"%>
<!DOCTYPE html>
```

```
<html>
<head>
<meta charset="UTF-8">
<title>loginCheck.jsp</title>
  </head>
  <body>
    <form action="loginCheckServlet" method="post">
      <table>
            <tr>
                  <td>用户名:</td>
                  <td><input type="text" name="name"/></td>
            </tr>
            <tr>
                  <td>密  码:</td>
                  <td><input type="password" name="pwd"/></td>
            </tr>
            <tr>
                  <td><input type="submit" value="提交"/></td>
                  <td><input type="reset" value="重置"/></td>
            </tr>
      </table>
    </form>
  </body>
</html>
```

登录成功页面 loginSuccess.jsp 的代码如下：

```
<%@ page language="java" contentType="text/html; charset=UTF-8" pageEncoding="UTF-8"%>
<!DOCTYPE html>
<html>
<head>
<meta charset="UTF-8">
<title>loginSuccess.jsp</title>
</head>
<body>
    <jsp:useBean id="user" type="dto.User" scope="request"/>
    恭喜<jsp:getProperty property="name" name="user"/>登录成功!
</body>
</html>
```

6.8.3　模型周期

在基于 Servlet 的 MVC 模式中，控制器 Servlet 创建的实体模型 JavaBean 也涉及生命周期，生命周期分别为 request、session 和 application。下面以例 6-8 中的实体模型 user 来讨论这 3 种生命周期的用法。

❶ request 周期的模型

使用 request 周期的模型一般需要以下几个步骤：

1）创建模型并把数据保存到模型中

在 Servlet 中需要这样的代码：

```
User user = new User();                //实例化模型 user
user.setName(name);                    //把数据存储在模型 user 中
user.setPwd(pwd);                      //把数据存储在模型 user 中
```

2）将模型保存到 request 对象中并转发给 JSP 视图

在 Servlet 中需要这样的代码：

```
request.setAttribute("user", user);  //把装有数据的模型 user 输出给视图页面 loginSuccess.jsp
RequestDispatcher dis = request.getRequestDispatcher("loginSuccess.jsp");
dis.forward(request, response);
```

request.setAttribute("user",user)这句代码指定了查找 JavaBean 的关键字，并决定了 JavaBean 的生命周期为 request。

3）视图的更新

Servlet 所转发的页面，比如 loginSuccess.jsp 页面，必须使用 useBean 标记获取 Servlet 所创建的 JavaBean 对象（视图不负责创建 JavaBean）。在 JSP 页面中需要使用如下代码：

```
<jsp:useBean id = "user" type = "dto.User" scope = "request"/>
<jsp:getProperty property = "name" name = "user"/>
```

标记中的 id 就是 Servlet 所创建的模型 JavaBean，它和 request 对象中的关键字对应。因为在视图中不创建 JavaBean 对象，所以在 useBean 标记中使用 type 属性而不使用 class 属性。useBean 标记中的 scope 必须和存储模型时的范围（request）一致。

❷ session 周期的模型

使用 session 周期的模型一般需要以下几个步骤：

1）创建模型并把数据保存到模型中

在 Servlet 中需要这样的代码：

```
User user  = new User();                //实例化模型 user
user.setName(name);                     //把数据存储在模型 user 中
user.setPwd(pwd);                       //把数据存储在模型 user 中
```

2）将模型保存到 session 对象中并转发给 JSP 视图

在 Servlet 中需要这样的代码：

```
session.setAttribute("user", user);  //把装有数据的模型 user 输出给视图页面 loginSuccess.jsp
RequestDispatcher dis = request.getRequestDispatcher("loginSuccess.jsp");
dis.forward(request, response);
```

session.setAttribute("user",user)这句代码指定了查找 JavaBean 的关键字，并决定了 JavaBean 的生命周期为 session。

3）视图的更新

Servlet 所转发的页面，比如 loginSuccess.jsp 页面，必须使用 useBean 标记获取 Servlet 所创建的 JavaBean 对象（视图不负责创建 JavaBean）。在 JSP 页面中需要使用如下代码：

```
<jsp:useBean id = "user" type = "dto.User" scope = "session"/>
<jsp:getProperty property = "name" name = "user"/>
```

标记中的 id 就是 Servlet 所创建的模型 JavaBean，它和 session 对象中的关键字对应。因为在视图中不创建 JavaBean 对象，所以在 useBean 标记中使用 type 属性而不使用 class 属性。useBean 标记中的 scope 必须和存储模型时的范围（session）一致。

注意：对于生命周期为 session 的模型，Servlet 不仅可以使用 RequestDispatcher 对象转发给 JSP 页面，还可以使用 response 的重定向方法（sendRedirect()）定向到 JSP 页面。

❸ application 周期的模型

使用 application 周期的模型一般需要以下几个步骤：

1）创建模型并把数据保存到模型中

在 Servlet 中需要这样的代码：

```
User user = new User();                  //实例化模型 user
user.setName(name);                      //把数据存储在模型 user 中
user.setPwd(pwd);                        //把数据存储在模型 user 中
```

2）将模型保存到 application 对象中并转发给 JSP 视图

在 Servlet 中需要这样的代码：

```
application.setAttribute("user", user);  //把装有数据的模型 user 输出给视图页面 loginSuccess.jsp
RequestDispatcher dis = request.getRequestDispatcher("loginSuccess.jsp");
dis.forward(request, response);
```

application. setAttribute("user",user)这句代码指定了查找 JavaBean 的关键字，并决定了 JavaBean 的生命周期为 application。

3）视图的更新

Servlet 所转发的页面，比如 loginSuccess. jsp 页面，必须使用 useBean 标记获取 Servlet 所创建的 JavaBean 对象（视图不负责创建 JavaBean）。在 JSP 页面中需要使用如下代码：

```
<jsp:useBean id = "user" type = "dto.User" scope = "application"/>
<jsp:getProperty property = "name" name = "user"/>
```

标记中的 id 就是 Servlet 所创建的模型 JavaBean，它和 application 对象中的关键字对应。因为在视图中不创建 JavaBean 对象，所以在 useBean 标记中使用 type 属性而不使用 class 属性。useBean 标记中的 scope 必须和存储模型时的范围（application）一致。

注意： 对于生命周期为 session 或 application 的模型，Servlet 不仅可以使用 RequestDispatcher 对象转发给 JSP 页面，还可以使用 response 的重定向方法（sendRedirect()）定向到 JSP 页面。

▶ 6.8.4 实践环节——四则运算

模仿例 6-8，使用基于 Servlet 的 MVC 模式设计一个 Web 应用，要求如下：

用户通过 JSP 页面 inputNumber. jsp 输入两个操作数，并选择一种运算符，单击提交按钮后，调用 HandleComputer. java 这个 Servlet。在 HandleComputer 中首先获取用户输入的数字和运算符并将这些内容存入实体模型（由 Computer. java 创建）中，然后调用业务模型（由 CalculateBean. java 创建）进行计算并把结果存入实体模型中，在 showResult. jsp 中调用 JavaBean 显示计算的结果。

本章小结

本章使用了 Servlet 的注解机制部署 Servlet，简化了 Servlet 的开发流程，使得 web. xml 部署描述文件从 Servlet 3.0 开始不再是必选的。

习题 6

扫一扫

习题

扫一扫

自测题

第7章 会话跟踪技术

学习目的与要求

本章重点介绍会话跟踪技术。通过本章的学习，要求读者理解会话跟踪的含义，掌握会话跟踪技术的应用。

本章主要内容

- Cookie 技术
- session 技术
- URL 重写技术
- 隐藏表单域技术

客户端与服务器进行通信的协议是 HTTP，该协议本身是基于请求/响应模式的、无状态的协议，服务器不会记录客户端的任何信息，这样客户端每次发送的请求都是独立的，这样的方式在工程实践中是不可用的。会话（session）是一种能将客户端信息保存在服务器端的技术，它可以记录客户端到服务器的一系列请求。

本章涉及的 Java 源文件保存在 ch7 项目的 src/main/java 目录中，涉及的 JSP 页面保存在 ch7 项目的 src/main/webapp 目录中。

会话跟踪技术是一种在客户端与服务器之间保持 HTTP 状态的解决方案，主要包含 Cookie 技术、session 技术、URL 重写技术以及隐藏表单域技术。

7.1 Cookie 技术

Cookie 技术是一种在客户端保持会话跟踪的解决方案。通过 Cookie，服务器在接收来自客户端的浏览器的请求时，能够通过分析请求头的内容得到客户端特有的信息，从而动态地生成与该客户端相对应的内容。例如，登录页面中的密码。另外，一些商业网站根据用户的偏好进行风格设置、广告投放等个性化推荐，这些功能都可以通过存储在客户端的 Cookie 实现。

Cookie 可以通过 jakarta. servlet. http. Cookie 类的构造方法 Cookie(String name,String value)创建，示例代码如下：

```
Cookie vistedCountC = new Cookie("vistedCount", "1000");
```

其中，第 1 个参数 name 用于指定 Cookie 的属性名；第 2 个参数 value 用于指定属性值。

创建完成的 Cookie 对象，可以使用 HttpServletResponse 对象的 addCookie()方法添加到相应对象中，进而让 Cookie 对象存储在客户端机器上。存储在客户端的 Cookie，可以通过 HttpServletRequest 对象的 getCookies()方法获取。

Cookie 有一定的存活时间，不会在客户端一直保存。在默认情况下，它在浏览器关闭时失效。若要让其长时间保存，可以通过 Cookie 对象的 setMaxAge(int time)方法设置其存活时间(以秒为单位),时间为正整数,表示其存活的秒数;若为负数,表示其为临时 Cookie(在浏览器关闭时失效);若为 0,表示通知浏览器删除相应的 Cookie 对象。

需要注意的是,在使用 Cookie 时要保证浏览器接受 Cookie。IE 浏览器中的设置方法是选择"工具"/"Internet 选项",将弹出的对话框切换至"隐私"选项卡,单击"高级"按钮,然后在弹出的"高级隐私设置"对话框中选中"第一方 Cookie"和"第三方 Cookie"下的"接受"单选按钮,如图 7.1 所示。

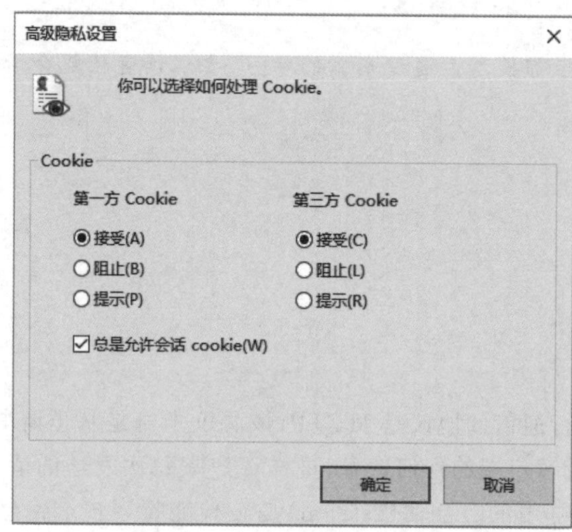

图 7.1 设置接受 Cookie

【例 7-1】 编写一个 Servlet,在该 Servlet 中测试 Cookie 对象的常用方法。

例 7-1 的 CookieTest.java 的代码如下:

```
package servlet;
import java.io.IOException;
import java.io.PrintWriter;
import java.text.SimpleDateFormat;
import java.util.Date;
import jakarta.servlet.ServletException;
import jakarta.servlet.annotation.WebServlet;
import jakarta.servlet.http.Cookie;
import jakarta.servlet.http.HttpServlet;
import jakarta.servlet.http.HttpServletRequest;
import jakarta.servlet.http.HttpServletResponse;
@WebServlet("/CookieTest")
public class CookieTest extends HttpServlet {
    private static final long serialVersionUID = 1L;
    protected void doGet(HttpServletRequest request, HttpServletResponse response) throws
ServletException, IOException {
        response.setContentType("text/html;charset = UTF - 8");
        PrintWriter out = response.getWriter();
        //时间不能有空格,否则后续 Cookie 创建后
        //运行会报错(An invalid character [32] was present in the Cookie value)
        SimpleDateFormat sdf = new SimpleDateFormat("yyyy年MM月dd日HH:mm:ss");
        String nowTime = sdf.format(new Date());
        String lastVistTime = "";                      //访问时间
        int vistedCount = 0;                           //访问次数
        //获取客户端的浏览器保存的所有 Cookie
```

```
        Cookie[] myCookies = request.getCookies();
        if(myCookies != null) {
            for (Cookie cookie : myCookies) {
                //判断是否为最近访问过的 Cookie,Cookie 中的属性名为 lastVist,
                //属性值为上次访问的时间
                if("lastVist".equals(cookie.getName())) {
                    lastVistTime = cookie.getValue();
                }
                //判断是否为记录访问次数的 Cookie,Cookie 中的属性名为 vistedCount,
                //属性值为上次访问的次数
                if("vistedCount".equals(cookie.getName())) {
                    vistedCount = Integer.valueOf(cookie.getValue());
                }
            }
        }
        //不是第一次访问,输出上次访问的时间
        if(!"".equals(lastVistTime)){
            out.println("您上次访问时间为: " + lastVistTime);
        }
        //输出访问的次数
        out.println("您是第: " + (vistedCount + 1) + "访问该网站.");
        //以本次访问的时间创建同名 Cookie
        Cookie lastVistTimeC = new Cookie("lastVist", nowTime);
        //设置最大存活时间为一年
        lastVistTimeC.setMaxAge(365 * 24 * 60 * 60);
        //以访问次数创建同名 Cookie
        Cookie vistedCountC = new Cookie("vistedCount", (vistedCount + 1) + "");
        //设置最大存活时间为一年
        vistedCountC.setMaxAge(365 * 24 * 60 * 60);
        //将两个 Cookie 对象响应到客户端
        response.addCookie(lastVistTimeC);
        response.addCookie(vistedCountC);
    }
    protected void doPost (HttpServletRequest request, HttpServletResponse response) throws
ServletException, IOException {
        doGet(request, response);
    }
}
```

启动服务器,第一次请求 CookieTest 后(http://localhost:8080/ch7/CookieTest)的显示结果如图 7.2 所示。

第二次请求 CookieTest 后(http://localhost:8080/ch7/CookieTest)的显示结果如图 7.3 所示。

localhost:8080/ch7/CookieTest

您是第：1访问该网站。

图 7.2　第一次请求后的显示结果

http://localhost:8080/ch7/CookieTest

您上次访问时间为：2023年01月14日10:53:49 您是第：2访问该网站。

图 7.3　第二次请求后的显示结果

例 7-1 的效果只限于使用同一个浏览器并且允许使用 Cookie 的情况下访问,这是由 Cookie 本身的局限性决定的。Cookie 的缺点主要集中在其安全性和隐私保护上,主要包括以下几种:

(1) Cookie 可能被禁用,有的用户担心隐私安全问题,很可能会禁用浏览器的 Cookie

功能。

(2) Cookie是与浏览器相关的,即使访问同一个应用程序,不同浏览器之间所保存的Cookie也是不能互相访问的。

(3) Cookie可能被删除,因为每个Cookie都是硬盘上的一个文件,所以很有可能被用户删除。

(4) Cookie的大小和个数受限,单个Cookie保存的数据一般不能超过4KB,很多浏览器都限制一个域名最大保存数量。

(5) Cookie的安全性不够高,所有的Cookie都是以纯文本的形式记录在文件中,因此如果要保存用户名、密码等信息,最好事先做加密处理。

7.2 session技术

session技术是指使用HttpSession对象实现会话跟踪的技术,是一种在服务器端保持会话跟踪的解决方案。HttpSession对象将在用户第一次访问服务器时由容器创建(只有在访问JSP、Servlet等程序时才会创建,只访问HTML、image等静态资源并不创建),当用户调用其失效方法(invalidate()方法)或超过其最大不活动时间时会失效。在会话有效期间,用户与服务器之间的多次请求都属于同一个会话。

服务器在创建session对象时会为其分配一个唯一的会话标识SessionID,以"JSESSIONID"的属性名保存在客户端Cookie中,在用户后续的请求中,服务器通过读取Cookie中的JSESSIONID属性值来识别不同的用户,从而实现对每个用户的会话跟踪。有关session技术的使用,请读者参见4.4节和6.7节。

扫一扫

视频讲解

7.3 URL重写技术

URL重写是指服务器程序将接收的URL请求重新写成网站可以处理的另一个URL的过程。URL重写技术是实现动态网站会话跟踪的重要保障。在实际应用中,当不能确定客户端的浏览器是否支持Cookie时,使用URL重写技术可以对请求的URL地址追加会话标识,从而实现用户的会话跟踪功能。URL重写实现会话跟踪,需要保证每个页面都必须使用Servlet或JSP动态页面。因为附加在URL上的SessionID是动态产生的,所以对于静态页面的跳转,URL重写机制无能为力。

用户可以通过HttpServletResponse的encodeURL()方法和encodeRedirectURL()方法实现URL重写,其中encodeRedirectURL()方法主要对使用sendRedirect()方法的URL进行重写。URL重写方法根据请求信息中是否包含Set-Cookie请求头来决定是否进行URL重写,若包含了该请求头,将URL原样输出;若不包含,则将会话标识jsessionid重写到URL中。URL重写的示例代码如下:

```
//对重定向的URL进行重写
String encodeURL = response.encodeRedirectURL("toRedirectServlet");
response.sendRedirect(encodeURL);
```

下面首先演示对谷歌浏览器Cookie的禁用设置,如图7.4所示;然后使用禁用Cookie的谷歌浏览器运行例6-7,页面的运行效果如图7.5～图7.7所示。

在设置中搜索
Cookie
已屏蔽
仅将本地数据保留到您退出浏览器为止
阻止第三方 Cookie
阻止第三方网站保存和读取 Cookie 数据

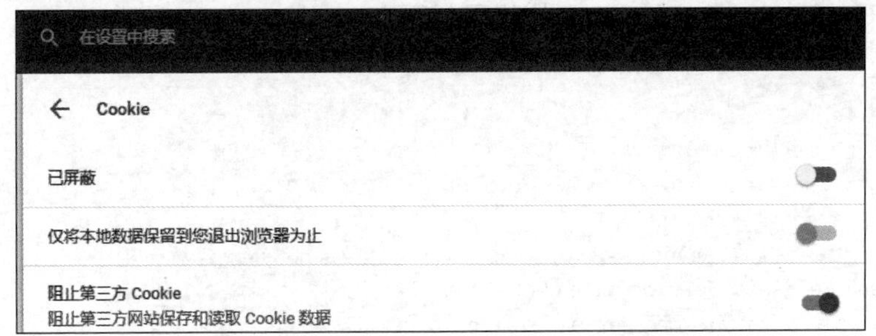

图 7.4　谷歌浏览器 Cookie 的禁用设置

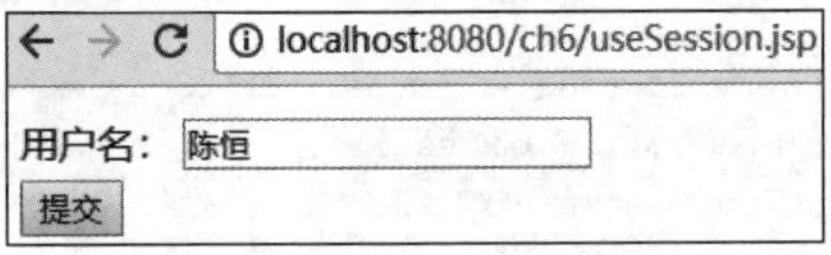

localhost:8080/ch6/useSession.jsp
用户名：
陈恒
提交

图 7.5　信息输入页面

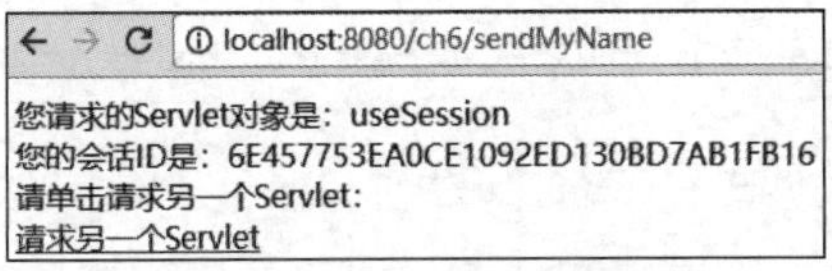

localhost:8080/ch6/sendMyName
您请求的Servlet对象是：useSession
您的会话ID是：6E457753EA0CE1092ED130BD7AB1FB16
请单击请求另一个Servlet：
请求另一个Servlet

图 7.6　获取会话并存储数据

localhost:8080/ch6/showMyName
您请求的Servlet对象是：showMyName
您的会话ID是：C10338663FDB40C017646108C18AB37F
您的会话中存储的用户名是：null

图 7.7　获取会话中的数据并显示

从图 7.6 和图 7.7 中可以看出 session 对象发生了改变，也就是说在 Cookie 禁用的情况下无法使用 session 技术跟踪客户端的用户状态。幸运的是，用户可以使用 URL 重写技术解决这样的问题。

【例 7-2】　使用 URL 重写技术跟踪例 6-7 的用户状态。

例 7-2 的 useSession.jsp 的代码如下：

```
<%@ page language="java" contentType="text/html; charset=UTF-8" pageEncoding="UTF-8"%>
<!DOCTYPE html>
<html>
<head>
<meta charset="UTF-8">
<title>useSession.jsp</title>
</head>
  <body>
   <form action="<%=response.encodeURL("sendMyName")%>" method="post">
         <table>
              <tr>
                   <td>用户名：</td>
                   <td><input type="text" name="user"/></td>
              </tr>
              <tr>
                   <td><input type="submit" value="提交"/></td>
              </tr>
         </table>
    </form>
  </body>
</html>
```

例 7-2 的 UseSessionServlet.java 的代码如下：

```
package servlet;
import java.io.*;
import jakarta.servlet.*;
import jakarta.servlet.annotation.WebServlet;
import jakarta.servlet.http.*;
@WebServlet(name = "useSession", urlPatterns = {"/sendMyName"})
public class UseSessionServlet extends HttpServlet {
    private static final long serialVersionUID = 1L;
    public void init(ServletConfig config) throws ServletException {
        super.init(config);
    }
    public void doPost(HttpServletRequest request, HttpServletResponse response)
            throws ServletException, IOException {
        response.setContentType("text/html;charset=UTF-8");
        PrintWriter out = response.getWriter();
        String name = request.getParameter("user");
        if (null == name || name.trim().length() == 0) {
            response.sendRedirect(response.encodeRedirectURL("useSession.jsp"));
        } else {
            HttpSession session = request.getSession(true);
            session.setAttribute("myName", name);
            out.println("<htm><body>");
            out.println("您请求的 Servlet 对象是：" + getServletName());
            out.println("<br>您的会话 ID 是：" + session.getId());
            out.println("<br>请单击请求另一个 Servlet：");
            out.println("<br><a href=" + response.encodeURL("showMyName")
            + ">请求另一个 Servlet</a>");
            out.println("</body></htm>");
        }
    }
    public void doGet(HttpServletRequest request, HttpServletResponse response)
            throws ServletException, IOException {
        doPost(request, response);
    }
}
```

例 7-2 的 ShowNameServlet.java 的代码如下：

```
package servlet;
import java.io.*;
import jakarta.servlet.*;
import jakarta.servlet.annotation.WebServlet;
import jakarta.servlet.http.*;
@WebServlet(name = "showMyName", urlPatterns = {"/showMyName"})
public class ShowNameServlet extends HttpServlet {
    private static final long serialVersionUID = 1L;
    public void init(ServletConfig config) throws ServletException {
        super.init(config);
    }
    public void doPost(HttpServletRequest request, HttpServletResponse response)
            throws ServletException, IOException {
        response.setContentType("text/html;charset=UTF-8");
        PrintWriter out = response.getWriter();
        HttpSession session = request.getSession(true);
```

```
            String name = (String) session.getAttribute("myName");
            if (null == name || name.trim().length() == 0) {
                response.sendRedirect(response.encodeRedirectURL("useSession.jsp"));
            }else{
                out.println("<htm><body>");
                out.println("您请求的 Servlet 对象是: " + getServletName());
                out.println("<br>您的会话 ID 是: " + Session.getId());
                out.println("<br>您的会话中存储的用户名是: " + name);
                out.println("<br><a href=" + response.encodeRedirectURL("useSession.jsp")
                        + ">重新登录</a>");
                out.println("</body></htm>");
            }
        }
        public void doGet(HttpServletRequest request, HttpServletResponse response)
                throws ServletException, IOException {
            doPost(request, response);
        }
    }
```

例 7-2 的运行结果如图 7.8～图 7.10 所示。

localhost:8080/ch7/useSession.jsp

用户名：陈恒

提交

图 7.8　信息输入页面

localhost:8080/ch7/sendMyName;jsessionid=7F3C11EA46E9F386F289AB9B3812F003

您请求的Servlet对象是：useSession
您的会话ID是：7F3C11EA46E9F386F289AB9B3812F003
请单击请求另一个Servlet：
请求另一个Servlet

图 7.9　获取会话并存储数据

localhost:8080/ch7/showMyName;jsessionid=7F3C11EA46E9F386F289AB9B3812F003

您请求的Servlet对象是：showMyName
您的会话ID是：7F3C11EA46E9F386F289AB9B3812F003
您的会话中存储的用户名是：陈恒
重新登录

图 7.10　获取会话中的数据并显示

从图 7.9 和图 7.10 可以看出，两个 Servlet 请求地址经 URL 重写后都被附加了 jsessionid 标识。

扫一扫

视频讲解

7.4　隐藏表单域技术

利用 HTML 的 hidden 属性可以将客户端的信息在用户不察觉的情况下随着请求一起发送给服务器处理。例如：

```
<input type="hidden" name="userID" value="15">
```

【例 7-3】 编写 JSP 页面 login.jsp，在该页面中通过表单向名字为 login 的 Servlet 对象(由 LoginServlet 类负责创建)提交用户名，login 将用户名以隐藏表单域的形式提交给另一个

Servlet 对象 greet(由 GreetServlet 类负责创建),greet 将 login.jsp 提交的用户名显示在浏览器中。login 和 greet 是处理不同请求的 Servlet,但是也可以实现会话跟踪。

例 7-3 页面文件 login.jsp 的代码如下:

```
<%@ page language="java" contentType="text/html; charset=UTF-8" pageEncoding="UTF-8"%>
<!DOCTYPE html>
<html>
<head>
<meta charset="UTF-8">
<title>login.jsp</title>
</head>
<body>
<form action="login" method="post">
    <table>
            <tr>
                <td>用户名: </td>
                <td><input type="text" name="user"/></td>
            </tr>
            <tr>
                <td><input type="submit" value="提交"/></td>
            </tr>
        </table>
    </form>
</body>
</html>
```

例 7-3 的 LoginServlet.java 的代码如下:

```
package servlet;
import java.io.IOException;
import java.io.PrintWriter;
import jakarta.servlet.ServletConfig;
import jakarta.servlet.ServletException;
import jakarta.servlet.annotation.WebServlet;
import jakarta.servlet.http.HttpServlet;
import jakarta.servlet.http.HttpServletRequest;
import jakarta.servlet.http.HttpServletResponse;
@WebServlet(name = "login", urlPatterns = {"/login"})
public class LoginServlet extends HttpServlet {
private static final long serialVersionUID = 1L;
public void init(ServletConfig config) throws ServletException {
      super.init(config);
}
public void doPost(HttpServletRequest request, HttpServletResponse response)
            throws ServletException, IOException {
      response.setContentType("text/html;charset= UTF-8");
      PrintWriter out = response.getWriter();
      String name = request.getParameter("user");
      if (null == name || name.trim().length() == 0) {
            response.sendRedirect("login.jsp");
      }else{
          out.println("<htm><head><title>第二个页面</title></head><body>");
          out.println("<form action='greet'" + "method='post'>");
          out.println("<input type='hidden' name='user' value=" + name +">"); //隐藏表单域
          out.println(name + "<br>");
          out.println("<input type='submit' value='转向下一个页面看一看'>");
```

```
            out.println("</form>");
            out.println("</body></htm>");
        }
    }
    public void doGet(HttpServletRequest request, HttpServletResponse response)
            throws ServletException, IOException {
        doPost(request, response);
    }
    }
```

例 7-3 的 GreetServlet.java 的代码如下：

```
package servlet;
import java.io.IOException;
import java.io.PrintWriter;
import jakarta.servlet.ServletConfig;
import jakarta.servlet.ServletException;
import jakarta.servlet.annotation.WebServlet;
import jakarta.servlet.http.HttpServlet;
import jakarta.servlet.http.HttpServletRequest;
import jakarta.servlet.http.HttpServletResponse;
@WebServlet(name = "greet", urlPatterns = {"/greet"})
public class GreetServlet extends HttpServlet {
private static final long serialVersionUID = 1L;
public void init(ServletConfig config) throws ServletException {
        super.init(config);
}
public void doPost(HttpServletRequest request, HttpServletResponse response)
            throws ServletException, IOException {
        response.setContentType("text/html;charset=UTF-8");
        PrintWriter out = response.getWriter();
        String name = request.getParameter("user");
        if (null == name || name.trim().length() == 0) {
            response.sendRedirect("login.jsp");
        }else{
            out.println("<htm><body>");
            out.println("<br>您的姓名是：" + name);
            out.println("<br><a href=login.jsp" + ">重新登录</a>");
            out.println("</body></htm>");
        }
}
public void doGet(HttpServletRequest request, HttpServletResponse response)
            throws ServletException, IOException {
          doPost(request, response);
    }
}
```

7.5　实践环节——登录注销系统

编写一个登录注销系统，在用户登录成功的情况下将用户信息保存在会话 HttpSession 中，用户信息可以在会话过程中的任意页面或 Servlet 中被获取并显示，使用 HttpSession 的 invalidate()方法实现系统的注销功能。一旦注销，该用户信息将丢失，用户需要重新登录。该系统需要考虑用户的浏览器禁用 Cookie 的情况。

本章小结

HTTP是一种无状态的协议，也就是说当用户请求一个资源，服务器根据客户端请求做出响应，回发到客户端后，就关闭了连接。但是，在实际生活中可能有类似网上购物的场景，通过不同的请求购买到了不同的商品，并放到“购物车”中，那么对于服务器来说，它是如何知道购物车中已经有了一些什么商品？同样的，在支付费用时服务器又如何来确定以前所建立的购物车是属于哪一位客户的呢？很显然，HTTP连接是一个请求，一个响应，独立的连接，无法解决。这时就出现了4种技术方法来满足这一实际需要，即Cookie、session、URL重写以及隐藏表单域。

习题7

扫一扫

习题

扫一扫

自测题

第 8 章 过滤器与监听器

学习目的与要求

本章主要介绍过滤器与监听器的概念、原理以及实际应用。通过本章的学习,要求读者理解过滤器与监听器的原理,掌握过滤器与监听器的实际应用。

本章主要内容

- 过滤器与监听器的概念
- 过滤器与监听器的原理
- 过滤器与监听器的实际应用

在开发一个网站时可能有这样的需求:某些页面只希望几个特定的用户浏览。对于这样的访问权限的控制该如何实现呢?使用 Servlet 过滤器(Filter)就可以实现上述需求。过滤器位于服务器处理请求之前或服务器响应请求之前。也就是说,它可以过滤浏览器对服务器的请求,也可以过滤服务器对浏览器的响应,如图 8.1 所示。

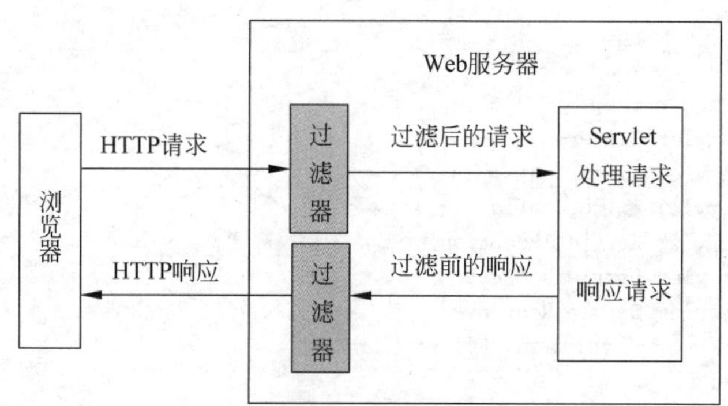

图 8.1 过滤器

Servlet 监听器用于监听 Java Web 应用中某些对象信息的创建、销毁、增加、修改、删除等动作的发生,然后做出相应的响应处理,常用于统计在线人数和在线用户、系统加载时信息的初始化、统计网站的访问量等。

本章涉及的 Java 源文件保存在 ch8 项目的 src/main/java 目录中,涉及的 JSP 页面保存在 ch8 项目的 src/main/webapp 目录中。

8.1 Filter 类与 Filter 对象

编写一个过滤器类很简单,只要实现 jakarta.servlet 包中的 Filter 接口即可。实现 Filter 接口的类习惯地称为一个 Filter 类,这样的类创建的对象又习惯地称为 Filter 对象。

Filter 接口与 Servlet 接口类似,同样都有 init()与 destroy()方法,还有一个 doFilter()方法类似于 Servlet 接口的 service()方法。下面分别介绍这 3 种方法的功能。

(1) public void init(FilterConfig fConfig) throws ServletException：该方法的功能是初始化过滤器对象。如果为过滤器设置了初始参数，则可以通过 FilterConfig 的 getInitParameter(String paramName)方法获得初始参数值。

(2) public void doFilter(ServletRequestrequest, ServletResponse response, FilterChain chain)throws IOException, ServletException：当 Web 服务器使用 Servlet 对象调用 service()方法处理请求前发现应用了某个过滤器时，Web 服务器会自动调用该过滤器的 doFilter()方法。在 doFilter()方法中有这样一条语句：

```
chain.doFilter(request, response);
```

如果执行了该语句，就会执行下一个过滤器，如果没有下一个过滤器，就返回请求目标程序。如果因为某个原因没有执行"chain. doFilter(request, response);"，则请求不会继续交给以后的过滤器或请求目标程序，这就是所谓的拦截请求。

(3) public void destroy()：当 Web 服务器终止服务时，destroy()方法会被执行，使 Filter 对象消亡。

【例 8-1】 在 Web 项目 ch8 中编写一个简单的 Filter 类 FirstFilter，Filter 类的功能要求是无论用户请求该 Web 项目的哪个页面或 Servlet，都会在浏览器中先出现"首先执行过滤器"这样的响应信息。

FirstFilter. java 的代码如下：

```
package filter;
import java.io.IOException;
import java.io.PrintWriter;
import jakarta.servlet.Filter;
import jakarta.servlet.FilterChain;
import jakarta.servlet.FilterConfig;
import jakarta.servlet.ServletException;
import jakarta.servlet.ServletRequest;
import jakarta.servlet.ServletResponse;
public class FirstFilter implements Filter {
public void destroy() {
}
public void doFilter(ServletRequest request, ServletResponse response,
        FilterChain chain) throws IOException, ServletException {
    //设置响应类型
    response.setContentType("text/html;charset = UTF - 8");
    //获取输出对象 out
    PrintWriter out = response.getWriter();
    //在浏览器中输出
    out.print("首先执行过滤器< br >");
    //执行下一个过滤器
    chain.doFilter(request, response);
}
public void init(FilterConfig fConfig) throws ServletException {
}
}
```

编写完 Filter 类的源文件，并编译了源文件，这时 Web 服务器是否就可以运行 Filter 对象呢？不可以，需要在部署 Filter 以后 Web 服务器才可以运行 Filter 对象。

扫一扫

视频讲解

8.2 Filter 对象的部署与运行

和 Servlet 一样，部署过滤器目前有两种方式，一种是在 web.xml 中部署 Filter，另一种是基于注解的方式部署 Filter。

8.2.1 在 web.xml 中部署过滤器

❶ 部署 Filter

为了在 web.xml 文件中部署 8.1 节中的 FirstFilter，需要在 web.xml 文件中找到<web-app></web-app>标记，然后在<web-app></web-app>标记中添加如下内容：

```
<filter>
    <filter-name>firstFilter</filter-name>
    <filter-class>filter.FirstFilter</filter-class>
</filter>
<filter-mapping>
    <filter-name>firstFilter</filter-name>
    <url-pattern>/*</url-pattern>
</filter-mapping>
```

❷ 运行 Filter

只要用户请求的 URL 和<filter-mapping>的子标记<url-pattern>指定的模式匹配，Web 服务器就会自动调用该 Filter 的 doFilter()方法。例如 8.1 节中的 FirstFilter 过滤器在 web.xml 中的<url-pattern>指定值为/*，“/*”代表任何页面或 Servlet 的请求。

为了测试过滤器，在 Web 项目 ch8 中新建一个 JSP 页面 test.jsp，运行 test.jsp 显示如图 8.2 所示的结果。

图 8.2　首先执行过滤器

test.jsp 的代码如下：

```
<%@ page language="java" contentType="text/html; charset=UTF-8" pageEncoding="UTF-8"%>
<!DOCTYPE html>
<html>
<head>
<meta charset="UTF-8">
<title>Insert title here</title>
</head>
<body>
    test.jsp
</body>
</html>
```

❸ 有关部署过滤器的标记

1) <filter>标记及其子标记

在 web.xml 文件中可以有若干个<filter>标记，该标记的内容由 Web 服务器负责处理。在<filter>标记中有两个子标记<filter-name>和<filter-class>，其中<filter-name>子标记的内容是 Web 服务器创建的 Filter 对象的名字。在 web.xml 文件中可以有若干个<filter>标记，但要求它们的<filter-name>子标记的内容互不相同。<filter-class>子标记的内容指定 Web 服务器用哪个类来创建 Filter 对象，如果 Filter 对象已经创建，那么 Web 服务器就不再使用指定的类创建。

如果在过滤器初始化时需要读取一些参数的值，则可以在< filter >标记中使用< init-param >子标记设置。例如：

```
<filter>
    <filter-name>firstFilter</filter-name>
    <filter-class>filters.FirstFilter</filter-class>
    <init-param>
        <param-name>encoding</param-name>
        <param-value>GBK</param-value>
    </init-param>
</filter>
```

这样就可以在 Filter 的 init()方法中使用参数 fConfig(FilterConfig 的对象)调用 FilterConfig 的 getInitParameter(String paramName)方法获取参数值。例如：

```
public void init(FilterConfig fConfig) throws ServletException{
    String en = fConfig.getInitParameter("encoding");
}
```

2）< filter-mapping >标记及其子标记

在 web.xml 文件中出现一个< filter >标记就会对应地出现一个< filter-mapping >标记。在< filter-mapping >标记中有两个子标记< filter-name >和< url-pattern >。其中< filter-name >子标记的内容是 Web 服务器创建的 Filter 对象的名字(该名字必须和< filter >标记的子标记< filter-name >的内容相同)；< url-pattern >子标记用来指定用户用怎样的模式请求 Filter 对象。如果某个 URL 或 Servlet 需要应用多个过滤器，则根据< filter-mapping >标记在 web.xml 中出现的先后顺序执行过滤器。

▶ 8.2.2 基于注解的方式部署过滤器

从 Servlet 3.0 开始提供了@WebFilter 注解，使得用户不再需要在 web.xml 文件中进行 Filter 的部署描述，但在实际的 Web 项目中不需要大量开发 Filter，因此采用哪种方式部署过滤器都不太麻烦。

@WebFilter 用于将一个类声明为过滤器，该注解将会在部署时被容器处理，容器将根据具体的属性配置将相应的类部署为过滤器。该注解的常用属性如表 8.1 所示。

表 8.1 @WebFilter 注解的常用属性

属性名	类型	描述
filterName	String	指定过滤器的 name 属性，等价于< filter-name >
value	String[]	该属性等价于 urlPatterns 属性，这两个属性不能同时使用
urlPatterns	String[]	指定一组过滤器的 URL 匹配模式，等价于< url-pattern >标记
servletNames	String[]	指定过滤器将应用于哪些 Servlet，取值是@WebServlet 中的 name 属性的取值，或者是 web.xml 中的< servlet-name >的取值
initParams	WebInitParam[]	指定一组过滤器初始化参数，等价于< init-param >标记

以上所有属性都为可选属性，但是 value 或者 urlPatterns 通常是必需的，且两者不能共存，如果同时指定，通常是忽略 value 的取值。

【例 8-2】 基于注解的 Filter——SecondFilter。

SecondFilter.java 的代码如下：

```
package filter;
import java.io.IOException;
import java.io.PrintWriter;
import jakarta.servlet.Filter;
import jakarta.servlet.FilterChain;
import jakarta.servlet.FilterConfig;
import jakarta.servlet.ServletException;
import jakarta.servlet.ServletRequest;
import jakarta.servlet.ServletResponse;
import jakarta.servlet.annotation.WebFilter;
@WebFilter(filterName = "secondFilter", urlPatterns = {"/*"})
public class SecondFilter implements Filter {
public void destroy() {
}
public void doFilter(ServletRequest request, ServletResponse response,
            FilterChain chain) throws IOException, ServletException {
      //设置响应类型
      response.setContentType("text/html;charset=UTF-8");
      //获取输出对象 out
      PrintWriter out = response.getWriter();
      //在浏览器中输出
      out.print("执行第二个过滤器<br>");
      //执行下一个过滤器
      chain.doFilter(request, response);
}
public void init(FilterConfig fConfig) throws ServletException {
}
}
```

在 SecondFilter.java 的代码中使用"@WebFilter(filterName = "secondFilter", urlPatterns = {"/*"})"如此部署后，就不必在 web.xml 中部署相应的<filter>和<filter-mapping>元素了，Web 容器会在部署时根据指定的属性将该类发布为 Filter。"@WebFilter(filterName="secondFilter",urlPatterns = {"/*"})"等价的 web.xml 部署形式如下：

```
<filter>
   <filter-name>secondFilter</filter-name>
   <filter-class>filter.SecondFilter</filter-class>
</filter>
<filter-mapping>
   <filter-name>secondFilter</filter-name>
   <url-pattern>/*</url-pattern>
</filter-mapping>
```

▶ 8.2.3 过滤器的执行顺序

为了验证过滤器的执行顺序，新建 SecondFilter、ThreeFilter、FourFilter 和 ZFilter。其中 SecondFilter、ThreeFilter 和 FourFilter 使用注解的方式部署，它们的 urlPatterns 都是"/*"；而 ZFilter 在 web.xml 中部署，并部署在 FirstFilter 的前面。

web.xml 的代码如下：

```
    <filter>
      <filter-name>zFilter</filter-name>
      <filter-class>filter.ZFilter</filter-class>
    </filter>
    <filter-mapping>
      <filter-name>zFilter</filter-name>
      <url-pattern>/*</url-pattern>
    </filter-mapping>
    <filter>
      <filter-name>firstFilter</filter-name>
      <filter-class>filter.FirstFilter</filter-class>
    </filter>
    <filter-mapping>
      <filter-name>firstFilter</filter-name>
      <url-pattern>/*</url-pattern>
    </filter-mapping>
```

SecondFilter.java 的 doFilter()的代码如下：

```
public void doFilter(ServletRequest request, ServletResponse response,
          FilterChain chain) throws IOException, ServletException {
      response.setContentType("text/html;charset=UTF-8");
      PrintWriter out = response.getWriter();
      out.print("执行过滤器 SecondFilter<br>");
      chain.doFilter(request, response);
}
```

ThreeFilter.java 的 doFilter()的代码如下：

```
public void doFilter(ServletRequest request, ServletResponse response,
          FilterChain chain) throws IOException, ServletException {
      response.setContentType("text/html;charset=UTF-8");
      PrintWriter out = response.getWriter();
      out.print("执行过滤器 ThreeFilter<br>");
      chain.doFilter(request, response);
}
```

FourFilter.java 的 doFilter()的代码如下：

```
public void doFilter(ServletRequest request, ServletResponse response,
          FilterChain chain) throws IOException, ServletException {
      response.setContentType("text/html;charset=UTF-8");
      PrintWriter out = response.getWriter();
      out.print("执行过滤器 FourFilter<br>");
      chain.doFilter(request, response);
}
```

ZFilter.java 的 doFilter()的代码如下：

```
public void doFilter(ServletRequest request, ServletResponse response,
          FilterChain chain) throws IOException, ServletException {
      response.setContentType("text/html;charset=UTF-8");
      PrintWriter out = response.getWriter();
      out.print("执行过滤器 ZFilter<br>");
      chain.doFilter(request, response);
}
```

运行 test.jsp，结果如图 8.3 所示。

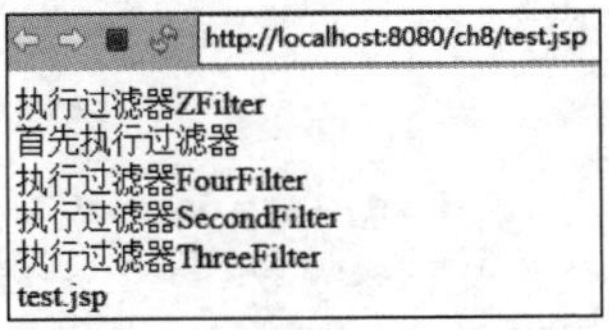

http://localhost:8080/ch8/test.jsp

执行过滤器ZFilter
首先执行过滤器
执行过滤器FourFilter
执行过滤器SecondFilter
执行过滤器ThreeFilter
test.jsp

图 8.3 过滤器的执行顺序

从图 8.3 可以看出，当过滤器的拦截路径相同时，首先按照<filter-mapping>标记在 web.xml 中出现的先后顺序执行过滤器，然后按照过滤器类名的字典顺序执行注解的过滤器。

▶ 8.2.4 实践环节——过滤器的初始化参数

给 8.2.3 节中的 SecondFilter 添加初始化参数，并在该过滤器的 init()方法中获取这些参数。使用@WebInitParam 注解给过滤器添加参数的示例代码如下：

```
@WebFilter(filterName = "xxxFilter", urlPatterns = { "/*" }, initParams = {
    @WebInitParam(name = "firstParam", value = "one"),
    @WebInitParam(name = "secondParam", value = "two") })
```

扫一扫

视频讲解

8.3 过滤器的实际应用

过滤器是 Servlet 的一种特殊用法，主要用来完成一些通用的操作，比如编码的过滤、判断用户的登录状态等。

▶ 8.3.1 字符编码过滤器

在本书的 4.1.3 节中介绍了中文乱码的解决方法，其中一种解决方法是在获取表单信息之前使用 request 对象调用 setCharacterEncoding(String code)方法设置统一字符编码。在使用该方法解决中文乱码问题时，接受参数的每个页面或 Servlet 都需要执行 request.setCharacterEncoding("XXX")语句。为了避免每个页面或 Servlet 都编写 request.setCharacterEncoding("XXX")语句，可以使用过滤器进行字符编码处理。

【例 8-3】 字符编码过滤器——SetCharacterEncodingFilter。

SetCharacterEncodingFilter.java 的代码如下：

```
package filter;
import java.io.IOException;
import jakarta.servlet.Filter;
import jakarta.servlet.FilterChain;
import jakarta.servlet.FilterConfig;
import jakarta.servlet.ServletException;
import jakarta.servlet.ServletRequest;
import jakarta.servlet.ServletResponse;
import jakarta.servlet.annotation.WebFilter;
import jakarta.servlet.annotation.WebInitParam;
@WebFilter(filterName = "setCharacterEncodingFilter", urlPatterns = { "/*" }, initParams =
{ @WebInitParam(name = "encoding", value = "UTF-8") })
```

```
public class SetCharacterEncodingFilter implements Filter {
    private static String encoding;
    public void destroy() {
    }
    public void doFilter(ServletRequest request, ServletResponse response,
          FilterChain chain) throws IOException, ServletException {
      request.setCharacterEncoding(encoding);
      chain.doFilter(request, response);
}
public void init(FilterConfig fConfig) throws ServletException {
      encoding = fConfig.getInitParameter("encoding");
}
}
```

▶ 8.3.2 登录验证过滤器

在 Web 项目中,某些页面或 Servlet 只有用户登录成功才能访问。如果直接在应用程序每个相关的源代码中判断用户是否登录成功,并不是科学的做法。这时可以实现一个登录验证过滤器,不用在每个相关的源代码中验证用户是否登录成功。

【例 8-4】 新建一个 Web 项目 loginValidate,在该 Web 项目中至少编写两个 JSP 页面 login.jsp 和 loginSuccess.jsp,一个 Servlet(由 LoginServlet.java 负责创建)。用户在 login.jsp 页面中输入用户名和密码后提交给 Servlet,在 Servlet 中判断用户名和密码是否正确,若正确则跳转到 loginSuccess.jsp,若错误则回到 login.jsp 页面。该 Web 项目有另外一个要求,即除了能直接访问 login.jsp 页面和 LoginServlet 以外,其他页面或 Servlet 都不能直接访问,必须先登录成功才能访问。在设计这个 Web 项目时编写了一个登录验证过滤器并在该 Web 项目中使用。页面的运行效果如图 8.4 所示。

(a) 登录页面

http://localhost:8080/loginValidate/loginSuccess.jsp

您没有登录，请先登录！3秒钟后回到登录页面。

(b) 没有登录成功直接运行loginSuccess.jsp

(c) 登录成功页面

图 8.4 登录验证过滤器

login.jsp 的代码如下:

```
<%@ page language = "java" contentType = "text/html; charset = UTF-8" pageEncoding = "UTF-8" %>
<!DOCTYPE html>
<html>
<head>
<meta charset = "UTF-8">
<title> login.jsp </title>
  </head>
  <body bgcolor = "lightPink">
    <form action = "loginServlet" method = "post">
    <table>
```

```
            <tr>
                <td>用户名:</td>
                <td><input type="text" name="name"/></td>
            </tr>
            <tr>
                <td>密 码:</td>
                <td><input type="password" name="pwd"/></td>
            </tr>
            <tr>
                <td><input type="submit" value="提交"/></td>
                <td><input type="reset" value="重置"/></td>
            </tr>
        </table>
    </form>
  </body>
</html>
```

LoginServlet.java 的代码如下：

```
package servlet;
import java.io.IOException;
import jakarta.servlet.ServletException;
import jakarta.servlet.annotation.WebServlet;
import jakarta.servlet.http.HttpServlet;
import jakarta.servlet.http.HttpServletRequest;
import jakarta.servlet.http.HttpServletResponse;
import jakarta.servlet.http.HttpSession;
@WebServlet(name = "loginServlet", urlPatterns = {"/loginServlet"})
public class LoginServlet extends HttpServlet {
private static final long serialVersionUID = 1L;
protected void doGet(HttpServletRequest request,
          HttpServletResponse response) throws ServletException, IOException {
      doPost(request, response);
}
protected void doPost(HttpServletRequest request,
          HttpServletResponse response) throws ServletException, IOException {
      String username = request.getParameter("name");
      String password = request.getParameter("pwd");
      if ("filter".equals(username) && "filter".equals(password)) {
          HttpSession session = request.getSession(true);
          session.setAttribute("user", username);
          response.sendRedirect("loginSuccess.jsp");
      } else {
          response.sendRedirect("login.jsp");
      }
}
}
```

loginSuccess.jsp 的代码如下：

```
<%@ page language="java" contentType="text/html; charset=UTF-8" pageEncoding="UTF-8"%>
<!DOCTYPE html>
<html>
<head>
<meta charset="UTF-8">
```

```
<title>loginSuccess.jsp</title>
</head>
<body>
<%
String username = (String)session.getAttribute("user");
%>
恭喜<% = username %>登录成功!
</body>
</html>
```

LoginFilter.java 的代码如下：

```
package filter;
import java.io.IOException;
import java.io.PrintWriter;
import jakarta.servlet.Filter;
import jakarta.servlet.FilterChain;
import jakarta.servlet.FilterConfig;
import jakarta.servlet.ServletException;
import jakarta.servlet.ServletRequest;
import jakarta.servlet.ServletResponse;
import jakarta.servlet.annotation.WebFilter;
import jakarta.servlet.http.HttpServletRequest;
import jakarta.servlet.http.HttpServletResponse;
import jakarta.servlet.http.HttpSession;
@WebFilter(filterName = "loginFilter", urlPatterns = {"/*"})
public class LoginFilter implements Filter {
public void destroy() {
}
public void doFilter(ServletRequest request, ServletResponse response, FilterChain chain) throws
IOException, ServletException {
        HttpServletRequest req = (HttpServletRequest) request;
        HttpServletResponse resp = (HttpServletResponse) response;
        HttpSession session = req.getSession(true);
        resp.setContentType("text/html;");
        resp.setCharacterEncoding("UTF-8");
        PrintWriter out = resp.getWriter();
        //得到用户请求的 URI
        String request_uri = req.getRequestURI();
        //得到 Web 应用程序的上下文路径
        String ctxPath = req.getContextPath();
        //去除上下文路径,得到剩余部分的路径
        String uri = request_uri.substring(ctxPath.length());
        //登录页面或 Servlet 不拦截
        if(uri.contains("login.jsp") || uri.contains("loginServlet")){
                chain.doFilter(request, response);
        }else{
                //判断用户是否已经登录
                if (null != session.getAttribute("user")) {
                        //执行下一个过滤器
                        chain.doFilter(request, response);
                } else {
                        out.println("您没有登录,请先登录!3 秒钟后回到登录页面.");
                        resp.setHeader("refresh", "3;url=" + ctxPath + "/login.jsp");
                        return;
```

```
            }
        }
    }
    public void init(FilterConfig fConfig) throws ServletException {
    }
}
```

扫一扫

视频讲解

8.4　监听器的分类与创建

创建不同功能的监听器类需要实现不同的监听接口。一个监听类可以实现多个接口，即多种功能的监听器可以一起工作。根据监听的对象可以将监听器划分为 ServletContext 对象监听器、HttpSession 对象监听器以及 ServletRequest 对象监听器。根据监听的事件可以将监听器划分为监听对象自身创建和销毁的监听器、监听对象属性变化的监听器以及监听 session 中某个对象状态变化的监听器。下面介绍根据监听的事件进行划分的监听器。

▶ 8.4.1　监听对象自身创建和销毁的监听器

HttpSessionListener、ServletContextListener 和 ServletRequestListener 监听接口分别监听 session、context 和 request 对象的创建与销毁。

（1）HttpSessionListener：监听 session 的创建与销毁。在创建 session 时执行 sessionCreated(HttpSessionEvent se)方法，在超时或执行 session. invalidate()时执行 sessionDestroyed(HttpSessionEvent se)方法。该监听器可用于统计在线人数、记录访问日志等。

（2）ServletContextListener：监听 context 的创建与销毁，context 代表当前 Web 应用程序。在服务器启动时执行 contextInitialized(ServletContextEvent sce)方法，在服务器关闭时执行 contextDestroyed(ServletContextEvent sce)方法。该监听器可用于在启动时获取 web.xml 中配置的初始化参数，可作为定时器加载全局属性对象、创建全局数据库连接、加载缓存信息等。

（3）ServletRequestListener：监听 request 的创建与销毁。用户每次请求 request 都将执行 requestInitialized(ServletRequestEvent sre)方法。在 request 处理完毕自动销毁前执行 requestDestroyed(ServletRequestEvent sre)方法。该监听器可用于读取 request 参数，记录访问历史。

【例 8-5】　在 ch8 项目的 src/main/java 目录下创建一个名为 listener 的包，并在包中创建一个名为 MyObjectListener 的监听器类，该监听器类实现 HttpSessionListener、ServletContextListener 和 ServletRequestListener 监听接口。

其具体代码如下：

```
package listener;
import jakarta.servlet.ServletContext;
import jakarta.servlet.ServletContextEvent;
import jakarta.servlet.ServletContextListener;
import jakarta.servlet.ServletRequestEvent;
import jakarta.servlet.ServletRequestListener;
import jakarta.servlet.http.HttpServletRequest;
import jakarta.servlet.http.HttpSession;
import jakarta.servlet.http.HttpSessionEvent;
```

```
import jakarta.servlet.http.HttpSessionListener;
public class MyObjectListener implements
HttpSessionListener,ServletContextListener,ServletRequestListener{
    @Override
    public void sessionCreated(HttpSessionEvent se) {
        HttpSession session = se.getSession();
        System.out.println("新创建一个 session, ID为: " + session.getId());
    }
    @Override
    public void sessionDestroyed(HttpSessionEvent se) {
        HttpSession session = se.getSession();
        System.out.println("销毁一个 session, ID为: " + session.getId());
    }
    @Override
    public void contextInitialized(ServletContextEvent sce) {
        ServletContext servletContext = sce.getServletContext();
        System.out.println("即将启动" + servletContext.getContextPath());
    }
    @Override
    public void contextDestroyed(ServletContextEvent sce) {
        ServletContext servletContext = sce.getServletContext();
        System.out.println("即将关闭" + servletContext.getContextPath());
    }
    @Override
    public void requestInitialized(ServletRequestEvent sre) {
        HttpServletRequest request = (HttpServletRequest) sre.getServletRequest();
        String uri = request.getRequestURI();
        uri = request.getQueryString() == null ? uri : (uri + "?" + request.getQueryString());
        request.setAttribute("dateCreated", System.currentTimeMillis());
        System.out.println("IP " + request.getRemoteAddr() + " 请求 " + uri);
    }
    @Override
    public void requestDestroyed(ServletRequestEvent sre) {
        HttpServletRequest request = (HttpServletRequest) sre.getServletRequest();
        long time = System.currentTimeMillis() - (Long) request.getAttribute("dateCreated");
        System.out.println(request.getRemoteAddr() + "请求处理结束, 用时" + time + "毫秒. ");
    }
}
```

编写完监听器类的源文件，并编译了源文件，这时 Web 服务器是否就可以运行监听器对象呢？不可以，和过滤器一样，需要在部署后 Web 服务器才可以运行监听器对象。在 web.xml 文件中部署监听器，示例代码如下：

```
<listener>
    <listener-class>完整类名</listener-class>
</listener>
```

因此，在运行例 8-5 的监听器之前，需要在 ch8 项目的 web.xml 中部署该监听器，部署代码如下：

```
<listener>
    <listener-class>listener.MyObjectListener</listener-class>
</listener>
```

在部署监听器以后，通过 http://localhost:8080/ch8/test.jsp 运行 test.jsp 来测试监听

器，测试结果如图 8.5 所示。

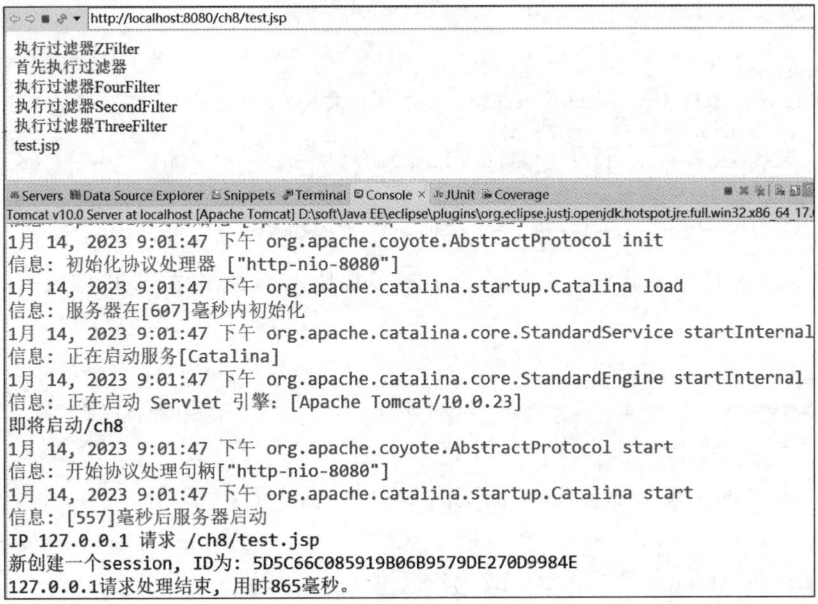

```
http://localhost:8080/ch8/test.jsp
执行过滤器ZFilter
首先执行过滤器
执行过滤器FourFilter
执行过滤器SecondFilter
执行过滤器ThreeFilter
test.jsp

Servers  Data Source Explorer  Snippets  Terminal  Console  JUnit  Coverage
Tomcat v10.0 Server at localhost [Apache Tomcat] D:\soft\Java EE\eclipse\plugins\org.eclipse.justj.openjdk.hotspot.jre.full.win32.x86_64_17.
1月 14, 2023 9:01:47 下午 org.apache.coyote.AbstractProtocol init
信息: 初始化协议处理器 ["http-nio-8080"]
1月 14, 2023 9:01:47 下午 org.apache.catalina.startup.Catalina load
信息: 服务器在[607]毫秒内初始化
1月 14, 2023 9:01:47 下午 org.apache.catalina.core.StandardService startInternal
信息: 正在启动服务[Catalina]
1月 14, 2023 9:01:47 下午 org.apache.catalina.core.StandardEngine startInternal
信息: 正在启动 Servlet 引擎: [Apache Tomcat/10.0.23]
即将启动/ch8
1月 14, 2023 9:01:47 下午 org.apache.coyote.AbstractProtocol start
信息: 开始协议处理句柄["http-nio-8080"]
1月 14, 2023 9:01:47 下午 org.apache.catalina.startup.Catalina start
信息: [557]毫秒后服务器启动
IP 127.0.0.1 请求 /ch8/test.jsp
新创建一个session, ID为: 5D5C66C085919B06B9579DE270D9984E
127.0.0.1请求处理结束, 用时865毫秒。
```

图 8.5　例 8-5 的监听器的测试结果

注意：监听器按照 web.xml 中的配置顺序启动，按照“监听器→过滤器→Servlet”的顺序加载。

▶ 8.4.2　监听对象属性变化的监听器

监听对象属性变化的监听器分别为 HttpSessionAttributeListener、ServletContextAttributeListener、ServletRequestAttributeListener。这 3 个监听接口分别用于监听 session、context 和 request 的属性变化。当向被监听对象中添加、更新、移除属性时，将分别执行 attributeAdded()、attributeReplaced()、attributeRemoved()方法。

【例 8-6】 在 ch8 的 listener 包中创建一个名为 MyAttributeListener 的监听器类，该监听器类实现 HttpSessionAttributeListener 监听接口。

其具体代码如下：

```
package listener;
import jakarta.servlet.http.HttpSession;
import jakarta.servlet.http.HttpSessionAttributeListener;
import jakarta.servlet.http.HttpSessionBindingEvent;
public class MyAttributeListener implements HttpSessionAttributeListener{
    @Override
    public void attributeAdded(HttpSessionBindingEvent se) {
        String name = se.getName();
        System.out.println("新建 session 属性：" + name + ", 值为：" + se.getValue());
    }
    @Override
    public void attributeReplaced(HttpSessionBindingEvent se) {
        HttpSession session = se.getSession();
        String name = se.getName();
        Object oldValue = se.getValue();
```

```
            System.out.println("修改 session 属性:" + name + ", 原值:" + oldValue + ", 新值:" + 
session.getAttribute(name));
        }
        @Override
        public void attributeRemoved(HttpSessionBindingEvent se) {
            String name = se.getName();
            System.out.println("删除 session 属性:" + name + ", 值为:" + se.getValue());
        }
}
```

在 web.xml 文件中部署例 8-6 中的监听器，该监听器部署在例 8-5 中的监听器之后，代码如下：

```
<listener>
    <listener-class>listener.MyAttributeListener</listener-class>
</listener>
```

在 test.jsp 页面中添加如下代码，测试例 8-6 中的监听器：

```
<%
    session.setAttribute("user", "陈恒");
    session.setAttribute("user", "陈恒恒");
    session.invalidate();
%>
```

启动服务器，通过 http://localhost:8080/ch8/test.jsp 运行 test.jsp 页面测试例 8-6 中的监听器，测试结果如图 8.6 所示。

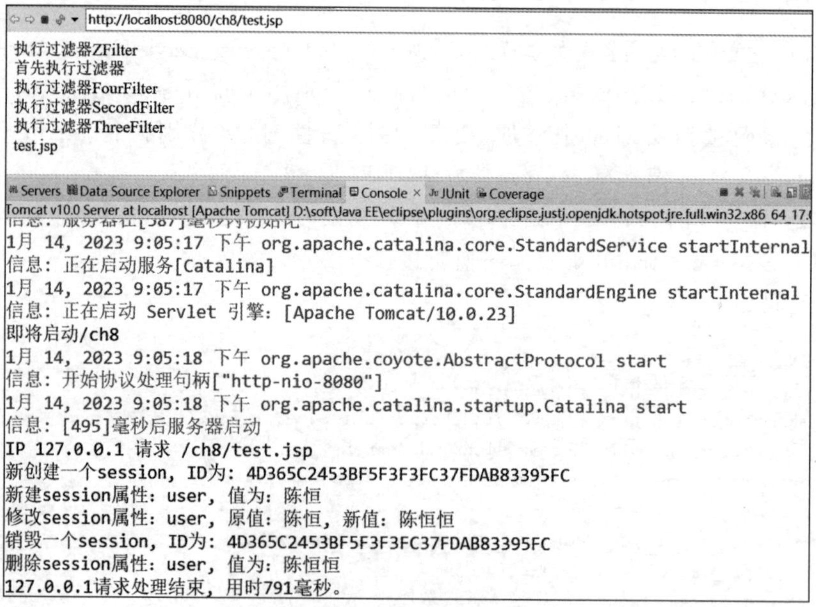

```
http://localhost:8080/ch8/test.jsp
执行过滤器ZFilter
首先执行过滤器
执行过滤器FourFilter
执行过滤器SecondFilter
执行过滤器ThreeFilter
test.jsp
```

```
Servers  Data Source Explorer  Snippets  Terminal  Console ×  JUnit  Coverage
Tomcat v10.0 Server at localhost [Apache Tomcat] D:\soft\Java EE\eclipse\plugins\org.eclipse.justj.openjdk.hotspot.jre.full.win32.x86_64_17.
1月 14, 2023 9:05:17 下午 org.apache.catalina.core.StandardService startInternal
信息: 正在启动服务[Catalina]
1月 14, 2023 9:05:17 下午 org.apache.catalina.core.StandardEngine startInternal
信息: 正在启动 Servlet 引擎: [Apache Tomcat/10.0.23]
即将启动/ch8
1月 14, 2023 9:05:18 下午 org.apache.coyote.AbstractProtocol start
信息: 开始协议处理句柄["http-nio-8080"]
1月 14, 2023 9:05:18 下午 org.apache.catalina.startup.Catalina start
信息: [495]毫秒后服务器启动
IP 127.0.0.1 请求 /ch8/test.jsp
新创建一个session, ID为: 4D365C2453BF5F3F3FC37FDAB83395FC
新建session属性: user, 值为: 陈恒
修改session属性: user, 原值: 陈恒, 新值: 陈恒恒
销毁一个session, ID为: 4D365C2453BF5F3F3FC37FDAB83395FC
删除session属性: user, 值为: 陈恒恒
127.0.0.1请求处理结束, 用时791毫秒。
```

图 8.6　例 8-6 的监听器的测试结果

8.4.3　监听 session 中某个对象状态变化的监听器

监听绑定到 HttpSession 域中某个对象状态的事件监听器有 HttpSessionBindingListener 和 HttpSessionActivationListener。HttpSession 中对象的状态有绑定→解除绑定，钝化→

活化。

绑定指通过 setAttribute 把对象保存到 session 对象当中。解除绑定指通过 removeAttribute() 去除绑定。钝化指将 session 对象持久化到存储设备上。活化指将 session 对象从存储设备上进行恢复。

被实现钝化和活化的监听器对象必须实现 Serializable 接口,不需要在 web.xml 中部署。

(1) HttpSessionBindingListener:当对象被放到 session 中时,执行 valueBound (HttpSessionBindingEvent event)方法。当对象被从 session 中移除时,执行 valueUnbound (HttpSessionBindingEvent event)方法。对象必须实现该监听接口。

(2) HttpSessionActivationListener:当 session 中的对象被钝化时,执行 sessionWillPassivate (HttpSessionEvent se)方法。当对象被重新加载(活化)时,执行 sessionDidActivate (HttpSessionEvent se)方法。对象必须实现该监听接口。

【例 8-7】 在 ch8 的 listener 包中创建一个名为 MySessionListener 的监听器类,该监听器类实现 HttpSessionBindingListener、HttpSessionActivationListener 和 Serializable 接口。

其具体代码如下:

```
package listener;
import java.io.Serializable;
import jakarta.servlet.http.HttpSession;
import jakarta.servlet.http.HttpSessionActivationListener;
import jakarta.servlet.http.HttpSessionBindingEvent;
import jakarta.servlet.http.HttpSessionBindingListener;
import jakarta.servlet.http.HttpSessionEvent;
public class MySessionListener implements HttpSessionBindingListener, HttpSessionActivationListener,
Serializable {
    private static final long serialVersionUID = -4780592776386225973L;
    private String name;
    /**
     * 活化
     */
    public void sessionDidActivate(HttpSessionEvent se) {
        HttpSession session = se.getSession();
        System.out.println(this + "已经成功从硬盘中加载.sessionId: " + session.getId());
    }
    /**
     * 即将被钝化到硬盘时
     */
    public void sessionWillPassivate(HttpSessionEvent se) {
        HttpSession session = se.getSession();
        System.out.println(this + "即将保存到硬盘.sessionId: " + session.getId());
    }

    /**
     * 绑定到 session
     */
    public void valueBound(HttpSessionBindingEvent event) {
        HttpSession session = event.getSession();
        String name = event.getName();
        System.out.println(this + "被绑定到 session \"" + session.getId() + "\"的" + name + "属
性上");
```

```
    }

    /**
     * 从 session 中移除后
     */
    public void valueUnbound(HttpSessionBindingEvent event) {
        HttpSession session = event.getSession();
        String name = event.getName();
        System.out.println(this + "被从 session \"" + session.getId() + "\"的" + name + "属性上移除");
    }
    @Override
    public String toString() {
        return "MySessionListener(" + name + ")";
    }
    public String getName() {
        return name;
    }
    public void setName(String name) {
        this.name = name;
    }
}
```

例 8-7 中的监听器不需要在 web.xml 中部署，但为了测试该监听器，需要将 test.jsp 的代码修改如下：

```
<%@ page language="java" contentType="text/html; charset=UTF-8" pageEncoding="UTF-8"%>
<%@ page import="listener.MySessionListener"%>
<!DOCTYPE html>
<html>
<head>
<meta charset="UTF-8">
<title>Insert title here</title>
</head>
<body>
    test.jsp
    <%
        MySessionListener msl = new MySessionListener();
        msl.setName("测试 session 内监听器");
        //绑定到 session
        session.setAttribute("msl", msl);
        //从 session 中移除
        session.removeAttribute("msl");
    %>
</body>
</html>
```

启动服务器，通过 http://localhost:8080/ch8/test.jsp 测试例 8-7 中的监听器，测试结果如图 8.7 所示。

```
http://localhost:8080/ch8/test.jsp

执行过滤器ZFilter
首先执行过滤器
执行过滤器FourFilter
执行过滤器SecondFilter
执行过滤器ThreeFilter
test.jsp

Servers Data Source Explorer Snippets Terminal Console JUnit Coverage
Tomcat v10.0 Server at localhost [Apache Tomcat] D:\soft\Java EE\eclipse\plugins\org.eclipse.justj.openjdk.hotspot.jre.full.win32.x86_64_17.0.3.v20220515-1416
信息: 正在启动服务[Catalina]
1月 14, 2023 9:07:39 下午 org.apache.catalina.core.StandardEngine startInternal
信息: 正在启动 Servlet 引擎: [Apache Tomcat/10.0.23]
即将启动/ch8
1月 14, 2023 9:07:39 下午 org.apache.coyote.AbstractProtocol start
信息: 开始协议处理句柄["http-nio-8080"]
1月 14, 2023 9:07:39 下午 org.apache.catalina.startup.Catalina start
信息: [550]毫秒后服务器启动
IP 127.0.0.1 请求 /ch8/test.jsp
新创建一个session, ID为: 0569CBB52C4AEE18AD984ECDDC8DD054
MySessionListener(测试session内监听器)被绑定到session
"0569CBB52C4AEE18AD984ECDDC8DD054"的msl属性上
新建session属性: msl, 值为: MySessionListener(测试session内监听器)
MySessionListener(测试session内监听器)被从session "0569CBB52C4AEE18AD984ECDDC8DD054"的msl属性
上移除
删除session属性: msl, 值为: MySessionListener(测试session内监听器)
127.0.0.1请求处理结束, 用时913毫秒。
```

图 8.7 例 8-7 的监听器的测试结果

扫一扫

视频讲解

8.5 监听器的实际应用——统计在线用户

做一个网站 ch8SS,实现在线用户的统计。可以通过 ServletContextListener 监听,当 Web 应用上下文启动时,在 ServletContext 中添加一个 List 用来存放在线的用户名。然后通过 HttpSessionAttributeListener 监听,当用户登录成功时把用户名设置到 session 中,同时将用户名放到 ServletContext 的 List 中。当用户注销会话时将用户名从应用上下文范围内的 List 列表中删除。其具体步骤如下:

❶ 创建 JSP 页面

创建 Web 项目 ch8SS,并创建主页 index.jsp,具体代码如下:

```
<%@ page language="java" contentType="text/html; charset=UTF-8" pageEncoding="UTF-8"%>
<!DOCTYPE html>
<html>
<head>
<meta charset="UTF-8">
<title>Insert title here</title>
</head>
<body>
    <form action="loginServlet" method="post">
        用户名: <input type="text" name="username">
        <input type="submit" value="登录">
    </form>
</body>
</html>
```

❷ 创建登录与注销 Servlet

在 ch8SS 的 src/main/java 目录下创建一个名为 servlet 的包,并在该包中创建 LoginServlet

和 LogoutServlet。

LoginServlet 的代码如下：

```
package servlet;
import java.io.IOException;
import java.io.PrintWriter;
import java.util.List;
import jakarta.servlet.ServletException;
import jakarta.servlet.annotation.WebServlet;
import jakarta.servlet.http.HttpServlet;
import jakarta.servlet.http.HttpServletRequest;
import jakarta.servlet.http.HttpServletResponse;
@WebServlet("/loginServlet")
public class LoginServlet extends HttpServlet {
    private static final long serialVersionUID = 1L;
    public void doGet(HttpServletRequest request, HttpServletResponse response) throws ServletException,
    IOException {
        this.doPost(request, response);
    }
    public void doPost(HttpServletRequest request, HttpServletResponse response) throws ServletException,
    IOException {
        request.setCharacterEncoding("UTF-8");
        String username = request.getParameter("username");     //获取请求参数中的用户名
        //往 session 中添加属性,会触发 HttpSessionAttributeListener 中的 attributeAdded()方法
        if (username != null && !username.equals("")) {
            request.getSession().setAttribute(username, username);
        }
        //从应用上下文中获取在线用户列表
        List<String> online = (List<String>) getServletContext().getAttribute("online");
        response.setContentType("text/html;charset = UTF-8");
        PrintWriter out = response.getWriter();
        out.println("");
        out.println("<title>用户列表</title>");
        out.println(" ");
        out.println("当前用户是: " + username);
        out.print("<hr><h3>在线用户列表</h3>");
        int size = online == null ? 0 : online.size();
        for (int i = 0; i < size; i++) {
            if (i > 0) {
                out.println("<br>");
            }
            out.println(i + 1 + "." + online.get(i));
        }
        //注意,要对链接 URL 进行自动重写处理
        out.println("<hr/><a href = \"" + response.encodeURL("logoutServlet?id = " +
username) + "\">注销</a>");
        out.println(" ");
        out.println("");
        out.flush();
        out.close();
    }
}
```

LogoutServlet 的代码如下：

```
package servlet;
import java.io.IOException;
import java.io.PrintWriter;
import java.util.List;
import jakarta.servlet.ServletException;
import jakarta.servlet.annotation.WebServlet;
import jakarta.servlet.http.HttpServlet;
import jakarta.servlet.http.HttpServletRequest;
import jakarta.servlet.http.HttpServletResponse;
@WebServlet("/logoutServlet")
public class LogoutServlet extends HttpServlet {
    private static final long serialVersionUID = 1L;
    public void doGet(HttpServletRequest request, HttpServletResponse response)
            throws ServletException, IOException {
        this.doPost(request, response);
    }
    public void doPost(HttpServletRequest request, HttpServletResponse response)
            throws ServletException, IOException {
        request.setCharacterEncoding("UTF-8");
     String username = request.getParameter("id");        //即将注销的当前用户
        //从应用上下文中获取在线用户列表
        List<String> online = (List<String>)getServletContext().getAttribute("online");
        online.remove(username);
        //销毁会话
        request.getSession().invalidate();
        response.setContentType("text/html;charset=UTF-8");
        PrintWriter out = response.getWriter();
        out.println("");
        out.println(" <title>用户列表</title>");
        out.println(" ");
        out.print(" <h3>在线用户列表</h3>");
        int size = online == null ? 0 : online.size();
        for (int i = 0; i < size; i++) {
            if(i > 0){
                out.println("<br>");
            }
            out.println(i + 1 + "." + online.get(i));
        }
        out.println("<hr><a href=\"index.jsp\"'>主页</a>");
        out.println(" ");
        out.println("");
        out.flush();
        out.close();
    }
}
```

❸ 创建监听器

在 ch8SS 的 src/main/java 目录下创建一个名为 listener 的包，并在该包中创建 OnlineListener 监听器，代码如下：

```
package listener;
import java.util.ArrayList;
import java.util.List;
import jakarta.servlet.ServletContext;
import jakarta.servlet.ServletContextEvent;
import jakarta.servlet.ServletContextListener;
import jakarta.servlet.http.HttpSessionAttributeListener;
import jakarta.servlet.http.HttpSessionBindingEvent;
public class OnlineListener implements ServletContextListener, HttpSessionAttributeListener{
    private ServletContext application = null;
    /**
     * 应用上下文初始时的回调方法
     */
    @Override
    public void contextInitialized(ServletContextEvent e) {
        //初始化一个 application 对象
        application = e.getServletContext();
        //设置一个列表属性,用于保存在线用户名
        this.application.setAttribute("online", new ArrayList<String>());
    }
    /**
     * 往会话中添加属性时的回调方法
     */
    @Override
    public void attributeAdded(HttpSessionBindingEvent e) {
        //取得用户列表
        List<String> onlines = (List<String>) this.application.getAttribute("online");
        onlines.add((String) e.getValue());
        //将添加后的列表重新设置到 application 属性中
        this.application.setAttribute("online", onlines);
    }
}
```

❹ 部署监听器

配置文件 web.xml 的代码如下：

```
<?xml version="1.0" encoding="UTF-8"?>
<web-app xmlns:xsi="http://www.w3.org/2001/XMLSchema-instance"
    xmlns="http://xmlns.jcp.org/xml/ns/javaee"
    xsi:schemaLocation="http://xmlns.jcp.org/xml/ns/javaee
http://xmlns.jcp.org/xml/ns/javaee/web-app_3_1.xsd"
    id="WebApp_ID" version="3.1">
    <!-- 监听器 -->
    <listener>
            <listener-class>listener.OnlineListener</listener-class>
    </listener>
</web-app>
```

❺ 发布并测试应用

将 ch8SS 发布到 Tomcat 服务器，并启动服务器。在浏览器的地址栏中可以通过"http://localhost:8080/ch8SS/"测试该应用。

注意：关闭浏览器并不能减少在线人数，需要通过"注销"链接减少在线人数。

本章小结

本章讲解了过滤器与监听器的概念、原理以及实际应用。

过滤器是 Servlet 的一种特殊用法，用于完成通用的操作，例如编码的过滤、事务的提交、验证用户的登录状态等。过滤器能够在客户端请求到达 Servlet 之前被截获，在处理之后再发给被请求的资源，还可以响应截获，在修改之后再发给用户，分为处理前拦截和处理后拦截。

监听器监听客户端的请求、服务端的操作，通过监听器自动激发一些操作。监听器是 Web 开发的重要组成部分，对 Web 应用进行监督和控制，大大增强了 Web 应用的时间处理能力。

习题 8

扫一扫

习题

扫一扫

自测题

第 9 章 EL与JSTL

学习目的与要求

本章主要介绍表达式语言(Expression Language,EL)和 JSP 标准标签库(Java Server Pages Standard Tag Library,JSTL)的基本用法。通过本章的学习,要求读者掌握 EL 的语法,掌握 EL 隐含对象,了解什么是 JSTL,掌握 JSTL 的核心标签库。

本章主要内容

- EL
- JSTL

在 JSP 页面中可以使用 Java 代码实现页面显示逻辑,但网页中夹杂着 HTML 和 Java 代码,给网页的设计与维护带来困难。用户可以使用 EL 访问和处理应用程序的数据,也可以使用 JSTL 替换网页中实现页面显示逻辑的 Java 代码,这样 JSP 页面尽量减少了 Java 代码的使用,为以后的维护提供了方便。

本章涉及的 Java 源文件保存在 ch9 项目的 src/main/java 目录中,涉及的 JSP 页面保存在 ch9 项目的 src/main/webapp 目录中。

9.1 EL 简介

EL 是在 JSP 2.0 规范中增加的,它的基本语法为:

```
${表达式}
```

EL 表达式类似于 JSP 表达式<%=表达式%>,EL 语句中的表达式值会被直接发送到浏览器显示。通过 page 指令的 isELIgnored 属性来说明是否支持 EL 表达式。当 isELIgnored 属性值为 false 时,JSP 页面可以使用 EL 表达式;当 isELIgnored 属性值为 true 时,JSP 页面不能使用 EL 表达式(被当成字符串直接输出)。isELIgnored 属性值默认为 false。

EL 最大的优势是可以方便地访问 JSP 的内置对象和 JavaBean 组件,完成使用<% %>或<%=%>的功能,使 JSP 页面从 HTML 代码中嵌入 Java 代码的混乱结构得以改善,提高了程序的可读性和易维护性。总之,EL 表达式具有以下特点:

(1) 可以访问 JSP 的内置对象(pageContext、request、session 以及 application 等)。

(2) 简化了对 JavaBean 以及集合的访问方式。

(3) 可以对数据类型自动转换。

(4) 可以通过各种运算符进行运算。

(5) 可以使用自定义函数实现更加复杂的业务功能。

9.2 EL的语法

EL的语法简单，使用方便。它以“${”开始，以“}”结束。

9.2.1 EL中的常量

EL中的常量有布尔常量、整型常量、浮点数常量、字符串常量以及null常量等。例如${true}、${200}、${16.7}、${"hello"}、${null}。

9.2.2 EL中的“[]”与“.”操作符

EL使用“[]”和“.”操作符来访问数据，主要使用EL获取对象的属性，包括获取JavaBean的属性值、获取数组中的元素以及获取集合对象中的元素。

❶ 获取JavaBean的属性值

假设在JSP页面中有如下代码：

```
<jsp:getProperty property = "age" name = "user"/>
```

那么可以使用EL获取user的age属性，代码如下：

```
${user.age}
```

或

```
${user["age"]}
```

其中，点运算符前面为JavaBean对象user，后面为该对象的属性age，表示利用user对象的getAge()方法取值并显示在网页上。

❷ 获取数组中的元素

假设在JSP页面或Servlet中有如下代码：

```
String dogs[] = {"lili","huahua","guoguo"};
request.setAttribute("array", dogs);
```

那么在JSP页面中可以使用EL取出数组中的元素，代码如下：

```
${array[0]}
${array[1]}
${array[2]}
```

❸ 获取集合对象中的元素

假设在JSP页面或Servlet中有如下代码：

```
ArrayList<UserBean> users = new ArrayList<UserBean>();
UserBean ub1 = new UserBean("zhang",20);
UserBean ub2 = new UserBean("zhao",50);
users.add(ub1);
users.add(ub2);
request.setAttribute("array", users);
```

其中，UserBean 有两个属性 name 和 age，那么在 JSP 页面中可以使用 EL 取出 UserBean 中的属性，代码如下：

```
${array[0].name} ${array[0].age}
${array[1].name} ${array[1].age}
```

▶ 9.2.3 EL 的错误处理机制

EL 为 JSP 页面的错误处理提供了比较友好的处理方式——不提供警告，只提供默认值和错误，默认值是空字符串，错误就是抛出一个异常。EL 的错误处理机制具体如下：

(1) 对于 null 值，直接以空字符串显示，而不是 null，在运算时也不会发生错误或空指针异常，所以在使用 EL 访问对象的属性时不需要判断对象是否为 null 对象。

(2) 在 EL 中访问一个对象不存在的属性，EL 表达式会抛出 PropertyNotFoundException 异常。

9.3 EL 运算符

用户可以在 EL 表达式中使用各种运算符。

❶ 算术运算符

在 EL 表达式中有 5 个算术运算符，如表 9.1 所示。

表 9.1 EL 中的算术运算符

算术运算符	说明	示例	结果
+	加	${13+2}	15
−	减	${13−2}	11
*	乘	${13 * 2}	26
/(或 div)	除	${13/2}或${13 div 2}	6.5
%(或 mod)	取模(求余)	${13%2}或${13 mod 2}	1

❷ 关系运算符

在 EL 表达式中有 6 个关系运算符，如表 9.2 所示。

表 9.2 EL 中的关系运算符

关系运算符	说明	示例	结果
==(或 eq)	等于	${13 == 2}或${13 eq 2}	false
!=(或 ne)	不等于	${13 != 2}或${13 ne 2}	true
<(或 lt)	小于	${13 < 2}或${13 lt 2}	false
>(或 gt)	大于	${13 > 2}或${13 gt 2}	true
<=(或 le)	小于或等于	${13 <= 2}或${13 le 2}	false
>=(或 ge)	大于或等于	${13 >= 2}或${13 ge 2}	true

❸ 逻辑运算符

在 EL 表达式中有 3 个逻辑运算符，如表 9.3 所示。

表 9.3 EL 中的逻辑运算符

逻辑运算符	说　明	示　例	结　果
&&(或 and)	逻辑与	如果 A 为 true,B 为 false,则 A && B(或 A and B)	false
||(或 or)	逻辑或	如果 A 为 true,B 为 false,则 A || B(或 A or B)	true
!(或 not)	逻辑非	如果 A 为 true,则!A(或 not A)	false

❹ empty 运算符

empty 运算符用于检测一个值是否为 null。例如,如果变量 A 不存在,则 ${empty A}返回的结果为 true。

❺ 条件运算符

EL 中的条件运算符是"?:"。例如,${A ? B:C},如果 A 为 true,则计算 B 并返回其结果;如果 A 为 false,则计算 C 并返回其结果。

9.4 EL 隐含对象

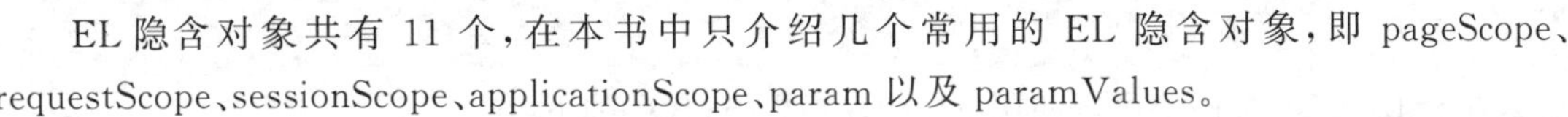

EL 隐含对象共有 11 个,在本书中只介绍几个常用的 EL 隐含对象,即 pageScope、requestScope、sessionScope、applicationScope、param 以及 paramValues。

▶ 9.4.1 与作用范围相关的隐含对象

与作用范围相关的 EL 隐含对象有 pageScope、requestScope、sessionScope 和 applicationScope,分别可以获取 JSP 内置对象 pageContext、request、session 和 application 中的数据。如果在 EL 中没有使用隐含对象指定作用范围,则会依次从 page、request、session、application 范围查找,找到直接返回,不再继续找下去,如果所有范围都没有找到,则返回空字符串。获取数据的格式如下:

```
${EL 隐含对象.关键字对象.属性}
```

或

```
${EL 隐含对象.关键字对象}
```

例如:

```
<jsp:useBean id = "user" class = "bean.UserBean" scope = "page"/>
<jsp:setProperty name = "user" property = "name" value = "EL 隐含对象"/>
name: ${pageScope.user.name}
```

再如,在 JSP 页面或 Servlet 中有如下代码:

```
ArrayList<UserBean> users = new ArrayList<UserBean>();
UserBean ub1 = new UserBean("zhang",20);
UserBean ub2 = new UserBean("zhao",50);
users.add(ub1);
users.add(ub2);
request.setAttribute("array", users);
```

其中,UserBean 有两个属性 name 和 age,那么在 request 有效的范围内可以使用 EL 取出 UserBean 的属性,代码如下:

```
${requestScope.array[0].name} ${requestScope.array[0].age}
${requestScope.array[1].name} ${requestScope.array[1].age}
```

▶ 9.4.2 与请求参数相关的隐含对象

与请求参数相关的 EL 隐含对象有 param 和 paramValues。获取数据的格式如下:

```
${EL 隐含对象.参数名}
```

比如,input.jsp 的代码如下:

```
<form method = "post" action = "param.jsp">
    <p>姓名:<input type = "text" name = "username" size = "15"/></p>
    <p>兴趣:
    <input type = "checkbox" name = "habit" value = "看书"/>看书
    <input type = "checkbox" name = "habit" value = "玩游戏"/>玩游戏
    <input type = "checkbox" name = "habit" value = "旅游"/>旅游
    <p>
    <input type = "submit" value = "提交"/>
</form>
```

那么在 param.jsp 页面中可以使用 EL 获取参数值,代码如下:

```
<% request.setCharacterEncoding("UTF-8"); %>
<body>
<h2>EL 隐含对象 param、paramValues</h2>
姓名: ${param.username}</br>
兴趣:
${paramValues.habit[0]}
${paramValues.habit[1]}
${paramValues.habit[2]}
```

```
http://localhost:8080/ch9/saveServlet
从Servlet转发过来的request内置对象的数据如下:
zhao
qian
sun
li
```

图 9.1 使用 EL 内置对象获取 JSP 内置对象的数据

【例 9-1】 编写一个 Servlet,在该 Servlet 中使用 request 对象存储数据,然后从该 Servlet 转发到 show.jsp 页面,在 show.jsp 页面中显示 request 对象的数据。首先运行 Servlet,在 IE 地址栏中输入"http://localhost:8080/ch9/saveServlet",程序的运行结果如图 9.1 所示。

SaveServlet.java 的代码如下:

```
package servlet;
import java.io.IOException;
import jakarta.servlet.RequestDispatcher;
import jakarta.servlet.ServletException;
import jakarta.servlet.annotation.WebServlet;
import jakarta.servlet.http.HttpServlet;
import jakarta.servlet.http.HttpServletRequest;
import jakarta.servlet.http.HttpServletResponse;
@WebServlet("/saveServlet")
public class SaveServlet extends HttpServlet {
    private static final long serialVersionUID = 1L;
    protected void doGet(HttpServletRequest request,
            HttpServletResponse response) throws ServletException, IOException {
        doPost(request, response);
```

```
        }
        protected void doPost(HttpServletRequest request,
                HttpServletResponse response) throws ServletException, IOException {
            String names[] = {"zhao", "qian", "sun", "li"};
            request.setAttribute("name", names);
            RequestDispatcher dis = request.getRequestDispatcher("show.jsp");
            dis.forward(request, response);
        }
    }
```

show.jsp 的代码如下：

```
<%@ page language="java" contentType="text/html; charset=UTF-8" pageEncoding="UTF-8"%>
<!DOCTYPE html>
<html>
<head>
<meta charset="UTF-8">
<title>EL 隐含对象</title>
</head>
<body>
从 Servlet 转发过来的 request 内置对象的数据如下：<br>
    ${requestScope.name[0]}<br>
    ${requestScope.name[1]}<br>
    ${requestScope.name[2]}<br>
    <!-- requestScope 可以省略 -->
    ${name[3]}<br>
</body>
</html>
```

扫一扫

视频讲解

9.5　JSTL

JSTL 规范由 Sun 公司制定，Apache 的 Jakarta 小组负责实现。JSTL 由 5 个不同功能的标签库组成，包括 Core、I18N、XML、SQL 以及 Functions，本节简要介绍 JSTL 的 Core 和 Functions 标签库中的几个常用标签。

▶ 9.5.1　配置 JSTL

JSTL 现在已经是 Java EE5 的一个组成部分，如果采用支持 Java EE5 或以上版本的集成开发环境开发 Web 应用程序，就不再需要配置 JSTL。但本书采用的是 Eclipse 平台，因此需要配置 JSTL。配置 JSTL 的步骤如下：

❶ 复制 JSTL 的标准实现

在 Tomcat 的\webapps\examples\WEB-INF\lib 目录下找到"taglibs-standard-impl-1.2.5-migrated-0.0.1.jar"和"taglibs-standard-spec-1.2.5-migrated-0.0.1.jar"文件，然后复制到 Web 项目的 WEB-INF\lib 目录下。

❷ 使用 taglib 标记定义前缀与 uri 引用

如果使用 Core 核心标签库，首先需要在 JSP 页面中使用 taglib 标记定义前缀与 uri 引用，代码如下：

```
<%@ taglib prefix="c" uri="http://java.sun.com/jsp/jstl/core" %>
```

如果使用 Functions 函数标签库，首先需要在 JSP 页面中使用 taglib 标记定义前缀与 uri 引用，代码如下：

```
<%@ taglib prefix = "fn" uri = "http://java.sun.com/jsp/jstl/functions" %>
```

▶ 9.5.2 核心标签库之通用标签

❶ <c:out>标签

<c:out>用来显示数据的内容，与 <%= 表达式 %> 或 ${表达式}类似。其格式如下：

```
<c:out value = "输出的内容" [default = "defaultValue"]/>
```

或

```
<c:out value = "输出的内容">
      defaultValue
</c:out>
```

其中，value 值可以是一个 EL 表达式，也可以是一个字符串；default 可有可无，当 value 值不存在时输出 defaultValue。例如：

```
<c:out value = " ${param.data}" default = "没有数据"/>
<br>
<c:out value = " ${param.nothing}"/>
<br>
<c:out value = "这是一个字符串"/>
```

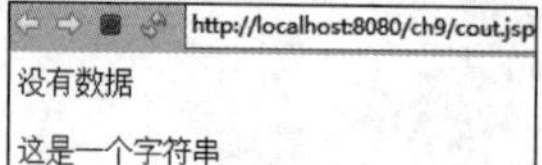

图 9.2 <c:out>标签

输出的结果如图 9.2 所示。

❷ <c:set>标签

1）设置作用域变量

用户可以使用<c:set>在 page、request、session、application 等范围内设置一个变量，格式如下：

```
<c:set value = "value" var = "varName" [scope = "page|request|session|application"]/>
```

其作用是将 value 值赋给变量 varName。例如：

```
<c:set value = "zhao" var = "userName" scope = "session"/>
```

相当于

```
<% session.setAttribute("userName","zhao"); %>
```

2）设置 JavaBean 的属性

在使用<c:set>设置 JavaBean 的属性时必须使用 target 属性进行设置，格式如下：

```
<c:set value = "value" target = "target" property = "propertyName"/>
```

其作用是将 value 值赋给 target 对象(JavaBean 对象)的 propertyName 属性。如果 target 为 null 或没有 set 方法则抛出异常。

❸ <c:remove>标签

如果要删除某个变量，则可以使用<c:remove>标签。例如：

```
<c:remove var="userName" scope="session"/>
```

相当于

```
<% session.removeAttribute("userName") %>
```

▶ 9.5.3 核心标签库之流程控制标签

❶ <c:if>标签

<c:if>标签实现 if 语句的作用，具体语法格式如下：

```
<c:if test="条件表达式">
    主体内容
</c:if>
```

其中，条件表达式可以是 EL 表达式，也可以是 JSP 表达式。如果表达式的值为 true，则执行<c:if>的主体内容，但是没有相对应的<c:else>标签。如果想在条件成立时执行一块内容，不成立时执行另一块内容，则可以使用<c:choose>、<c:when>及<c:otherwise>标签。

❷ <c:choose>、<c:when>及<c:otherwise>标签

<c:choose>、<c:when>及<c:otherwise>标签实现 if...else if...else 语句的作用，具体语法格式如下：

```
<c:choose>
    <c:when test="条件表达式 1">
        主体内容 1
    </c:when>
    <c:when test="条件表达式 2">
        主体内容 2
    </c:when>
    <c:otherwise>
        表达式都不正确时执行的主体内容
    </c:otherwise>
</c:choose>
```

【例 9-2】 编写一个 JSP 页面 ifelse.jsp，在该页面中使用<c:set>标签把两个字符串设置为 request 范围内的变量。使用<c:if>标签求出这两个字符串的最大值（按字典顺序比较大小），使用<c:choose>、<c:when>及<c:otherwise>标签求出这两个字符串的最小值。

ifelse.jsp 的代码如下：

```
<%@ page language="java" contentType="text/html; charset=UTF-8" pageEncoding="UTF-8" %>
<%@ taglib prefix="c" uri="http://java.sun.com/jsp/jstl/core" %>
<!DOCTYPE html>
<html>
<head>
<meta charset="UTF-8">
<title>ifelse.jsp</title>
</head>
<body>
    <c:set value="if" var="firstNumber" scope="request"/>
    <c:set value="else" var="secondNumber" scope="request"/>
    <c:if test="${firstNumber > secondNumber}">
```

```
            最大值为 ${firstNumber}
        </c:if>
        <c:if test=" ${firstNumber < secondNumber}">
            最大值为 ${secondNumber}
    </c:if>
    <c:choose>
            <c:when test=" ${firstNumber < secondNumber}">
                最小值为 ${firstNumber}
            </c:when>
            <c:otherwise>
                最小值为 ${secondNumber}
            </c:otherwise>
        </c:choose>
</body>
</html>
```

<c:when>及<c:otherwise>必须放在<c:choose>之中。当<c:when>的 test 结果为 true 时会输出<c:when>的主体内容，而不理会<c:otherwise>的内容。在<c:choose>中可以有多个<c:when>，程序会从上到下进行条件判断，如果有一个<c:when>的 test 结果为 true，则输出其主体内容，之后的<c:when>不再执行。如果所有<c:when>的 test 结果都为 false，则输出<c:otherwise>的内容。<c:if>和<c:choose>也可以嵌套使用，例如：

```
<c:set value="fda" var="firstNumber" scope="request"/>
<c:set value="else" var="secondNumber" scope="request"/>
<c:set value="ddd" var="threeNumber" scope="request"/>
<c:if test=" ${firstNumber > secondNumber}">
        <c:choose>
            <c:when test=" ${firstNumber < threeNumber}">
                最大值为 ${threeNumber}
            </c:when>
            <c:otherwise>
                最大值为 ${firstNumber}
            </c:otherwise>
        </c:choose>
</c:if>
<c:if test=" ${secondNumber > firstNumber}">
        <c:choose>
            <c:when test=" ${secondNumber < threeNumber}">
                最大值为 ${threeNumber}
            </c:when>
            <c:otherwise>
                最大值为 ${secondNumber}
        </c:otherwise>
    </c:choose>
</c:if>
```

9.5.4 核心标签库之迭代标签

❶ <c:forEach>标签

使用<c:forEach>标签可以实现程序中的 for 循环，语法格式如下：

```
<c:forEach var="变量名" items="数组或 Collection 对象">
    循环体
</c:forEach>
```

其中，items 属性可以是数组或 Collection 对象，每次循环读取对象中的一个元素，并赋值给 var 属性指定的变量，之后就可以在循环体使用 var 指定的变量获取对象的元素。例如，在 JSP 页面或 Servlet 中有这样一段代码：

```
ArrayList<UserBean> users = new ArrayList<UserBean>();
UserBean ub1 = new UserBean("zhao",20);
UserBean ub2 = new UserBean("qian",40);
UserBean ub3 = new UserBean("sun",60);
UserBean ub4 = new UserBean("li",80);
users.add(ub1);
users.add(ub2);
users.add(ub3);
users.add(ub4);
request.setAttribute("usersKey", users);
```

那么在 JSP 页面中可以使用<c:forEach>循环遍历出数组中的元素，代码如下：

```
<table>
  <tr>
    <th>姓名</th>
    <th>年龄</th>
  </tr>
<c:forEach var="user" items="${requestScope.usersKey}">
  <tr>
    <td>${user.name}</td>
    <td>${user.age}</td>
  </tr>
</c:forEach>
</table>
```

在有些情况下需要为<c:forEach>标签指定 begin、end、step 和 varStatus 属性。begin 为迭代时的开始位置，默认值为 0；end 为迭代时的结束位置，默认值是最后一个元素；step 为迭代步长，默认值为 1；varStatus 代表迭代变量的状态，包括 count(迭代的次数)、index(当前迭代的索引，第一个索引为 0)、first(是否为第一个迭代对象)和 last(是否为最后一个迭代对象)。例如：

```
<table border=1>
        <tr>
                <th>Value</th>
                <th>Square</th>
                <th>Index</th>
        </tr>
        <c:forEach var="x" varStatus="status" begin="0" end="10" step="2">
                <tr>
                    <td>${x}</td>
                    <td>${x * x}</td>
                    <td>${status.index}</td>
                </tr>
        </c:forEach>
</table>
```

上述程序的运行结果如图 9.3 所示。

❷ <c:forTokens>标签

<c:forTokens>用于迭代字符串中由分隔符分隔的各成员，它是通过 java.util.StringTokenizer 实例来完成字符串的分隔，items 和 delims 属性作为构造 StringTokenizer 实例的参数。其语法格式如下：

```
<c:forTokens var = "变量名" items = "要迭代的 String 对象" delims = "指定分隔字符串的分隔符">
        循环体
</c:forTokens>
```

例如：

```
<c:forTokens items = "chenheng:lulinlin:liuhaiyan" delims = ":" var = "name">
    ${name}<br>
</c:forTokens>
```

上述程序的运行结果如图 9.4 所示。

http://localhost:8080/ch9/cforeach.jsp

Value	Square	Index
0	0	0
2	4	2
4	16	4
6	36	6
8	64	8
10	100	10

图 9.3 <c:forEach>标签

图 9.4 <c:forTokens>标签

<c:forTokens>标签与<c:forEach>标签一样，也有 begin、end、step 和 varStatus 属性，并且用法一样，这里不再赘述。

▶ 9.5.5 核心标签库之 URL 标签

在 JSTL 中提供了<c:url>、<c:redirect>、<c:import>等与 URL 操作相关的标签。

❶ <c:url>

<c:url>标签用于在 JSP 页面中构造一个 URL 地址，其语法格式如下：

```
<c:url value = "指定要构造的 URL"
    [var = "varName"][scope = "{page|request|session|application}"]
    [context = "context"]>
    [<c:param name = "paramName" value = "paramValue"/>]
</c:url>
```

其中，value 指定要构造的 URL；var 指定构造的 URL 保存到范围域中的属性名称；scope 指定构造的 URL 结果保存到哪个范围域中；context 指定 URL 地址所属的同一 Web 容器下的 Web 应用上下文；<c:param>标签指定向 URL 地址传递的参数；[]表示可选。其示例代码如下：

```
<c:url value = "goto.jsp?username = chenheng&pwd = 123" var = "myURL"/>
<a href = "${myURL}">去看看</a>
```

或

```
<c:url value="/goto.jsp" var="myURL" context="/ch9" scope="page">
      <c:param name="username" value="chenheng"/>
      <c:param name="pwd" value="123"/>
</c:url>
<a href="${myURL}">去看看</a>
```

在上述示例代码中，如果使用 context 属性指定应用上下文，则 value 属性值必须是以"/"开头的相对地址。

❷ <c:redirect>

<c:redirect>标签用于执行 response.sendRedirect()方法的功能，将当前访问请求重定向到其他资源，其语法格式如下：

```
<c:redirect url="重定向的 URL 地址" [context="context"]>
      [<c:param name="paramName" value="paramValue"/>]
</c:redirect>
```

其中，url 指定重定向的目标资源的 URL 地址；context 指定重定向地址所属的同一 Web 容器下的 Web 应用上下文；<c:param>标签指定向 URL 地址传递的参数；[]表示可选。其示例代码如下：

```
<c:url value="goto.jsp?username=chenheng&pwd=123" var="myURL"/>
<c:redirect url="${myURL}"/>
```

❸ <c:import>

<c:import>标签用于在 JSP 页面中导入一个 URL 地址指向的资源内容，可以是一个静态或动态文件，也可以是当前应用或任何其他资源，其语法格式如下：

```
<c:import url="url"
     [var="varName"][scope="{page|request|session|application}"]
     [context="context"][charEncoding="charEncoding"]>
     [<c:param name="paramName" value="paramValue"/>]
</c:import>
```

其中，url 指定要导入资源的 URL 地址；var 指定导入资源保存到范围域中的属性名称；scope 指定导入资源保存到哪个范围域中(默认为 page)；context 指定导入资源所属的同一 Web 容器下的 Web 应用上下文(默认为当前应用)；charEncoding 指定将导入资源内容转换成字符串时所使用的字符集编码；<c:param>标签指定向导入资源文件传递的参数；[]表示可选。如果想在某页面中导入 head.jsp 并向 head.jsp 传递参数 id，示例代码如下：

```
<c:import url="head.jsp?id=1"/>
```

或

```
<c:import url="/head.jsp" context="/ch9" var="importURL" scope="page" charEncoding="UTF-8">
     <c:param name="id" value="1"/>
</c:import>
```

<c:import>标签与<jsp:include>动作指令的功能类似，但后者只能包含当前应用下的文件资源，而<c:import>标签可以包含任何其他应用或网站下的资源，例如<c:import url="http://www.sohu.com"/>。

▶ 9.5.6 函数标签库

在 JSP 页面中调用 JSTL 中的函数时需要使用 EL 表达式，调用的语法格式如下：

```
${fn:函数名(参数 1,参数 2,…)}
```

下面介绍几个常用的函数。

❶ contains 函数

该函数的功能是判断一个字符串中是否包含指定的子字符串，如果包含，则返回 true，否则返回 false。其定义如下：

```
contains(string, substring)
```

该函数的调用示例代码如下：

```
${fn:contains("I am studying", "am")}
```

上述 EL 表达式将返回 true。

❷ containsIgnoreCase 函数

该函数与 contains 函数的功能相似，但判断是不区分大小写的。其定义如下：

```
containsIgnoreCase(string, substring)
```

该函数的调用示例代码如下：

```
${fn:containsIgnoreCase("I AM studying", "am")}
```

上述 EL 表达式将返回 true。

❸ endsWith 函数

该函数的功能是判断一个字符串是否以指定的后缀结尾。其定义如下：

```
endsWith(string, suffix)
```

该函数的调用示例代码如下：

```
${fn:endsWith("I AM studying", "am")}
```

上述 EL 表达式将返回 false。

❹ indexOf 函数

该函数的功能是返回指定子字符串在某个字符串中第一次出现时的索引，如果找不到，则返回−1。其定义如下：

```
indexOf(string, substring)
```

该函数的调用示例代码如下：

```
${fn:indexOf("I am studying", "am")}
```

上述 EL 表达式将返回 2。

❺ join 函数

该函数的功能是将一个 String 数组中的所有元素合并成一个字符串，并用指定的分隔符分开。其定义如下：

```
join(array, separator)
```

例如，假设一个 String 数组 my 有 3 个元素“I”“am”和“studying”，那么下列 EL 表达式将返回“I,am,studying”。

```
${fn:join(my, ",")}
```

❻ length 函数

该函数的功能是返回集合中元素的个数或者字符串中字符的个数。其定义如下：

```
length(input)
```

该函数的调用示例代码如下：

```
${fn:length("aaa")}
```

上述 EL 表达式将返回 3。

❼ replace 函数

该函数的功能是将字符串中出现的所有 beforestring 用 afterstring 替换，并返回替换后的结果。其定义如下：

```
replace(string, beforestring, afterstring)
```

该函数的调用示例代码如下：

```
${fn:replace("I am am studying", "am", "do")}
```

上述 EL 表达式将返回“I do do studying”。

❽ split 函数

该函数的功能是将一个字符串使用指定的分隔符 separator 分隔成一个子字符串数组。其定义如下：

```
split(string, separator)
```

该函数的调用示例代码如下：

```
<c:set var = "my" value = "${fn:split('I am studying', ' ') }"/>
<c:forEach var = "myArrayElement" items = "${my }">
      ${myArrayElement}<br>
</c:forEach>
```

上述示例代码的显示结果如图 9.5 所示。

图 9.5 split 示例结果

❾ startsWith 函数

该函数的功能是判断一个字符串是否以指定的前缀开头。其定义如下：

```
startsWith(string, prefix)
```

该函数的调用示例代码如下：

```
${fn:startsWith("I AM studying", "am")}
```

上述 EL 表达式将返回 false。

⑩ substring 函数

该函数的功能是返回一个字符串的子字符串。其定义如下：

```
substring(string, begin, end)
```

该函数的调用示例代码如下：

```
${fn:substring("abcdef", 1, 3)}
```

上述 EL 表达式将返回"bc"。

⑪ toLowerCase 函数

该函数的功能是将一个字符串转换成它的小写版本。其定义如下：

```
toLowerCase(string)
```

该函数的调用示例代码如下：

```
${fn:toLowerCase("I AM studying")}
```

上述 EL 表达式将返回"i am studying"。

⑫ toUpperCase 函数

该函数的功能与 toLowerCase 函数的功能相反，这里不再赘述。

⑬ trim 函数

该函数的功能是将一个字符串开头和结尾的空白去掉。其定义如下：

```
trim(string)
```

该函数的调用示例代码如下：

```
${fn:trim("    I AM studying    ") }
```

上述 EL 表达式将返回"I AM studying"。

▶ 9.5.7 实践环节——使用 JSTL 标签打印九九乘法表

编写一个 JSP 页面，在该页面中使用< c:forEach >标签输出九九乘法表。页面的运行效果如图 9.6 所示。

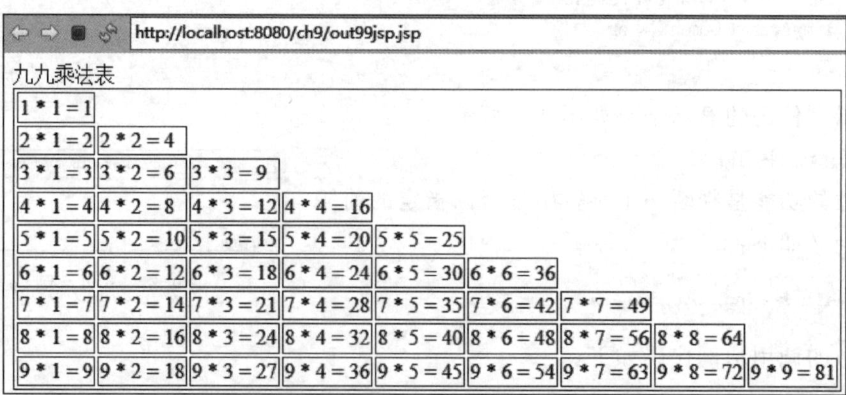

图 9.6 使用< c:forEach >标签输出九九乘法表

本章小结

本章重点介绍了 EL 表达式和 JSTL 核心标签库的用法，应用 EL 与 JSTL 大大提高了编程效率，并且降低了维护难度。

习 题 9

扫一扫

习题

扫一扫

自测题

第10章 文件的上传与下载

学习目的与要求

本章重点介绍 Servlet 的 HttpServletRequest 对文件上传的支持。通过本章的学习，要求读者理解文件上传的原理，掌握文件上传与下载的步骤。

本章主要内容

- 基于 Servlet 的文件上传
- 文件的下载

在 JSP 应用程序中实现文件上传有两个常见的组件，即 jspsmart 组件和 commons-fileupload 组件，但从 Servlet 3.0 版本开始可以对文件上传直接支持，而且使用非常简单，因此本章仅介绍了基于 Servlet 的文件上传。

本章涉及的 Java 源文件保存在 ch10 项目的 src/main/java 目录中，涉及的 JSP 页面保存在 ch10 项目的 src/main/webapp 目录中。

扫一扫

视频讲解

10.1 基于 Servlet 的文件上传

文件的上传与下载在 Web 应用程序中是很常见的功能。例如在 OA 办公系统中，用户可以使用文件上传来提交公文。

Servlet 3.0 之前的版本不能对文件上传直接支持，需要使用第三方框架来实现，而且使用起来不够简单。从 Servlet 3.0 开始提供了文件上传功能，而且使用非常简单。

让 Servlet 支持文件上传需要做以下两件事情：

(1) 给 Servlet 添加@MultipartConfig 注解。

(2) 从 HttpServletRequest 对象中获取 Part 文件对象。

10.1.1 文件上传的表单设置

表单元素<input type="file">会在浏览器中显示一个输入框和一个按钮，输入框可供用户填写本地文件的文件名和路径名，按钮可以让浏览器打开一个文件选择框供用户选择文件。

文件上传的表单例子如下：

```
<form action = "upload" method = "post" enctype = "multipart/form-data">
    <input type = "file" name = "headImage"><br>
    <input type = "submit" value = "上传">
</form>
```

注意不要忘记设置文件上传的表单属性 enctype，并将它的值设置为 multipart/form-data，同时将表单的提交方式设置为 post。

▶ 10.1.2　@MultipartConfig 注解

@MultipartConfig 注解主要是为了辅助 Servlet 中的 HttpServletRequest 提供对上传文件的支持。该注解标注在 Servlet 的上面，以表示该 Servlet 希望处理请求的 MIME 类型是 multipart/form-data。另外，它还提供了若干属性用于简化对上传文件的处理。该注解的常用属性如表 10.1 所示。

表 10.1　@MultipartConfig 注解的常用属性

属　性　名	类　　型	是否可选	描　　述
location	String	是	指定上传文件存放的目录。当指定了 location 后，在调用 Part 的 write(String fileName)方法把文件写入磁盘的时候，文件名可以不用带路径，但是如果 fileName 带了绝对路径，那么将以 fileName 所带的路径为准把文件写入磁盘
maxFileSize	long	是	指定上传文件的最大值，单位是字节。其默认值为－1，表示没有限制
maxRequestSize	long	是	指定上传文件的个数，应用于多文件上传。其默认值为－1，表示没有限制

注意：即使没有使用@MultipartConfig 注解设置属性，也要把该注解加到 Servlet 的上面。

▶ 10.1.3　Part 接口

每个文件用一个 jakarta.servlet.http.Part 对象来表示。当单文件上传时，在 Servlet 中可以通过 HttpServletRequest 对象 request 调用 getPart(String name)方法获得 Part 文件对象。其中，参数 name 为文件域的名称。例如：

```
Part photo = request.getPart("resPath");
```

当多文件上传时，在 Servlet 中可以通过 HttpServletRequest 对象 request 调用 getParts()方法获得 Part 文件对象集合。例如：

```
Collection<Part> photos = request.getParts();
```

Part 接口的常用方法如表 10.2 所示。

表 10.2　Part 接口的常用方法

序　　号	方　　法	功 能 说 明
1	void delete()	删除任何相关的临时磁盘文件
2	String getContentType()	获得客户端浏览器设置的文件数据项的 MIME 类型
3	String getHeader(String name)	获得指定的 part 头的一个字符串。例如：getHeader("content-disposition")返回 form-data; name="xxx"; filename="xxx"
4	InputStream getInputStream()	获得一个输入流，通过这个输入流来读取文件的内容
5	String getName()	获得表单文件域的名称
6	long getSize()	获得文件的大小
7	void write(String fileName)	将文件上传到 fileName 指定的目录
8	String getSubmittedFileName()	获取原始文件名

▶ 10.1.4 单文件上传

下面通过一个例子介绍单文件上传，具体步骤如下：

❶ 编写 uploadHttpOne.jsp 页面

uploadHttpOne.jsp 页面的运行效果如图 10.1 所示。

图 10.1 uploadHttpOne.jsp 页面的运行效果

uploadHttpOne.jsp 的代码如下：

```
<%@ page language="java" contentType="text/html; charset=UTF-8" pageEncoding="UTF-8"%>
<!DOCTYPE html>
<html>
<head>
<meta charset="UTF-8">
<title>HttpServletRequest 对文件上传的支持</title>
</head>
<body>
        <form action="uploadHttpOneServlet" method="post" enctype="multipart/form-data">
                <table>
                        <tr>
                                <td>文件描述：</td>
                                <td><input type="text" name="filediscription"></td>
                        </tr>
                        <tr>
                                <td>请选择文件：</td>
                                <td><input type="file" name="resPath"></td>
                        </tr>
                        <tr>
                                <td align="right"><input type="reset" value="重填"></td>
                                <td><input type="submit" value="上传"></td>
                        </tr>
                        </table>
                </form>
</body>
</html>
```

❷ 编写上传的 Servlet——UploadHttpOneServlet

UploadHttpOneServlet.java 的代码如下：

```
package servlet;
import java.io.File;
import java.io.IOException;
import java.io.PrintWriter;
import jakarta.servlet.ServletException;
import jakarta.servlet.annotation.MultipartConfig;
import jakarta.servlet.annotation.WebServlet;
import jakarta.servlet.http.HttpServlet;
import jakarta.servlet.http.HttpServletRequest;
import jakarta.servlet.http.HttpServletResponse;
```

```
import jakarta.servlet.http.Part;
@WebServlet("/uploadHttpOneServlet")
@MultipartConfig(maxFileSize = 10 * 1024 * 1024)        //设置上传文件的最大值为 10MB
public class UploadHttpOneServlet extends HttpServlet {
            private static final long serialVersionUID = 1L;
            protected void doGet(HttpServletRequest request, HttpServletResponse response)
throws ServletException, IOException {
                doPost(request, response);
            }
            protected void doPost(HttpServletRequest request, HttpServletResponse response)
throws ServletException, IOException {
                //设置响应的内容类型
                response.setContentType("text/html;charset=UTF-8");
                //取得输出对象
                PrintWriter out = response.getWriter();
                request.setCharacterEncoding("UTF-8");
                //获得 Part 对象
                Part part = request.getPart("resPath");
                String filediscription = request.getParameter("filediscription");
                out.println("输入的文件描述: " + filediscription + "<br>");
                //指定上传的文件保存到服务器的 uploadFiles 目录中
                File uploadFileDir = new File(getServletContext().getRealPath("/uploadFiles"));
                if(!uploadFileDir.exists()){
                    uploadFileDir.mkdir();
                }
                //获得原始文件名
                String oldName = part.getSubmittedFileName();
                out.println("上传文件的原始名: " + oldName + "<br>");
                out.println("上传文件的大小: " + part.getSize() + "<br>");
                if(oldName != null){
                    //上传到服务器的 uploadFiles 目录中
                    part.write(uploadFileDir + File.separator + oldName);
                }
                out.println("文件上传到: " + uploadFileDir + File.separator + oldName +
"<br>");
            }
}
```

UploadHttpOneServlet.java 的响应结果如图 10.2 所示。

localhost:8080/ch10/uploadHttpOneServlet

输入的文件描述：重要文件
上传文件的原始名：陈恒_参与人模板.doc
上传文件的大小：32768
文件上传到：D:\eclipse-workspace\.metadata\.plugins\org.eclipse.wst.server.core\tmp0

图 10.2　uploadHttpOneServlet 的响应结果

需要特别注意的是，在使用 Eclipse IDE 内嵌的浏览器上传文件时可能会出现“FileNotFoundException”异常，这时使用常规的浏览器(例如谷歌)上传文件即可。

10.1.5　多文件上传

下面通过一个例子介绍多文件上传，具体步骤如下：

❶ 编写 uploadHttpMulti.jsp 页面

uploadHttpMulti.jsp 页面的运行效果如图 10.3 所示。

图 10.3 uploadHttpMulti.jsp 页面的运行效果

uploadHttpMulti.jsp 的代码如下：

```
<%@ page language="java" contentType="text/html; charset=UTF-8" pageEncoding="UTF-8"%>
<!DOCTYPE html>
<html>
<head>
<meta charset="UTF-8">
<title>HttpServletRequest 对文件上传的支持</title>
</head>
<body>
	<form action="uploadHttpMultiServlet" method="post" enctype="multipart/form-data">
		<table>
			<tr>
				<td>文件 1 描述：</td>
				<td><input type="text" name="filediscription1"></td>
			</tr>
			<tr>
				<td>请选择文件 1：</td>
				<td><input type="file" name="resPath1"></td>
			</tr>
			<tr>
				<td>文件 2 描述：</td>
				<td><input type="text" name="filediscription2"></td>
			</tr>
			<tr>
				<td>请选择文件 2：</td>
				<td><input type="file" name="resPath2"></td>
			</tr>
			<tr>
				<td align="right"><input type="reset" value="重填"></td>
				<td><input type="submit" value="上传"></td>
			</tr>
		</table>
	</form>
</body>
</html>
```

❷ 编写上传的 Servlet——UploadHttpMultiServlet

UploadHttpMultiServlet.java 的代码如下：

```
package servlet;
import java.io.File;
```

```
import java.io.IOException;
import java.io.PrintWriter;
import java.util.Collection;
import jakarta.servlet.ServletException;
import jakarta.servlet.annotation.MultipartConfig;
import jakarta.servlet.annotation.WebServlet;
import jakarta.servlet.http.HttpServlet;
import jakarta.servlet.http.HttpServletRequest;
import jakarta.servlet.http.HttpServletResponse;
import jakarta.servlet.http.Part;
@WebServlet("/uploadHttpMultiServlet")
@MultipartConfig
public class UploadHttpMultiServlet extends HttpServlet {
            private static final long serialVersionUID = 1L;
            protected void doGet(HttpServletRequest request, HttpServletResponse response) throws
ServletException, IOException {
                doPost(request, response);
            }
            protected void doPost(HttpServletRequest request, HttpServletResponse response) throws
ServletException, IOException {
                //设置响应的内容类型
                response.setContentType("text/html;charset = UTF - 8");
                //取得输出对象
                PrintWriter out = response.getWriter();
                request.setCharacterEncoding("UTF - 8");
                String filediscription1 = request.getParameter("filediscription1");
                out.println("输入的文件 1 描述: " + filediscription1 + "<br>");
                String filediscription2 = request.getParameter("filediscription2");
                out.println("输入的文件 2 描述: " + filediscription2 + "<br>");
                //指定上传的文件保存到服务器的 uploadFiles 目录中
                File uploadFileDir = new File(getServletContext().getRealPath("/uploadFiles"));
                if(!uploadFileDir.exists()){
                    uploadFileDir.mkdir();
                }
                //获得 Part 集合
                Collection<Part> parts = request.getParts();
                for (Part part: parts) {
                    //没有选择文件或不是文件域
                    if (part == null || !part.getName().contains("resPat")) {
                        continue;
                    }
                    //获得原始文件名
                    String oldName = part.getSubmittedFileName();
                    out.println("上传文件的原始名: " + oldName + "<br>");
                    out.println("上传文件的大小: " + part.getSize() + "<br>");
                    if(oldName != null){
                        //上传到服务器的 uploadFiles 目录中
                        part.write(uploadFileDir + File.separator + oldName);
                    }
                    out.println("文件上传到: " + uploadFileDir + File.separator + oldName +
"<br>");
                }
        }
}
```

UploadHttpMultiServlet.java 的响应结果如图 10.4 所示。

localhost:8080/ch10/uploadHttpMultiServlet

输入的文件1描述：重要文件1
输入的文件2描述：重要文件2
上传文件的原始名：新建文本文档.txt
上传文件的大小：1614
文件上传到：D:\eclipse-workspace\.metadata\.plugins\org.eclipse.wst.server.core\tmp0\
上传文件的原始名：新建文本文档 (2).txt
上传文件的大小：45
文件上传到：D:\eclipse-workspace\.metadata\.plugins\org.eclipse.wst.server.core\tmp0\

图 10.4　uploadHttpMultiServlet 的响应结果

▶ 10.1.6　实践环节——上传文件的限定

尝试对 10.1.5 中多文件上传实例文件的大小进行限定。

扫一扫

视频讲解

10.2　文件的下载

▶ 10.2.1　文件下载的实现方法

实现文件下载通常有两种方法，一是通过超链接实现下载，二是利用程序实现下载。通过超链接实现下载固然简单，但暴露了下载文件的真实位置，并且只能下载存放在 Web 应用程序所在目录下的文件。利用程序实现下载可以增加安全访问控制，还可以从任意位置提供下载的数据，可以将文件存放到 Web 应用程序以外的目录中，也可以将文件保存到数据库中。

利用程序实现下载需要设置两个报头：

(1) Web 服务器需要告诉浏览器其所输出内容的类型不是普通文本文件或 HTML 文件，而是一个要保存到本地的下载文件。设置 Content-Type 的值为 application/x-msdownload。

(2) Web 服务器希望浏览器不直接处理相应的实体内容，而是由用户选择将相应的实体内容保存到一个文件中，这需要设置 Content-Disposition 报头。该报头指定了接收程序处理数据内容的方式，在 HTTP 应用中只有 attachment 是标准方式，attachment 表示要求用户干预。在 attachment 后面还可以指定 filename 参数，该参数是服务器建议浏览器将实体内容保存到文件中的文件的名称。

设置报头的示例如下：

```
response.setHeader("Content-Type", "application/x-msdownload" );
response.setHeader("Content-Disposition", "attachment; filename=" + filename);
```

▶ 10.2.2　文件下载的实例

下面通过一个实例介绍利用程序实现下载的过程。

该实例要求首先将 10.1 节上传到服务器 uploadFiles 目录中的文件列举到页面，然后单击页面中的下载链接下载文件。其具体步骤如下：

❶ 编写列举被下载文件的 Servlet——ShowDownServlet.java

ShowDownServlet.java 的代码如下：

```
package servlet;
import java.io.File;
```

```
import java.io.IOException;
import jakarta.servlet.RequestDispatcher;
import jakarta.servlet.ServletException;
import jakarta.servlet.annotation.WebServlet;
import jakarta.servlet.http.HttpServlet;
import jakarta.servlet.http.HttpServletRequest;
import jakarta.servlet.http.HttpServletResponse;
@WebServlet("/showDownServlet")
public class ShowDownServlet extends HttpServlet {
        private static final long serialVersionUID = 1L;
        protected void doGet(HttpServletRequest request, HttpServletResponse response) throws
ServletException, IOException {
            //指定从服务器的 uploadFiles 目录中下载文件
            File downLoadFileDir = new File(getServletContext().getRealPath("/uploadFiles"));
            //获得目录中的文件
            File[] list = downLoadFileDir.listFiles();
            request.setAttribute("fileList", list);
            RequestDispatcher dis = request.getRequestDispatcher("showInfo.jsp");
            dis.forward(request, response);
        }
        protected void doPost(HttpServletRequest request, HttpServletResponse response) throws
ServletException, IOException {
            doGet(request, response);
        }
}
```

❷ 编写文件显示页面——showInfo.jsp

通过地址"http://localhost:8080/ch10/showDownServlet"运行 ShowDownServlet,跳转到 showInfo.jsp 页面,运行效果如图 10.5 所示。

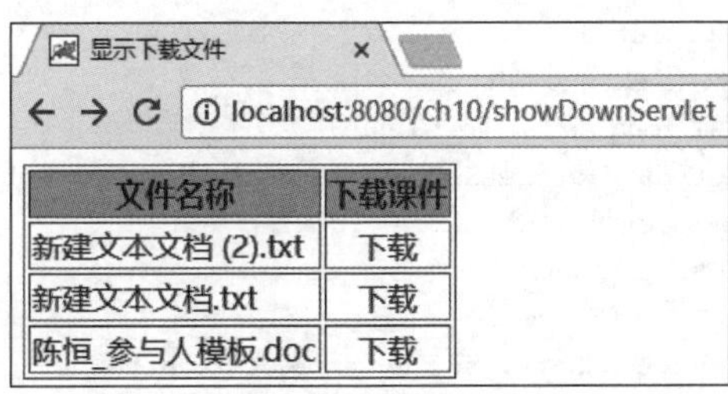

图 10.5　showInfo.jsp 页面的运行效果

showInfo.jsp 的代码如下:

```
<%@ page language="java" contentType="text/html; charset=UTF-8" pageEncoding="UTF-8"%>
<%@ taglib prefix="c" uri="http://java.sun.com/jsp/jstl/core"%>
<!DOCTYPE html>
<html>
<head>
<meta charset="UTF-8">
<title>显示下载文件</title>
</head>
<body>
   <table border="1">
                <tr bgcolor="LightGreen">
                      <th>文件名称</th>
                      <th>下载课件</th>
```

```
                    </tr>
    <c:forEach var = "afile" items = " ${fileList}">
                <tr>
                    <!-- afile.name 相当于 file.getName() -->
                    <td>${afile.name}</td>
                    <td align = "center"><a href = "downloadServlet?resPath = ${afile.name}"
style = "text - decoration:none">下载</a></td>
                </tr>
    </c:forEach>
    </table>
</body>
</html>
```

注意，在页面文件 showInfo.jsp 中使用了 JSTL 标签，不要忘记导入相关的 JAR 包（参考第 9 章内容）。

❸ 编写下载 Servlet——DownloadServlet.java

DownloadServlet.java 的代码如下：

```
package servlet;
import java.io.File;
import java.io.FileInputStream;
import java.io.IOException;
import jakarta.servlet.ServletException;
import jakarta.servlet.ServletOutputStream;
import jakarta.servlet.annotation.WebServlet;
import jakarta.servlet.http.HttpServlet;
import jakarta.servlet.http.HttpServletRequest;
import jakarta.servlet.http.HttpServletResponse;
import util.MyUtil;
@WebServlet("/downloadServlet")
public class DownloadServlet extends HttpServlet {
      private static final long serialVersionUID = 1L;
      protected void doGet(HttpServletRequest request, HttpServletResponse response)
                throws ServletException, IOException {
            doPost(request, response);
      }
      protected void doPost(HttpServletRequest request, HttpServletResponse response)
                throws ServletException, IOException {
            //要下载文件的路径
            File downLoadFileDir = new File(getServletContext().getRealPath("/uploadFiles"));
            String aFileName = null;                //要下载的文件
            FileInputStream in = null;              //输入流
            ServletOutputStream out = null;         //输出流
            try {
                  aFileName = request.getParameter("resPath");
                  //设置下载文件使用的报头
                  response.setHeader("Content - Type", "application/x - msdownload");
                  //MyUtil.toUTF8String(aFileName)解决下载文件的文件名中的中文字符乱码问题
                  response.setHeader("Content - Disposition", "attachment; filename = " +
              MyUtil.toUTF8String(aFileName));
                //读入文件
                in = new FileInputStream(downLoadFileDir + File.separator + aFileName);
                //得到响应对象的输出流，用于向客户端输出二进制数据
                out = response.getOutputStream();
```

```
            out.flush();
            int aRead = 0;
            byte b[] = new byte[1024];
            while ((aRead = in.read(b)) != -1 & in != null) {
                out.write(b, 0, aRead);
            }
            out.flush();
            in.close();
            out.close();
        } catch (Throwable e) {
            e.printStackTrace();
        }
    }
}
```

▶ 10.2.3 文件名乱码问题

如果下载文件的文件名中有中文字符，浏览器会提示保存的文件名将显示为乱码。如果要解决这个乱码问题，需要对下载文件的文件名按照 UTF-8 进行编码。

首先在本章工具类 MyUtil 中添加一个静态字符编码转换方法，代码如下：

```
public static String toUTF8String(String str){
        StringBuffer sb = new StringBuffer();
        int len = str.length();
        for(int i = 0; i < len; i++){
            //取出字符中的每个字符
            char c = str.charAt(i);
            //Unicode 码值为 0～255，不做处理
            if(c >= 0 && c <= 255){
                sb.append(c);
            }else{              //转换 UTF-8 编码
                byte b[];
                try {
                    b = Character.toString(c).getBytes("UTF-8");
                } catch(UnsupportedEncodingException e) {
                    e.printStackTrace();
                    b = null;
                }
                //转换为%HH的字符串形式
                for(int j = 0; j < b.length; j ++){
                    int k = b[j];
                    if(k < 0){
                        k &= 255;
                    }
                    sb.append("%" + Integer.toHexString(k).toUpperCase());
                }
            }
        }
        return sb.toString();
}
```

然后修改 10.2.2 中的 DownloadServlet.java，对要下载文件的文件名调用 toUTF8String()方法，代码片段如下：

```
...
aFileName = request.getParameter("resPath");
//设置下载文件使用的报头
response.setHeader("Content-Type", "application/x-msdownload" );
response.setHeader( "Content - Disposition", "attachment; filename = " + MyUtil.toUTF8String
(aFileName));
//读入文件
...
```

本章小结

本章主要介绍了基于 Servlet 上传文件的方法,列举了文件上传与下载的实例。

习题 10

扫一扫

习题

扫一扫

自测题

第11章 JDBC数据库访问

学习目的与要求

本章主要介绍在JSP程序中如何访问数据库。通过本章的学习,要求读者熟练掌握JSP对数据库的操作,包括查询、添加、更新和删除。

本章主要内容

- 使用纯Java数据库驱动程序连接MySQL
- 数据库操作
- 游动查询
- 连接池
- PreparedStatement语句
- 分页查询
- Excel与数据库互访

数据库在Web应用中有着越来越重要的作用。如果没有数据库,则很多重要的应用,像电子商务、搜索引擎等都不可能实现。本章主要介绍在JSP程序中如何访问关系数据库,例如Oracle、SQL Server和MySQL等数据库。

本章涉及的Java源文件保存在ch11项目的src/main/java目录中,涉及的JSP页面保存在ch11项目的src/main/webapp目录中。

11.1 使用纯Java数据库驱动程序连接MySQL

扫一扫

视频讲解

在JSP页面中访问数据库,首先要与数据库建立连接,通过连接向数据库发送指令,并获得返回的结果。JDBC连接数据库有两种常用方式——建立JDBC-ODBC桥接器和加载纯Java数据库驱动程序。

JDBC(Java DataBase Connectivity)是Java平台核心类库的一部分,它由一组标准接口与类组成。用户经常使用JDBC完成以下3件事:

(1) 与指定的数据库建立连接。

(2) 向已连接的数据库发送SQL命令。

(3) 处理SQL命令返回的结果。

ODBC(Open DataBase Connectivity)是由Microsoft主导的数据库连接标准,提供了通用的数据库访问平台,但是使用ODBC连接数据库的应用程序移植性较差,因为应用程序所在的计算机必须提供ODBC,所以本章仅介绍了使用纯Java数据库驱动程序连接数据库。

使用纯Java数据库驱动程序连接数据库需要以下两个步骤:

(1) 注册纯Java数据库驱动程序。

(2) 和指定的数据库建立连接。

下面以 MySQL 8.0 为例讲解如何使用纯 Java 数据库驱动程序连接数据库。

❶ 注册纯 Java 数据库驱动程序

每种数据库都配有自己的纯 Java 数据库驱动程序，用户可以从官网“https://dev.mysql.com/downloads/connector/j/”下载 MySQL 的 Java 数据库驱动程序，本书采用的是 mysql-connector-java-8.0.29.jar。

为了连接 MySQL 数据库，需要将 mysql-connector-java-8.0.29.jar 文件复制到 Web 应用程序的/WEB-INF/lib 目录下。另外，本章程序使用到了 JSTL 标签，因此需要将 JSTL 标签的相关 JAR 包复制到 Web 应用程序的/WEB-INF/lib 目录下（参考第 9 章）。

然后通过 java.lang.Class 类的 forName()动态注册 MySQL 的纯 Java 驱动程序，代码如下：

```
try {
      Class.forName("com.mysql.cj.jdbc.Driver");
} catch (ClassNotFoundException e) {
      e.printStackTrace();
}
```

❷ 和指定的数据库建立连接

和 MySQL 数据库建立连接的代码如下：

```
try {
      Connection con = DriverManager.getConnection("jdbc:mysql://localhost:3306/数据库名?
useUnicode = true&characterEncoding = UTF - 8&allowMultiQueries = true&serverTimezone = GMT%
2B8","用户名","密码");
    } catch (SQLException e) {
          e.printStackTrace();
    }
```

MySQL 默认的端口号为 3306；“characterEncoding=UTF-8”用于解决中文字符乱码问题；用户名和密码是访问 MySQL 服务器所必需的用户信息。

为了方便测试程序，本章创建了 MySQL 数据库 test，并在 test 中创建数据表 goods，创建 goods 表的 SQL 语句如下：

```
DROP TABLE IF EXISTS `goods`;
CREATE TABLE `goods` (
  `id` int NOT NULL AUTO_INCREMENT,
  `gname` varchar(50) CHARACTER SET utf8mb3 COLLATE utf8_unicode_ci DEFAULT NULL,
  `gprice` double DEFAULT NULL,
  PRIMARY KEY (`id`)
) ENGINE = InnoDB DEFAULT CHARSET = utf8mb4 COLLATE = utf8mb4_bin;
```

【例 11-1】 创建 example11_1.jsp 页面，在该页面中使用纯 Java 数据库驱动程序连接数据库 test，并查询数据表 goods 中的数据，查询结果如图 11.1 所示。

图 11.1 example11_1.jsp 页面的运行效果

example11_1.jsp 的代码如下：

```
<%@ page language="java" contentType="text/html; charset=UTF-8" pageEncoding="UTF-8"%>
<%@ page import="java.sql.*"%>
<!DOCTYPE html>
<html>
<head>
<meta charset="UTF-8">
<title>访问 MySQL 数据库</title>
</head>
<body>
    <%
        Connection con = null;
        Statement st = null;
        ResultSet rs = null;
        //加载驱动
        try {
            Class.forName("com.mysql.cj.jdbc.Driver");
        } catch (ClassNotFoundException e) {
            e.printStackTrace();
        }
        try {
        //建立连接
      con = DriverManager.getConnection("jdbc:mysql://localhost:3306/test?useUnicode=
true&characterEncoding=UTF-8&allowMultiQueries=true&serverTimezone=GMT%2B8","root",
"root");
            st = con.createStatement();
            //发送查询 SQL 语句,返回结果集
            rs = st.executeQuery("select * from goods");
            while(rs.next()){
                out.print(rs.getString("id") + "  ");
                out.print(rs.getString("gname") + "  ");
                out.print(rs.getString("gprice") + "  ");
                out.print("<br>");
            }
        } catch (SQLException e) {
            e.printStackTrace();
        }finally{
            rs.close();
            st.close();
            con.close();
        }
    %>
</body>
</html>
```

由例 11-1 的代码可以看出访问数据库需要以下几个步骤：

1）导入 java.sql 包

java.sql 中包含了 Java 操作关系数据库的类和接口，因此在使用 JDBC 的程序中必须引入该包。

2）加载驱动程序

使用 Class 类（java.lang 包）中的 forName()方法来加载驱动程序的类定义 com.mysql.

cj.jdbc.Driver，从而创建了该驱动程序的一个实例。

3）连接数据库

在完成上述操作后就可以连接一个特定的数据库了，这需要创建 Connection 的一个实例，并使用 DriverManager 的 getConnection()方法来尝试连接指定的数据库。示例代码如下：

```
con = DriverManager.getConnection("jdbc:mysql://localhost:3306/test?useUnicode = true&characterEncoding
 = UTF - 8&allowMultiQueries = true&serverTimezone = GMT % 2B8","root","root");
```

4）访问数据库

首先用 Connection 的 createStatement()方法从指定的数据库连接得到一个 Statement 实例，然后该 Statement 实例调用 executeQuery()方法执行一条 SQL 语句。示例代码如下：

```
st = con.createStatement();
rs = st.executeQuery("select * from goods");
```

5）处理返回的结果集

ResultSet 对象是 JDBC 中比较重要的一个对象，几乎所有的查询操作都将数据作为 ResultSet 对象返回。处理结果集对象 ResultSet 的代码如下：

```
while(rs.next()){
      out.print(rs.getString("id") + "  ");
      out.print(rs.getString("gname") + "  ");
      out.print(rs.getString("gprice") + "  ");
      out.print("<br>");
}
```

6）关闭数据库连接，释放资源

在完成数据库的操作后要及时关闭 ResultSet 对象、Statement 对象和 Connection 对象，从而释放它们占用的资源。示例代码如下：

```
rs.close();
st.close();
con.close();
```

关闭的顺序依次为 ResultSet 对象、Statement 对象和 Connection 对象。

扫一扫

视频讲解

11.2 数据库操作

在与指定的数据库建立连接之后，就可以使用 JDBC 提供的 API 对数据库进行操作，包括查询、新增、更新、删除等操作。

11.2.1 查询操作

在与数据库建立连接之后，对数据库表进行查询操作的步骤如下：

❶ 创建 Statement 对象

由已创建的 Connection 对象 con 调用 createStatement()方法创建 Statement 对象，代码如下：

```
Statement smt = con.createStatement();
```

❷ 执行 SQL 查询语句

在创建 Statement 对象之后,可以使用 Statement 对象调用 executeQuery(String sql)方法执行 SQL 查询语句。该方法返回 ResultSet 对象,代表查询结果。

❸ 处理查询结果

ResultSet 对象是 executeQuery(String sql)方法的返回值,称为结果集,它代表符合 SQL 查询语句的所有行。

ResultSet 对象自动维护指向其当前数据行的游标。每调用一次 next()方法,游标都向下移动一行。最初它位于结果集的第一行之前,因此第一次调用 next()将把游标置于第一行上,使它成为当前行。随着每次调用 next(),游标向下移动一行,按照从上到下的顺序获取 ResultSet 行,实现顺序查询。

ResultSet 对象包含 SQL 查询语句的执行结果。它通过一套 get()方法对这些行中的数据进行访问,即使用 getXxx()方法获得数据。get()方法有很多,究竟用哪一个 getXxx()方法,由列的数据类型来决定。在使用 getXxx()方法时需要注意以下两点:

(1) 无论列是何种数据类型,总可以使用 getString(int columnIndex)或 getString(String columnName)方法获得列值的字符串表示。

(2) 在使用 getString(int columnIndex)方法查看一行记录时不允许颠倒顺序,例如不允许:

```
rs.getString(2);
rs.getString(1);
```

查询操作示例请参考例 11-1。

▶ 11.2.2　新增、更新与删除操作

在和数据库建立连接后,对数据库表进行新增、更新与删除操作的具体步骤如下:

❶ 创建 Statement 对象

Statement 对象的创建与查询操作一样,由已创建的 Connection 对象 con 调用 createStatement()方法创建。

❷ 执行 SQL 语句,完成新增、更新与删除操作

在创建 Statement 对象之后,可以使用 Statement 对象调用 executeUpdate(String sql)方法执行 SQL 语句,完成新增、更新与删除操作。

executeUpdate(String sql)方法主要用于执行 INSERT、UPDATE 或 DELETE 语句以及 SQL DDL 语句,例如 CREATE TABLE 和 DROP TABLE。该方法返回一个整数(代表被更新的行数),对于 CREATE TABLE 和 DROP TABLE 等不操作行的指令,返回 0。

【例 11-2】 编写两个 JSP 页面 addGoods.jsp 和 showAllGoods.jsp。用户可以在 addGoods.jsp 页面中输入信息,单击“添加”按钮把信息添加到 goods 表中。在 showAllGoods.jsp 页面中显示所有商品信息。在该例中需要编写一个 Servlet 类(GoodsServlet.java)来实现添加和查询记录的操作,还需要用实体类 Goods 封装查询的商品信息。页面的运行效果如图 11.2 所示。

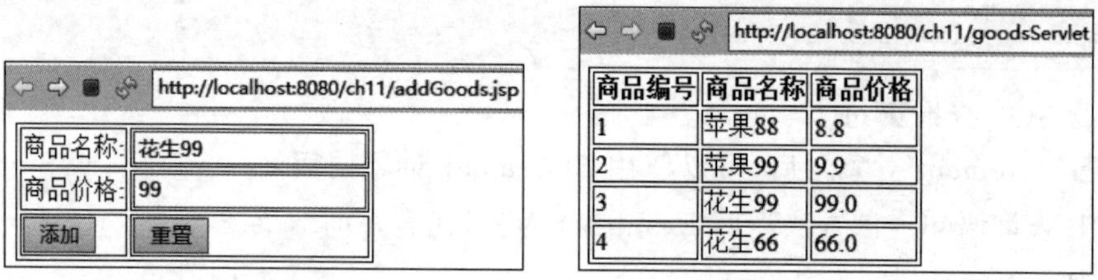

(a) 添加记录　　　　(b) 查询记录

图 11.2　例 11-2 的页面运行效果

addGoods.jsp 的代码如下：

```
<%@ page language = "java" contentType = "text/html; charset = UTF-8" pageEncoding = "UTF-8" %>
<!DOCTYPE html>
<html>
<head>
<meta charset = "UTF-8">
<title> Insert title here</title>
</head>
<body>
<form action = "goodsServlet" method = "post">
<table border = "1">
      <tr>
          <td>商品名称:</td>
          <td><input type = "text" name = "gname"/></td>
      </tr>
      <tr>
          <td>商品价格:</td>
          <td><input type = "text" name = "gprice"/></td>
      </tr>
      <tr>
          <td><input type = "submit" value = "添加"></td>
          <td><input type = "reset" value = "重置"></td>
      </tr>
</table>
</form>
</body>
</html>
```

实体类 Goods 的代码如下：

```
package entity;
public class Goods {
private int id;
private String gname;
private double gprice;
//此处省略了 setter 和 getter 方法
}
```

GoodsServlet.java 的代码如下：

```
package servlet;
import java.io.IOException;
import java.sql.Connection;
import java.sql.DriverManager;
```

```
import java.sql.ResultSet;
import java.sql.SQLException;
import java.sql.Statement;
import java.util.ArrayList;
import jakarta.servlet.RequestDispatcher;
import jakarta.servlet.ServletException;
import jakarta.servlet.annotation.WebServlet;
import jakarta.servlet.http.HttpServlet;
import jakarta.servlet.http.HttpServletRequest;
import jakarta.servlet.http.HttpServletResponse;
import entity.Goods;
@WebServlet("/goodsServlet")
public class GoodsServlet extends HttpServlet {
private static final long serialVersionUID = 1L;
protected void doGet (HttpServletRequest request, HttpServletResponse response) throws
ServletException, IOException {
        Connection con = null;
        Statement st = null;
        ResultSet rs = null;
        //将查询结果装到集合 ArrayList<Goods>中,并返回页面显示
        ArrayList<Goods> allGoods = null;
        //加载驱动
        try {
            Class.forName("com.mysql.cj.jdbc.Driver");
        } catch (ClassNotFoundException e) {
            e.printStackTrace();
        }
        try {
            //建立连接
con = DriverManager.getConnection ( "jdbc:mysql://localhost:3306/test?useUnicode =
true&characterEncoding = UTF - 8&allowMultiQueries = true&serverTimezone = GMT%2B8","root",
"root");
            st = con.createStatement();
            //发送添加 SQL 语句,实现添加的功能
            st.executeUpdate("insert into goods values(null,'" + request.getParameter("gname") +
"','" + request.getParameter("gprice") + ")");
            //发送查询 SQL 语句,返回结果集
            rs = st.executeQuery("select * from goods");
            //将查询结果装到集合 ArrayList<Goods>中
            allGoods = new ArrayList<Goods>();
            while(rs.next()){
                    Goods g = new Goods();
                    g.setId(rs.getInt(1));
                    g.setGname(rs.getString(2));
                    g.setGprice(rs.getDouble(3));
                    allGoods.add(g);
            }
            rs.close();
            st.close();
            con.close();
          } catch (SQLException e) {
            e.printStackTrace();
          }
          //存到 request 对象,以便在 showAllGoods.jsp 页面中显示
          request.setAttribute("allGoods", allGoods);
```

```
        //跳转到 showAllGoods.jsp 显示商品
        RequestDispatcher dis = request.getRequestDispatcher("showAllGoods.jsp");
        dis.forward(request, response);
    }
    protected void doPost ( HttpServletRequest request, HttpServletResponse response ) throws
    ServletException, IOException {
        doGet(request, response);
    }
    }
```

showAllGoods.jsp 的代码如下：

```
<%@ page language="java" contentType="text/html; charset=UTF-8" pageEncoding="UTF-8" %>
<%@ taglib prefix="c" uri="http://java.sun.com/jsp/jstl/core" %>
<!DOCTYPE html>
<html>
<head>
<meta charset="UTF-8">
<title>Insert title here</title>
</head>
<body>
<table border="1">
        <tr>
            <th>商品编号</th>
            <th>商品名称</th>
            <th>商品价格</th>
        </tr>
<c:forEach items=" ${allGoods }" var="goods">
        <tr>
            <td>${goods.id}</td>
            <td>${goods.gname}</td>
            <td>${goods.gprice}</td>
        </tr>
</c:forEach>
</table>
</body>
</html>
```

▶ 11.2.3 实践环节——使用 Statement 语句实现多条件查询

编写两个 JSP 页面 inputQuery.jsp 和 showGoods.jsp。用户可以在 inputQuery.jsp 页面中输入查询条件，单击“查询”按钮后，在 showGoods.jsp 页面中显示符合查询条件的商品信息。这里需要编写一个 Servlet 类 SelectGoodsServlet 实现条件查询功能，另外需要使用例 11-2 中的实体类 Goods。页面的运行效果如图 11.3 所示。

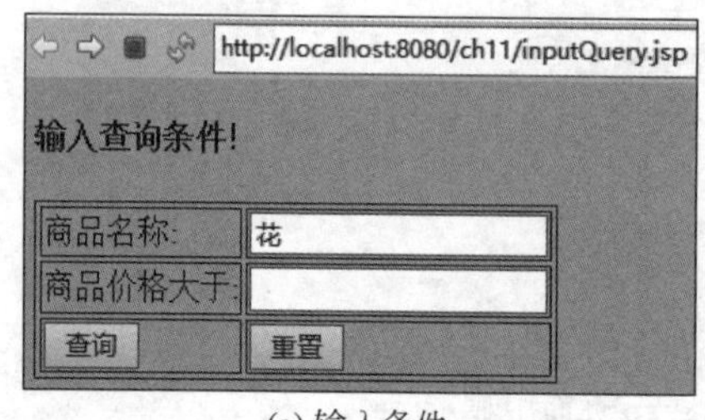

(a) 输入条件

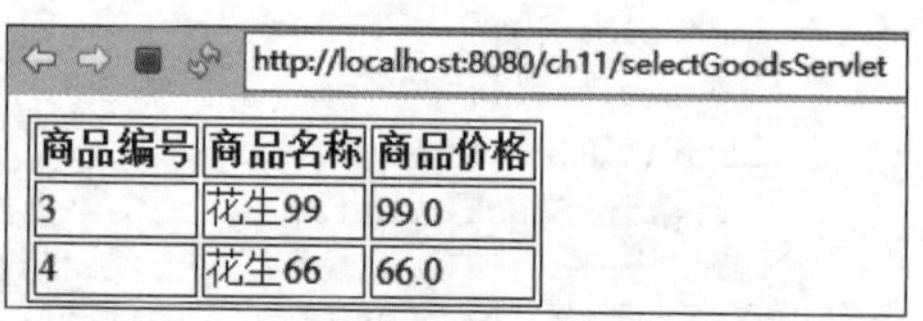

(b) 符合条件的记录

图 11.3 使用 Statement 语句实现多条件查询

11.3　游动查询

有时需要让结果集的游标前后移动，这时可以使用滚动结果集。为了获得滚动结果集，必须先用下面的方法得到一个 Statement 对象：

```
Statement st = con.createStatement(int type, int concurrency);
```

这样根据 type 和 concurrency 的取值，当执行 ResultSet rs = st.executeQuery(String sql)时会返回不同类型的结果集。

type 的取值决定滚动方式，它的取值如下。

(1) ResultSet.TYPE_FORWORD_ONLY：表示结果集只能向下滚动。

(2) ResultSet.TYPE_SCROLL_INSENSITIVE：表示结果集可以上下滚动，当数据库变化时结果集不变。

(3) ResultSet.TYPE_SCROLL_SENSITIVE：表示结果集可以上下滚动，当数据库变化时结果集同步改变。

Concurrency 的取值表示是否可以用结果集更新数据库，它的取值如下。

(1) ResultSet.CONCUR_READ_ONLY：表示不能用结果集更新数据库表。

(2) ResultSet.CONCUR_UPDATETABLE：表示能用结果集更新数据库表。

游动查询经常用到 ResultSet 的如下方法。

(1) public boolean absolute(int row)：将游标移到参数 row 指定的行。如果 row 取负值，则是倒数的行，例如－1 表示最后一行。当移到最后一行之后或第一行之前时，该方法返回 false。

(2) public void afterLast()：将游标移到结果集的最后一行之后。

(3) public void beforeFirst()：将游标移到结果集的第一行之前。

(4) public void first()：将游标移到结果集的第一行。

(5) public int getRow()：得到当前游标所指定的行号，如果没有行，则返回 0。

(6) public boolean isAfterLast()：判断游标是否在结果集的最后一行之后。

(7) public boolean isBeforeFirst()：判断游标是否在结果集的第一行之前。

(8) public void last()：将游标移到结果集的最后一行。

(9) public boolean previous()：将游标向上移动(和 next 方法相反)，当移到结果集的第一行之前时返回 false。

【例 11-3】 编写一个 Servlet(MoveSelectServlet.java)，在 Servlet 中查询 goods 表中的记录，并在 showMoveGoods.jsp 页面中逆序显示偶数行的记录。在本例中需要使用例 11-2 中的实体类 Goods，但需要为 Goods 添加一个属性 rowno 封装行号。首先运行 Servlet，页面运行的效果如图 11.4 所示。

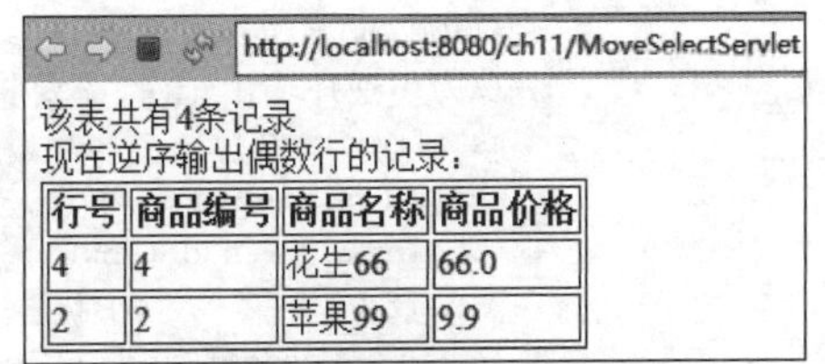

图 11.4　逆序输出偶数行的记录

MoveSelectServlet.java 的代码如下：

```
package servlet;
import java.io.IOException;
```

```
import java.sql.Connection;
import java.sql.DriverManager;
import java.sql.ResultSet;
import java.sql.SQLException;
import java.sql.Statement;
import java.util.ArrayList;
import jakarta.servlet.RequestDispatcher;
import jakarta.servlet.ServletException;
import jakarta.servlet.annotation.WebServlet;
import jakarta.servlet.http.HttpServlet;
import jakarta.servlet.http.HttpServletRequest;
import jakarta.servlet.http.HttpServletResponse;
import entity.Goods;
@WebServlet("/MoveSelectServlet")
public class MoveSelectServlet extends HttpServlet {
    private static final long serialVersionUID = 1L;
    protected void doGet(HttpServletRequest request, HttpServletResponse response) throws
ServletException, IOException {
        Connection con = null;
        Statement st = null;
        ResultSet rs = null;
        //将查询结果装到集合ArrayList<Goods>中,并返回页面显示
        ArrayList<Goods> allGoods = null;
        //加载驱动
        try {
            Class.forName("com.mysql.cj.jdbc.Driver");
        } catch (ClassNotFoundException e) {
            e.printStackTrace();
        }
        try {
            //建立连接
con = DriverManager.getConnection("jdbc:mysql://localhost:3306/test?useUnicode=
true&characterEncoding=UTF-8&allowMultiQueries=true&serverTimezone=GMT%2B8","root","root");
            st = con.createStatement(ResultSet.TYPE_SCROLL_SENSITIVE,
                    ResultSet.CONCUR_READ_ONLY);
            //发送查询SQL语句,返回结果集
            rs = st.executeQuery("select * from goods");
            //将游标移到最后一行
            rs.last();
            //获取最后一行的行号
            int lownumber = rs.getRow();
            //存到request对象,以便在showMoveGoods.jsp页面中显示
            request.setAttribute("lownumber", lownumber);
            //将查询结果装到集合ArrayList<Goods>中
            allGoods = new ArrayList<Goods>();
            //为了逆序输出记录,需要将游标移到最后一行之后
            rs.afterLast();
            while (rs.previous()) {
                int i = rs.getRow();
                if (i % 2 == 0) {
                    Goods g = new Goods();
                    g.setRowno(i);
                    g.setId(rs.getInt(1));
                    g.setGname(rs.getString(2));
                    g.setGprice(rs.getDouble(3));
```

```
                    allGoods.add(g);
                }
            }
            rs.close();
            st.close();
            con.close();
        } catch (SQLException e) {
            e.printStackTrace();
        }
        //存到 request 对象,以便在 showMoveGoods.jsp 页面中显示
        request.setAttribute("allGoods", allGoods);
        //跳转到 showMoveGoods.jsp 显示商品
        RequestDispatcher dis = request.getRequestDispatcher("showMoveGoods.jsp");
        dis.forward(request, response);
    }
    protected void doPost(HttpServletRequest request, HttpServletResponse response) throws
ServletException, IOException {
        doGet(request, response);
    }
}
```

showMoveGoods.jsp 的代码如下：

```
<%@ page language="java" contentType="text/html; charset=UTF-8" pageEncoding="UTF-8"%>
<%@ taglib prefix="c" uri="http://java.sun.com/jsp/jstl/core"%>
<!DOCTYPE html>
<html>
<head>
<meta charset="UTF-8">
<title>Insert title here</title>
</head>
<body>
    该表共有 ${lownumber }条记录<br>
    现在逆序输出偶数行的记录:<br>
    <table border="1">
        <tr>
            <th>行号</th>
            <th>商品编号</th>
            <th>商品名称</th>
            <th>商品价格</th>
        </tr>
    <c:forEach items=" ${allGoods}" var="goods">
        <tr>
            <td>${goods.rowno}</td>
            <td>${goods.id}</td>
            <td>${goods.gname}</td>
            <td>${goods.gprice}</td>
        </tr>
    </c:forEach>
     </table>
</body>
</html>
```

扫一扫

视频讲解

11.4 使用连接池

与数据库建立连接需要耗费资源,每次都得耗费一定的时间,进行一次或几次数据库连接,系统的开销并不明显,但是对于大型电子商务网站,同时有成千上万个人频繁地进行数据库连接,势必会占用很多系统资源,网站的响应速度必定会下降,严重时甚至会造成服务器崩溃,因此合理地建立数据库连接是非常重要的。

数据库连接池的基本思想是为数据库连接建立一个"缓冲池"。预先在"缓冲池"中放入一定数量的连接,当需要建立数据库连接时,只需要从"缓冲池"中取出一个,使用完毕之后再放回去。用户可以通过设定连接池最大连接数来防止系统无限度地与数据库连接,更为重要的是通过连接池的管理机制监视数据库连接的数量及使用情况,为系统开发、测试和性能调整提供依据。其工作原理如图 11.5 所示。

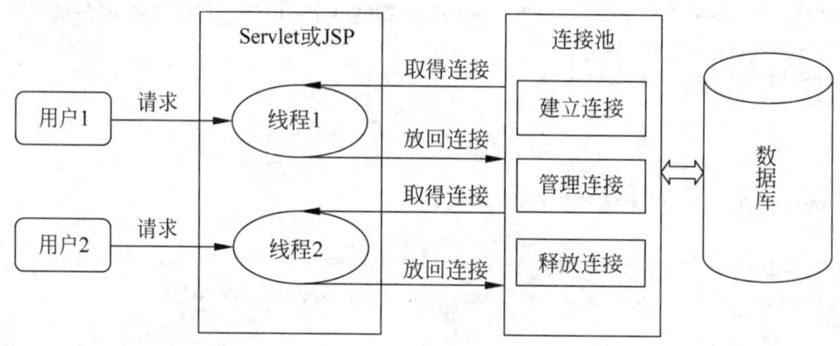

图 11.5 连接池的原理

在第一次访问连接池时需要耗费一定的时间,这是因为在第一次访问时连接池中没有可用的连接,但是在第二次访问时连接池中就有了一些可用的连接,用户可以直接从连接池中获得连接来访问数据库。

【例 11-4】 编写一个 JSP 页面 conPool.jsp,在该页面中使用 scope 为 application 的 Bean(由 ConnectionPool 负责创建)。该 Bean 在创建时将建立一定数量的连接对象,所有的用户将共享这些连接对象。在 JSP 页面中使用 Bean 获得一个连接对象,然后使用该连接对象访问数据库中的 goods 表(查询出商品价格超过 50 的商品)。页面的运行效果如图 11.6 所示。

http://localhost:8080/ch11/conPool.jsp

商品编号	商品名称	商品价格
3	花生99	99
4	花生66	66

图 11.6 使用连接池连接数据库

ConnectionPool.java 的代码如下:

```
package bean;
import java.sql.*;
import java.util.ArrayList;
public class ConnectionPool {
//存放 Connection 对象的数组,数组被看成连接池
ArrayList<Connection> list = new ArrayList<Connection>();
//构造方法,创建 15 个连接对象,放到连接池中
public ConnectionPool() {
     try {
          Class.forName("com.mysql.cj.jdbc.Driver");
```

```
        } catch (ClassNotFoundException e) {
            e.printStackTrace();
        }
        for (int i = 0; i < 15; i++) {
            try {
    Connection con = DriverManager.getConnection("jdbc:mysql://localhost:3306/test?useUnicode =
    true&characterEncoding = UTF - 8&allowMultiQueries = true&serverTimezone = GMT%2B8","root","root");
                list.add(con);
            } catch (SQLException e) {
                //TODO Auto-generated catch block
```

```
n() {
```

```
回该元素中的连接对象
```

```
ection con) {
```

```
text/html; charset = UTF - 8" pageEncoding = "UTF - 8" %>
```

```
ConnectionPool" scope = "application"/>
```

```
            //使用 conpool 对象调用 getOneCon()方法从连接池中获得一个连接对象
            con = conpool.getOneCon();
            if (con == null) {
                out.print("人数过多,稍后访问");
                return;
            }
            st = con.createStatement();
```

```
                rs = st.executeQuery("select * from goods where gprice > 50");
                out.print("<table border = 1>");
                out.print("<tr>");
                out.print("<th>商品编号</th>");
                out.print("<th>商品名称</th>");
                out.print("<th>商品价格</th>");
                out.print("</tr>");
                while (rs.next()) {
                        out.print("<tr>");
                        out.print("<td>" + rs.getString(1) + "</td>");
                        out.print("<td>" + rs.getString(2) + "</td>");
                        out.print("<td>" + rs.getString(3) + "</td>");
                        out.print("</tr>");
                }
                out.print("</table>");
        } catch (SQLException e) {
                e.printStackTrace();
        } finally {
                try {
                        if (rs != null) {
                                rs.close();
                        }
                        if (st != null) {
                                st.close();
                        }
                        if (con != null) {
                                //使用 conpool 对象调用 releaseCon()方法把连接对象放回连接池中
                                conpool.releaseCon(con);
                        }
                } catch (SQLException e) {
                        e.printStackTrace();
                }
        }
%>
</body>
</html>
```

11.5 其他典型数据库的连接

使用纯 Java 数据库驱动程序连接不同类型数据库的流程和框架是基本相同的，需要重点关注连接各数据库时驱动程序加载部分的代码和连接部分的代码。本节介绍通过加载纯 Java 数据库驱动程序连接 SQL Server 和 Oracle。

11.5.1 连接 SQL Server 数据库

连接 SQL Server 数据库的步骤如下：

❶ 获取纯 Java 数据库驱动程序

Microsoft JDBC Driver for SQL Server 是一个 Type 4 JDBC 驱动程序，它通过 Java 平台中可用的标准 JDBC 应用程序编程接口提供数据库连接。所有用户都可以免费下载驱动程序。通过这些程序，用户可以从任何 Java 应用程序、应用程序服务器或支持 Java 的小程序访问 SQL Server。

用户可以登录微软的官方网站 https://learn.microsoft.com/zh-cn/sql/connect/jdbc/下载 Microsoft JDBC Driver for SQL Server(本书下载的是 sqljdbc_11.2.1.0_chs.zip)，解压后得到多个 mssql-jdbc-11.2.1.jreX.jar(对应 Java X)文件，然后根据 Java 版本将对应的 JAR 文件复制到 Web 应用程序的/WEB-INF/lib 目录下。

❷ 加载驱动程序

加载驱动程序的代码如下：

```
Class.forName("com.microsoft.sqlserver.jdbc.SQLServerDriver");
```

❸ 建立连接

建立连接的代码如下：

```
Connection con = DriverManager.getConnection(url);
```

url 为连接地址，根据实际情况具体示例如下。

(1) 使用用户名和密码连接到本地计算机上的默认数据库：

```
String url = "jdbc:sqlserver://localhost;encrypt = true;user = MyUserName;password = *****";
```

(2) 使用集成身份验证连接到本地计算机上的默认数据库：

```
String url = "jdbc:sqlserver://localhost;encrypt = true;integratedSecurity = true";
```

(3) 连接到远程服务器上的指定数据库：

```
String url = "jdbc:sqlserver://localhost;encrypt = true;databaseName = AdventureWorks;
integratedSecurity = true";
```

(4) 连接到远程服务器上的默认端口：

```
String url = "jdbc:sqlserver://localhost:1433;encrypt = true;databaseName = AdventureWorks;
integratedSecurity = true";
```

(5) 通过自定义应用程序名称进行连接：

```
String url = "jdbc:sqlserver://localhost;encrypt = true;databaseName = AdventureWorks;
integratedSecurity = true;applicationName = MyApp";
```

11.5.2　连接 Oracle 数据库

连接 Oracle 数据库的步骤如下：

❶ 获取纯 Java 数据库驱动程序

这里以 Oracle19c 为例，Oracle19c 的纯 Java 驱动程序一般位于数据库安装包解压后的目录"\jdbc\lib"下，名为 ojdbc8.jar。为了连接 Oracle19c 数据库，可以将 ojdbc8.jar 文件复制到 Web 应用程序的/WEB-INF/lib 目录下。

❷ 加载驱动程序

加载驱动程序的代码如下：

```
Class.forName("oracle.jdbc.driver.OracleDriver");
```

❸ 建立连接

建立连接的代码如下：

```
Connection con = DriverManager.getConnection("jdbc:oracle:thin:@主机:端口号:数据库名","用户名","密码");
```

其中,主机是安装 Oracle 服务器的 IP 地址,如果是本机,则为"localhost";Oracle 默认的端口号为 1521;Oracle 默认的数据库名为 orcl;用户名和密码设定了有权访问 Oracle 服务器的用户。

注意:应用程序在连接 Oracle 数据库时必须事先启动 Oracle 服务器的 OracleServiceORCL 和 OracleOraDB19Home1TNSListener 服务,否则会抛出连接异常。

扫一扫

视频讲解

11.6 使用 PreparedStatement 语句访问数据库

和 Statement 语句一样,PreparedStatement 语句也可以完成向数据库发送 SQL 语句,获取数据库操作结果的功能。PreparedStatement 语句被人们习惯地称为预处理语句。

▶ 11.6.1 预处理语句的优点

Statement 对象每次在执行 SQL 语句时都将该语句传送给数据库,然后数据库解释器负责将 SQL 语句转换成内部命令,并执行该命令,完成相应的数据库操作。这种机制,在每次向数据库发送一条 SQL 语句时都要先转换成内部命令,如果不断地执行程序,就会加重解释器的负担,影响执行的速度,而 PreparedStatement 对象将 SQL 语句传送给数据库进行预编译,当以后需要执行同一条语句时不再需要重新编译,直接执行就可以了,这样大大提高了数据库的执行速度。

▶ 11.6.2 使用通配符

用户可以使用 Connection 对象 con 调用 prepareStatement(String sql)方法对参数 sql 指定的 SQL 语句进行预编译,生成数据库的底层命令,并将该命令封装在 PreparedStatement 对象中。对于 SQL 语句中变动的部分,可以使用通配符"?"代替。例如:

```
PreparedStatement ps = con.prepareStatement("insert into goodsInfo values(?,?,?,?)";
```

然后使用对应的 setXxx(int parameterIndex, xxx value)方法设置"?"代替的值,其中参数 parameterIndex 用来表示 SQL 语句中从左到右的第 parameterIndex 个通配符,value 代表该通配符所代替的具体值。例如:

```
ps.setInt(1,9);
ps.setString(2, "手机");
ps.setDouble(3, 1900.8);
ps.setString(4, "通信");
```

若要让 SQL 语句的执行生效,需使用 PreparedStatement 对象 ps 调用 executeUpdate()方法。如果是查询,ps 将调用 executeQuery()方法,并返回 ResultSet 对象。

在 Statement 对象执行 executeQuery(String sql)、executeUpdate(String sql)等方法时,如果 SQL 语句的有些部分是动态数据,必须使用"+"连字符组成完整的 SQL 语句,十分不便。例如,例 11-2 在添加商品时必须按照如下方式组成 SQL 语句:

```
st.executeUpdate("insert into goods values(null,'" + request.getParameter("gname") + "'," +
request.getParameter("gprice") + ")");
```

使用预处理语句不仅提高了数据库的访问效率，而且方便了程序的编写。预处理语句对象在调用 executeUpdate()和 executeQuery()方法时不需要传递参数。例如：

```
int i = ps.executeUpdate();
```

或

```
ResultSet rs = ps.executeQuery();
```

【例 11-5】 将例 11-2 修改为使用 PreparedStatement 语句实现。

在本例中只需要修改 Servlet 即可，Servlet 修改后的代码如下：

```
package servlet;
import java.io.IOException;
import java.sql.Connection;
import java.sql.DriverManager;
import java.sql.ResultSet;
import java.sql.SQLException;
import java.sql.PreparedStatement;
import java.util.ArrayList;
import jakarta.servlet.RequestDispatcher;
import jakarta.servlet.ServletException;
import jakarta.servlet.annotation.WebServlet;
import jakarta.servlet.http.HttpServlet;
import jakarta.servlet.http.HttpServletRequest;
import jakarta.servlet.http.HttpServletResponse;
import entity.Goods;
@WebServlet("/goodsServlet")
public class GoodsServlet extends HttpServlet {
    private static final long serialVersionUID = 1L;
    protected void doGet(HttpServletRequest request, HttpServletResponse response) throws
ServletException, IOException {
        Connection con = null;
        PreparedStatement ps = null;
        ResultSet rs = null;
        //将查询结果装到集合 ArrayList<Goods>中，并返回页面显示
        ArrayList<Goods> allGoods = null;
        //加载驱动
        try {
            Class.forName("com.mysql.cj.jdbc.Driver");
        } catch (ClassNotFoundException e) {
            e.printStackTrace();
        }
        try {
            //建立连接
    con = DriverManager.getConnection("jdbc:mysql://localhost:3306/test?useUnicode=
true&characterEncoding=UTF-8&allowMultiQueries=true&serverTimezone=GMT%2B8","root","root");
            //预处理
            ps = con.prepareStatement("insert into goods values(null,?,?)");
            //发送添加 SQL 语句，实现添加的功能
            ps.setString(1, request.getParameter("gname"));
            ps.setString(2, request.getParameter("gprice"));
            ps.executeUpdate();
            //预处理
            ps = con.prepareStatement("select * from goods ");
```

```
            //发送查询 SQL 语句,返回结果集
            rs = ps.executeQuery();
            //将查询结果装到集合 ArrayList<Goods>中
            allGoods = new ArrayList<Goods>();
            while(rs.next()){
                Goods g = new Goods();
                g.setId(rs.getInt(1));
                g.setGname(rs.getString(2));
                g.setGprice(rs.getDouble(3));
                allGoods.add(g);
            }
            rs.close();
            ps.close();
            con.close();
        } catch (SQLException e) {
            e.printStackTrace();
        }
        //存到 request 对象,以便在 showAllGoods.jsp 页面中显示
        request.setAttribute("allGoods", allGoods);
        //跳转到 showAllGoods.jsp 显示商品
        RequestDispatcher dis = request.getRequestDispatcher("showAllGoods.jsp");
        dis.forward(request, response);
    }
    protected void doPost(HttpServletRequest request, HttpServletResponse response) throws
ServletException, IOException {
        doGet(request, response);
    }
}
```

▶ 11.6.3　实践环节——使用 PreparedStatement 语句实现多条件查询

将 11.2.3 节的实践环节内容改为使用 PreparedStatement 语句实现。

扫一扫

视频讲解

11.7　分页查询

分页查询一般有两种实现方式：一次查询出所有数据，在页面中进行分页显示；每页查询一次，每次只查询本页显示的数据。本节采用第 2 种方式实现分页查询。下面通过一个实例介绍分页查询。

【例 11-6】　编写一个 Servlet 类 SelectGoodsByPageServlet，在该 Servlet 类中实现分页查询 goods 表中数据的功能，假设每页显示 3 条数据，另外需要编写一个显示数据的页面 showGoodsByPage.jsp。

其实现步骤如下：

❶ 编写 SelectGoodsByPageServlet 类

在 servlet 包中创建 SelectGoodsByPageServlet 类，在该类实现分页查询。首先获得查询数据总条数 totalCount，然后根据 totalCount 计算总页数 totalPage，最后计算起始位置 startIndex，具体代码如下：

```
package servlet;
import java.io.IOException;
```

```
import java.sql.Connection;
import java.sql.DriverManager;
import java.sql.PreparedStatement;
import java.sql.ResultSet;
import java.sql.SQLException;
import java.sql.Statement;
import java.util.ArrayList;
import jakarta.servlet.RequestDispatcher;
import jakarta.servlet.ServletException;
import jakarta.servlet.annotation.WebServlet;
import jakarta.servlet.http.HttpServlet;
import jakarta.servlet.http.HttpServletRequest;
import jakarta.servlet.http.HttpServletResponse;
import entity.Goods;
@WebServlet("/selectGoodsByPageServlet")
public class SelectGoodsByPageServlet extends HttpServlet {
    private static final long serialVersionUID = 1L;
    protected void doGet(HttpServletRequest request, HttpServletResponse response) throws
ServletException, IOException {
        Connection con = null;
        PreparedStatement ps = null;
        ResultSet rs = null;
        //将查询结果装到集合 ArrayList<Goods>中,并返回页面显示
        ArrayList<Goods> allGoods = null;
        //加载驱动
        try {
            Class.forName("com.mysql.cj.jdbc.Driver");
        } catch (ClassNotFoundException e) {
            e.printStackTrace();
        }
        try {
            //建立连接
con = DriverManager.getConnection("jdbc:mysql://localhost:3306/test?useUnicode=
true&characterEncoding=UTF-8&allowMultiQueries=true&serverTimezone=GMT%2B8","root","root");
            Statement stmt = con.createStatement(ResultSet.TYPE_SCROLL_INSENSITIVE,
ResultSet.CONCUR_READ_ONLY);
            rs = stmt.executeQuery("select * from goods");
            rs.last();                                        //移到最后一行
            int totalCount = rs.getRow();                     //分页查询数据总条数
            int totalPage = 0;
            if (totalCount == 0) {
                totalPage = 0;                                //总页数
            } else {
                //返回大于或等于指定表达式的最小整数
                totalPage = (int) Math.ceil((double) totalCount/3);
            }
            String pageCur11 = request.getParameter("pageCur"); //获得当前页码
            if (pageCur11 == null) {                          //首页面
                pageCur11 = "1";
            }
            int pageCur = Integer.parseInt(pageCur11);
            if ((pageCur - 1) * 3 > totalCount) {
                pageCur = pageCur - 1;
            }
            int startIndex = (pageCur - 1) * 3;               //起始位置
```

```
            int perPageSize = 3;                    //每页3个
            //预处理
            ps = con.prepareStatement("select * from goods limit ?, ?");
            ps.setInt(1, startIndex);
            ps.setInt(2, perPageSize);
            //发送查询SQL语句,返回结果集
            rs = ps.executeQuery();
            //将查询结果装到集合ArrayList<Goods>中
            allGoods = new ArrayList<Goods>();
            while(rs.next()){
                Goods g = new Goods();
                g.setId(rs.getInt(1));
                g.setGname(rs.getString(2));
                g.setGprice(rs.getDouble(3));
                allGoods.add(g);
            }
            //存到request对象,以便在showAllGoods.jsp页面中显示
            request.setAttribute("allGoods", allGoods);
            request.setAttribute("totalCount", totalCount);
            request.setAttribute("totalPage", totalPage);
            request.setAttribute("pageCur", pageCur);
            rs.close();
            ps.close();
            con.close();
        } catch (SQLException e) {
            e.printStackTrace();
        }
        //跳转到showAllGoods.jsp页面显示商品
        RequestDispatcher dis = request.getRequestDispatcher("showGoodsByPage.jsp");
        dis.forward(request, response);
    }
    protected void doPost(HttpServletRequest request, HttpServletResponse response) throws
ServletException, IOException {
        doGet(request, response);
    }
}
```

❷ 编写showGoodsByPage.jsp页面

编写showGoodsByPage.jsp页面,分页显示goods表中的数据,具体代码如下:

```
<%@ page language="java" contentType="text/html; charset=UTF-8" pageEncoding="UTF-8"%>
<%@ taglib prefix="c" uri="http://java.sun.com/jsp/jstl/core"%>
<!DOCTYPE html>
<html>
<head>
<meta charset="UTF-8">
<title>Insert title here</title>
</head>
<body>
    <table border="1">
        <tr>
            <th>商品编号</th>
            <th>商品名称</th>
            <th>商品价格</th>
        </tr>
```

```
    <c:forEach items = " ${allGoods}" var = "goods">
        <tr>
            <td>${goods.id}</td>
            <td>${goods.gname}</td>
            <td>${goods.gprice}</td>
        </tr>
    </c:forEach>
        <tr>
            <td colspan = "3" align = "right">
                   
           共${totalCount}条记录   共${totalPage}页   
                第${pageCur}页   
                <c:url var = "url_pre" value = "selectGoodsByPageServlet">
                    <c:param name = "pageCur" value = " ${pageCur - 1}"/>
                </c:url>
                <c:url var = "url_next" value = "selectGoodsByPageServlet">
                    <c:param name = "pageCur" value = " ${pageCur + 1}"/>
                </c:url>
                <!-- 第一页没有上一页 -->
                <c:if test = " ${pageCur != 1}">
                    <a href = " ${url_pre}">上一页</a>     
                </c:if>
                <!-- 最后一页没有下一页 -->
                <c:if test = " ${pageCur != totalPage && totalPage != 0}">
                    <a href = " ${url_next}">下一页</a>
                </c:if>
            </td>
        </tr>
    </table>
</body>
</html>
```

❸ 测试分页

重启 Tomcat 服务器，通过地址"http://localhost:8080/ch11/selectGoodsByPageServlet"测试分页，运行结果如图 11.7 所示。

单击图 11.7 中的"下一页"超链接将显示如图 11.8 所示的结果。

http://localhost:8080/ch11/selectGoodsByPageServlet

商品编号	商品名称	商品价格
1	苹果88	8.8
2	苹果99	9.9
3	花生99	99.0
共9条记录 共3页 第1页 下一页		

图 11.7 分页查询

http://localhost:8080/ch11/selectGoodsByPageServlet?pageCur=2

商品编号	商品名称	商品价格
4	花生66	66.0
5	花生100	100.0
6	花生101	101.0
共9条记录 共3页 第2页 上一页 下一页		

图 11.8 分页查询

11.8 Excel 与数据库互访

扫一扫

视频讲解

Java 读写 Excel 文件有两种途径：一种是使用 POI(Apache POI)方式，另一种是使用 jExcelAPI(即 JXL)方式。POI 是 Apache 公司的一个子项目，主要提供一组操作 Windows 文档的 Java API。JXL 是一个开放源代码项目，通过它 Java 开发人员可以读写 Excel 文件、更新已经存在的 Excel 文件。

目前 JXL 方式只能处理 Excel 2007 之前的版本，即 XLS 文件；而 POI 方式可以处理 XLS 和 XLSX 文件。本节使用 POI 方式读写 Excel 文件。

用户可以从官网 http://poi.apache.org/download.html 下载 POI 的 JAR 包。本书下载的是 poi-bin-3.17-20170915.tar.gz 版本，解压后目录如图 11.9 所示。

在读写 XLS 格式时需要导入 poi-3.17.jar，在读写 XLSX 格式时还需要导入 poi-ooxml-3.17.jar 和 poi-ooxml-schemas-3.17.jar。在操作 Word、PPT、Visio、Outlook 等文档时需要导入 poi-scratchpad-3.17.jar。除了需要导入这些 JAR 包以外，还需要将它们的依赖包导入，即将 lib 和 ooxml-lib 目录下的 JAR 包导入，因此 ch11 需要导入的 JAR 包如图 11.10 所示。

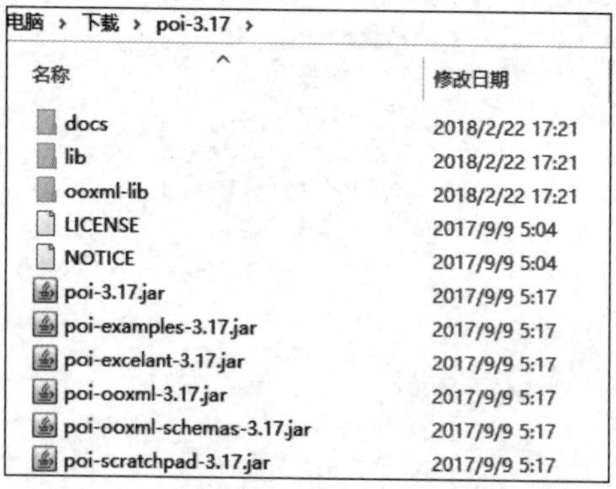

电脑 › 下载 › poi-3.17 ›

名称	修改日期
docs	2018/2/22 17:21
lib	2018/2/22 17:21
ooxml-lib	2018/2/22 17:21
LICENSE	2017/9/9 5:04
NOTICE	2017/9/9 5:04
poi-3.17.jar	2017/9/9 5:17
poi-examples-3.17.jar	2017/9/9 5:17
poi-excelant-3.17.jar	2017/9/9 5:17
poi-ooxml-3.17.jar	2017/9/9 5:17
poi-ooxml-schemas-3.17.jar	2017/9/9 5:17
poi-scratchpad-3.17.jar	2017/9/9 5:17

图 11.9　poi-3.17 目录

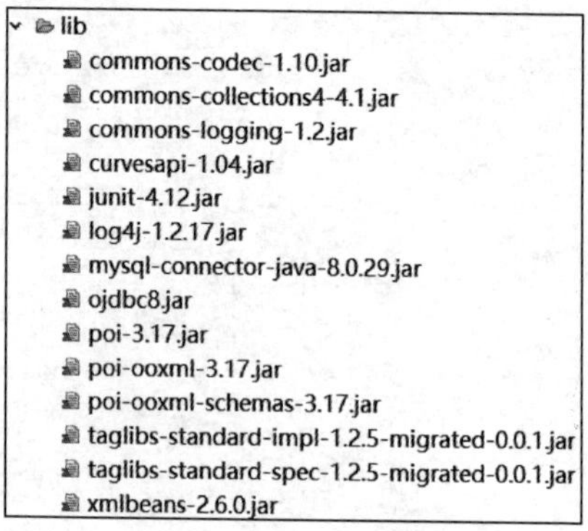

lib
- commons-codec-1.10.jar
- commons-collections4-4.1.jar
- commons-logging-1.2.jar
- curvesapi-1.04.jar
- junit-4.12.jar
- log4j-1.2.17.jar
- mysql-connector-java-8.0.29.jar
- ojdbc8.jar
- poi-3.17.jar
- poi-ooxml-3.17.jar
- poi-ooxml-schemas-3.17.jar
- taglibs-standard-impl-1.2.5-migrated-0.0.1.jar
- taglibs-standard-spec-1.2.5-migrated-0.0.1.jar
- xmlbeans-2.6.0.jar

图 11.10　导入的 JAR 包

▶ 11.8.1　向数据库导入 Excel

下面通过实例讲解如何将 Excel 文件内容导入数据库的数据表中。该实例的功能需求是将 Excel 文件中的商品信息导入数据表 goods 中，具体步骤如下：

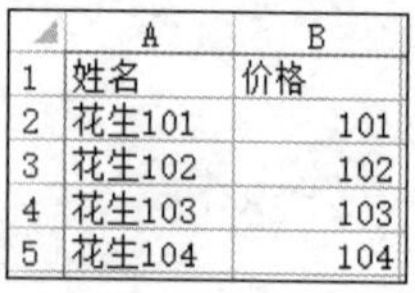

	A	B
1	姓名	价格
2	花生101	101
3	花生102	102
4	花生103	103
5	花生104	104

图 11.11　被导入的文件内容

❶ 创建 Excel 文件

分别创建 goods.xls 和 goods.xlsx 文件，文件内容如图 11.11 所示。

❷ 创建选择文件页面

创建选择文件页面 inputFile.jsp，具体代码如下：

```
<%@ page language="java" contentType="text/html; charset=UTF-8" pageEncoding="UTF-8" %>
<!DOCTYPE html>
<html>
<head>
<meta charset="UTF-8">
<title>从 Excel 导入数据库</title>
</head>
<body>
    选择导入的 Excel 文件:
    <form action="readExcelFileServlet" method="post">
        <input type="file" name="filePath">
        <input type="submit" value="导入">
    </form>
</body>
</html>
```

❸ 创建 Servlet

在 servlet 包中创建一个 Servlet 类 ReadExcelFileServlet，在 Servlet 类中首先使用工具类 ReadExcelFile 将 Excel 文件内容读取到 List<Goods>中，然后将 List<Goods>中的数据批量添加到数据表 goods 中。

ReadExcelFileServlet 的代码如下：

```
package servlet;
import java.io.File;
import java.io.IOException;
import java.io.PrintWriter;
import java.sql.Connection;
import java.sql.DriverManager;
import java.sql.PreparedStatement;
import java.sql.SQLException;
import java.util.List;
import jakarta.servlet.ServletException;
import jakarta.servlet.annotation.WebServlet;
import jakarta.servlet.http.HttpServlet;
import jakarta.servlet.http.HttpServletRequest;
import jakarta.servlet.http.HttpServletResponse;
import entity.Goods;
import util.ReadExcelFile;
@WebServlet("/readExcelFileServlet")
public class ReadExcelFileServlet extends HttpServlet {
    private static final long serialVersionUID = 1L;
    protected void doGet(HttpServletRequest request, HttpServletResponse response) throws
ServletException, IOException {
        String filePath = request.getParameter("filePath");
        ReadExcelFile ref = new ReadExcelFile();
        //读取 Excel 内容存入 List
        List<Goods> ls = ref.getExcelInfo(new File(filePath));
        //将 List 内容批量保存到数据库
        Connection con = null;
        PreparedStatement ps = null;
        //加载驱动
        try {
            Class.forName("com.mysql.cj.jdbc.Driver");
        } catch (ClassNotFoundException e) {
            e.printStackTrace();
        }
        try {
            //建立连接
con = DriverManager. getConnection ( " jdbc: mysql://localhost: 3306/test? useUnicode =
true&characterEncoding = UTF - 8&allowMultiQueries = true&serverTimezone = GMT % 2B8","root","root");
            ps = con.prepareStatement("insert into goods values(null,?,?)");
            if(ls != null){
                for(int i = 0; i < ls.size(); i++){            //多条记录
                    ps.setString(1, ls.get(i).getGname());
                    ps.setDouble(2, ls.get(i).getGprice());
                    ps.addBatch();
                }
                //批量保存
                ps.executeBatch();
            }
```

```
            ps.close();
            con.close();
        } catch (SQLException e) {
            e.printStackTrace();
        }
        //设置响应的内容的类型
        response.setContentType("text/html;charset = UTF - 8");
        //取得输出对象
        PrintWriter out = response.getWriter();
        out.print("导入成功,共导入" + ls.size() + "条数据!");
    }
    protected void doPost(HttpServletRequest request, HttpServletResponse response) throws
ServletException, IOException {
        doGet(request, response);
    }
}
```

工具类 ReadExcelFile 的代码如下：

```
package util;
import java.io.File;
import java.io.FileInputStream;
import java.io.IOException;
import java.util.ArrayList;
import java.util.List;
import org.apache.poi.hssf.usermodel.HSSFWorkbook;
import org.apache.poi.ss.usermodel.Cell;
import org.apache.poi.ss.usermodel.Row;
import org.apache.poi.ss.usermodel.Sheet;
import org.apache.poi.ss.usermodel.Workbook;
import org.apache.poi.xssf.usermodel.XSSFWorkbook;
import entity.Goods;
public class ReadExcelFile {
    //总行数
    private int totalRows = 0;
    //总条数
    private int totalCells = 0;
    //错误信息接收器
    private String errorMsg;
    //构造方法
    public ReadExcelFile() {
    }
    //获取总行数
    public int getTotalRows() {
        return totalRows;
    }
    //获取总列数
    public int getTotalCells() {
        return totalCells;
    }
    //获取错误信息
    public String getErrorInfo() {
        return errorMsg;
    }
    /**
```

```
     * 读 Excel 文件,获取信息集合
     * @param fileName
     * @return
     */
    public List<Goods> getExcelInfo(File mFile) {
        String fileName = mFile.getName();                    //获取文件名
        List<Goods> goodsList = null;
        try {
            if (!validateExcel(fileName)) {                   //验证文件名是否合格
                return null;
            }
            boolean isExcel2003 = true;          //根据文件名判断文件是 2003 版本还是 2007 版本
            if (isExcel2007(fileName)) {
                isExcel2003 = false;
            }
            goodsList = createExcel(mFile, isExcel2003);
        } catch (Exception e) {
            e.printStackTrace();
        }
        return goodsList;
    }
    /**
     * 根据 Excel 里面的内容读取客户信息
     * @param is:输入流
     * @param isExcel2003: Excel 是 2003 版本还是 2007 版本
     * @return
     * @throws IOException
     */
    public List<Goods> createExcel(File mFile, boolean isExcel2003) {
        List<Goods> goodsList = null;
        try {
            Workbook wb = null;
            if (isExcel2003) {                          //当 Excel 是 2003 版本时创建 Excel2003
                wb = new HSSFWorkbook(new FileInputStream(mFile));
            } else {                                    //当 Excel 是 2007 版本时创建 Excel2007
                wb = new XSSFWorkbook(mFile);
            }
            goodsList = readExcelValue(wb);             //读取 Excel 中客户的信息
        } catch (Exception e) {
            e.printStackTrace();
        }
        return goodsList;
    }
    /**
     * 读取 Excel 中客户的信息
     * @param wb
     * @return
     */
    private List<Goods> readExcelValue(Workbook wb) {
        //得到第一个 shell
        Sheet sheet = wb.getSheetAt(0);
        //得到 Excel 的行数
        this.totalRows = sheet.getPhysicalNumberOfRows();
        //得到 Excel 的列数(前提是有行数)
        if (totalRows > 1 && sheet.getRow(0) != null) {
```

```
            this.totalCells = sheet.getRow(0).getPhysicalNumberOfCells();
        }
        List<Goods> goodsList = new ArrayList<Goods>();
        //循环 Excel 行数,第一行是表头,不需要读
        for (int r = 1; r < totalRows; r++) {
            Row row = sheet.getRow(r);
            if (row == null) {
                continue;
            }
            Goods goods = new Goods();
            //循环 Excel 的列
            for (int c = 0; c < this.totalCells; c++) {
                Cell cell = row.getCell(c);
                if (null != cell) {
                    if (c == 0) {
                        goods.setGname(cell.getStringCellValue());          //商品名称
                    } else if (c == 1) {
                        goods.setGprice(cell.getNumericCellValue());        //商品价格
                    }
                }
            }
            //添加到 List
            goodsList.add(goods);
        }
        return goodsList;
    }
    /**
     * 验证 Excel 文件
     * @param filePath
     * @return
     */
    public boolean validateExcel(String filePath) {
        if (filePath == null || !(isExcel2003(filePath) || isExcel2007(filePath))) {
            errorMsg = "文件名不是 Excel 格式";
            return false;
        }
        return true;
    }
    /**
     * 是否为 2003 版本的 Excel,返回 true 是 2003
     * @param filePath
     * @return
     */
    public static boolean isExcel2003(String filePath) {
        return filePath.matches("^.+\\.(?i)(xls)$");
    }
    /**
     * 是否为 2007 版本的 Excel,返回 true 是 2007
     * @param filePath
     * @return
     */
    public static boolean isExcel2007(String filePath) {
        return filePath.matches("^.+\\.(?i)(xlsx)$");
    }
}
```

需要注意的是，在向数据库导入 Excel 文件时，对 Excel 中数据的类型有严格要求。例如，上例中的商品名称不能是数字类型，否则在使用“cell. getStringCellValue()”语句获取单元格内容时会报“Cannot get a STRING value from a NUMERIC cell”错误。

11.8.2 从数据库导出 Excel

从数据库导出 Excel 文件与向数据库导入 Excel 文件的流程类似，一个是从 Excel 文件读数据，另一个是向 Excel 文件写数据。本节通过一个实例讲解如何从数据库导出 Excel 文件。本节实例的功能需求是将数据表 goods 中的商品信息导入 Excel 文件中，具体步骤如下：

❶ 创建 Servlet

在 servlet 包中创建 SelectAllGoodServlet 类，在该类中使用工具类 GetAllGoods 获得所有商品信息，并跳转到 showExportGoods. jsp 页面，显示被导出的商品信息。

SelectAllGoodServlet 的代码如下：

```
package servlet;
import java.io.IOException;
import java.util.ArrayList;
import jakarta.servlet.RequestDispatcher;
import jakarta.servlet.ServletException;
import jakarta.servlet.annotation.WebServlet;
import jakarta.servlet.http.HttpServlet;
import jakarta.servlet.http.HttpServletRequest;
import jakarta.servlet.http.HttpServletResponse;
import entity.Goods;
import util.GetAllGoods;
@WebServlet("/selectAllGoodServlet")
public class SelectAllGoodServlet extends HttpServlet {
    private static final long serialVersionUID = 1L;
    protected void doGet(HttpServletRequest request, HttpServletResponse response) throws
ServletException, IOException {
        //将查询结果装到集合 ArrayList<Goods>中,并返回页面显示
        ArrayList<Goods> allGoods = GetAllGoods.getAllGoods();
        //存到 request 对象,以便在 showAllGoods.jsp 页面中显示
        request.setAttribute("allGoods", allGoods);
        //跳转到 showExportGoods.jsp 显示商品
        RequestDispatcher dis = request.getRequestDispatcher("showExportGoods.jsp");
        dis.forward(request, response);
    }
    protected void doPost(HttpServletRequest request, HttpServletResponse response) throws
ServletException, IOException {
        doGet(request, response);
    }
}
```

工具类 GetAllGoods 的代码如下：

```
package util;
import java.sql.Connection;
import java.sql.DriverManager;
import java.sql.PreparedStatement;
import java.sql.ResultSet;
import java.sql.SQLException;
import java.util.ArrayList;
import entity.Goods;
```

```
public class GetAllGoods {
    public static ArrayList<Goods> getAllGoods(){
        Connection con = null;
        PreparedStatement ps = null;
        ResultSet rs = null;
        //将查询结果装到集合 ArrayList<Goods>中,并返回页面显示
        ArrayList<Goods> allGoods = null;
        //加载驱动
        try {
            Class.forName("com.mysql.cj.jdbc.Driver");
        } catch (ClassNotFoundException e) {
            e.printStackTrace();
        }
        try {
            //建立连接
con = DriverManager.getConnection ( " jdbc: mysql://localhost: 3306/test? useUnicode =
true&characterEncoding=UTF-8&allowMultiQueries=true&serverTimezone=GMT%2B8","root","root");
            //预处理
            ps = con.prepareStatement("select * from goods");
            //发送查询 SQL 语句,返回结果集
            rs = ps.executeQuery();
            //将查询结果装到集合 ArrayList<Goods>中
            allGoods = new ArrayList<Goods>();
            while(rs.next()){
                Goods g = new Goods();
                g.setId(rs.getInt(1));
                g.setGname(rs.getString(2));
                g.setGprice(rs.getDouble(3));
                allGoods.add(g);
            }
            rs.close();
            ps.close();
            con.close();
        } catch (SQLException e) {
            e.printStackTrace();
        }
        return allGoods;
    }
}
```

❷ 创建商品信息显示页面

创建 showExportGoods.jsp 页面显示被导出的商品信息,具体代码如下:

```
<%@ page language="java" contentType="text/html; charset=UTF-8" pageEncoding="UTF-8"%>
<%@ taglib prefix="c" uri="http://java.sun.com/jsp/jstl/core"%>
<!DOCTYPE html>
<html>
<head>
<meta charset="UTF-8">
<title>导出数据</title>
</head>
<body>
    <table border="1">
        <tr>
            <th>商品编号</th>
```

```
                <th>商品名称</th>
                <th>商品价格</th>
            </tr>
        <c:forEach items = "${allGoods}" var = "goods">
            <tr>
                <td>${goods.id}</td>
                <td>${goods.gname}</td>
                <td>${goods.gprice}</td>
            </tr>
        </c:forEach>
        </table>
        <a href = "exportExcelServlet">导出到 Excel </a>
    </body>
    </html>
```

❸ 创建实现导出功能的 Servlet

创建实现导出功能的 Servlet 类 ExportExcelServlet，在该 Servlet 类中首先使用工具类 GetAllGoods 从数据表 goods 中获得所有商品信息保存到 ArrayList < Goods >集合中，然后使用工具类 WriteExcelFile 将 ArrayList < Goods >集合中的数据写到 Excel 文件中，最后实现下载 Excel 文件的功能。

ExportExcelServlet 的代码如下：

```
package servlet;
import java.io.File;
import java.io.FileInputStream;
import java.io.IOException;
import java.text.SimpleDateFormat;
import java.util.ArrayList;
import java.util.Date;
import jakarta.servlet.ServletException;
import jakarta.servlet.ServletOutputStream;
import jakarta.servlet.annotation.WebServlet;
import jakarta.servlet.http.HttpServlet;
import jakarta.servlet.http.HttpServletRequest;
import jakarta.servlet.http.HttpServletResponse;
import entity.Goods;
import util.GetAllGoods;
import util.WriteExcelFile;
@WebServlet("/exportExcelServlet")
public class ExportExcelServlet extends HttpServlet {
    private static final long serialVersionUID = 1L;
    protected void doGet(HttpServletRequest request, HttpServletResponse response) throws
ServletException, IOException {
        //获得要导出的商品信息
        ArrayList<Goods> allGoods = GetAllGoods.getAllGoods();
        //生成的 Excel 文件存放在服务器的 uploadFiles 目录中，以便下载文件
        File downLoadFileDir = new File(getServletContext().getRealPath("/uploadFiles"));
        if(!downLoadFileDir.exists()){
            downLoadFileDir.mkdir();
        }
        //生成日期字符串，定义 Excel 文件名
        Date date = new Date();
        SimpleDateFormat sdf = new SimpleDateFormat("yyyyMMddHHmmssSSS");
```

```
        String fileName = sdf.format(date) + ".xls";
        WriteExcelFile.writeExcel(allGoods, downLoadFileDir + File.separator + fileName);
        //将生成的 Excel 文件从服务器下载
        FileInputStream in = null;                                     //输入流
        ServletOutputStream out = null;                                //输出流
        try {
            //设置下载文件使用的报头
            response.setHeader("Content - Type", "application/x - msdownload");
            response.setHeader("Content - Disposition", "attachment; filename = " + fileName);
            //读入文件
            in = new FileInputStream(downLoadFileDir + File.separator + fileName);
            //得到响应对象的输出流,用于向客户端输出二进制数据
            out = response.getOutputStream();
            out.flush();
            int aRead = 0;
            byte b[] = new byte[1024];
            while ((aRead = in.read(b)) != -1 & in != null) {
                out.write(b, 0, aRead);
            }
            out.flush();
            in.close();
            out.close();
        } catch (Throwable e) {
            e.printStackTrace();
        }
    }
    protected void doPost(HttpServletRequest request, HttpServletResponse response) throws
ServletException, IOException {
        doGet(request, response);
    }
}
```

工具类 WriteExcelFile 的代码如下：

```
package util;
import java.io.ByteArrayOutputStream;
import java.io.File;
import java.io.FileOutputStream;
import java.io.IOException;
import java.io.OutputStream;
import java.util.ArrayList;
import org.apache.poi.hssf.usermodel.HSSFCell;
import org.apache.poi.hssf.usermodel.HSSFRow;
import org.apache.poi.hssf.usermodel.HSSFSheet;
import org.apache.poi.hssf.usermodel.HSSFWorkbook;
import entity.Goods;
public class WriteExcelFile {
    private static HSSFWorkbook wb;
    public static void writeExcel(ArrayList<Goods> result, String path) {
        if (result == null) {
            return;
        }
        wb = new HSSFWorkbook();
        //Excel 文件中的 sheet1 表
        HSSFSheet sheet = wb.createSheet("sheet1");
        //第一行表头
        HSSFRow row0 = sheet.createRow(0);
```

```
        row0.createCell(0).setCellValue("id");
        row0.createCell(1).setCellValue("gname");
        row0.createCell(2).setCellValue("gprice");
        //将 ArrayList 中的数据写到每一行
        for (int i = 1; i < result.size(); i++) {
            HSSFRow row = sheet.createRow(i);
            if (result.get(i) != null) {
                    HSSFCell cell0 = row.createCell(0);
                    cell0.setCellValue(result.get(i).getId());
                    HSSFCell cell1 = row.createCell(1);
                    cell1.setCellValue(result.get(i).getGname());
                    HSSFCell cell2 = row.createCell(2);
                    cell2.setCellValue(result.get(i).getGprice());
            }
        }
        ByteArrayOutputStream os = new ByteArrayOutputStream();
        try {
            wb.write(os);
        } catch (IOException e) {
            e.printStackTrace();
        }
        byte[] content = os.toByteArray();
        //Excel 文件在生成后存储的位置
        File file = new File(path);
        OutputStream fos = null;
        try {
            fos = new FileOutputStream(file);
            fos.write(content);
            os.close();
            fos.close();
        } catch (Exception e) {
            e.printStackTrace();
        }
    }
}
```

❹ 测试导出功能

发布 ch11 应用到 Tomcat 服务器，并启动服务器。通过地址 http://localhost:8080/ch11/selectAllGoodServlet 显示被导出的商品信息，如图 11.12 所示。

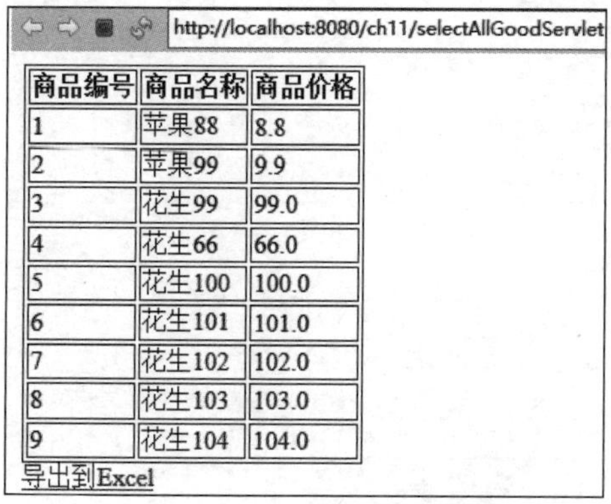

http://localhost:8080/ch11/selectAllGoodServlet

商品编号	商品名称	商品价格
1	苹果88	8.8
2	苹果99	9.9
3	花生99	99.0
4	花生66	66.0
5	花生100	100.0
6	花生101	101.0
7	花生102	102.0
8	花生103	103.0
9	花生104	104.0

导出到Excel

图 11.12　被导出的商品信息

单击图 11.12 中的“导出到 Excel”，显示如图 11.13 所示的效果。

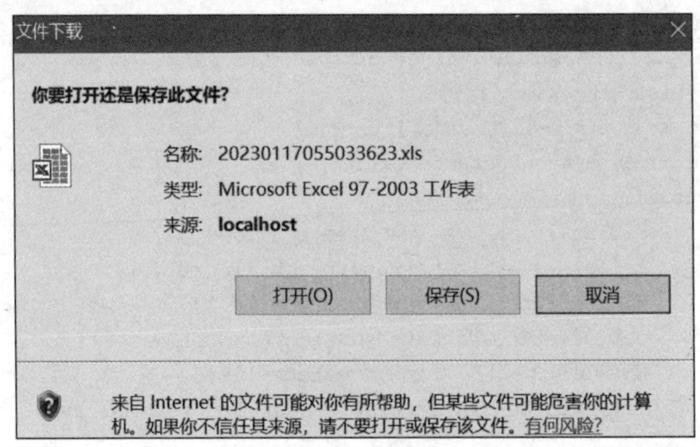

图 11.13　导出到 Excel

用户可以单击图 11.13 中的“打开”按钮直接打开 Excel 文件，也可以单击“保存”按钮将 Excel 文件另存到本地。

本章小结

本章重点介绍了使用加载纯 Java 驱动程序的方法连接数据库。使用加载纯 Java 驱动程序的方式连接 MySQL、SQL Server 以及 Oracle 等主流关系数据库的步骤基本一样，这些主流关系数据库的新增、更新、删除与查询等操作也基本一样。用户在连接不同数据库时要多注意驱动程序加载部分的代码和连接部分的代码。

习题 11

扫一扫

习题

扫一扫

自测题

第12章 Ajax、JSON以及jQuery技术 

学习目的与要求

本章重点介绍 Ajax、JSON 以及 jQuery。通过本章的学习，要求读者理解 Ajax 技术的原理，掌握 Ajax、JSON 以及 jQuery 等技术的应用。

本章主要内容

- Ajax
- JSON
- jQuery

随着电子商务、电子政务等 Web 应用的广泛普及和对用户体验度的追求，传统的“发送请求—等待—响应新页面或刷新整个当前页面”交互模式的弊端逐渐暴露出来。例如，在注册邮箱时，如果该邮箱已经被注册，而注册者并不知情，等到填写完毕后单击“注册”按钮，突然系统提示该邮箱已经被注册，于是又回到注册界面，但原来填写的注册信息需要重新再填写一遍。上述注册邮箱这样的用户体验不好。本章讲解 Ajax 技术的目的就是解决类似不好的用户体验。

本章涉及的 Java 源文件保存在 ch12 项目的 src/main/java 目录中，涉及的 JSP 页面保存在 ch12 项目的 src/main/webapp 目录中。

扫一扫

视频讲解

12.1 Ajax 技术

在 2005 年，Google 通过其 Google Suggest 使 Ajax 技术变得流行起来。Google Suggest 使用 Ajax 技术创造出动态性极强的 Web 界面：在 Google 的搜索框中输入关键字时，JavaScript 会把这些字符发送到服务器，然后服务器会返回一个搜索建议列表。后来 Google 又推出了 Google Maps 这种典型的富客户端应用。Google Maps 的地图可以通过滚动鼠标滚轮来放大和缩小，地图随着鼠标的拖动加载新数据，而页面本身无须重新加载。这种整页无刷新使 Web 应用达到了近似桌面应用的效果，Ajax 技术随之迅速发展。

▶ 12.1.1 Ajax 简介

Ajax（Asynchronous JavaScript And XML，异步 JavaScript 和 XML）是一种创建交互式网页应用的网页开发技术，使得“不刷新页面向服务器发起请求”成为可能。Ajax 应用与传统 Web 应用的请求过程有什么不同？下面通过图 12.1 进行比较。

由图 12.1 可以看出，Ajax 应用与传统 Web 应用相比，客户端浏览器通过 JavaScript 事件触发对 Ajax 引擎的调用，Ajax 引擎在 Ajax 应用中担负着中间层的任务，负责收集数据并通过 Ajax 的 XMLHttpRequest 对象向服务器发送 HTTP 请求，服务器处理完成后返回 XML、JSON 以及文本等类型的响应结果，Ajax 引擎根据响应结果的类型进行解析后再配合 HTML 以及 CSS 渲染将结果显示到客户端页面。

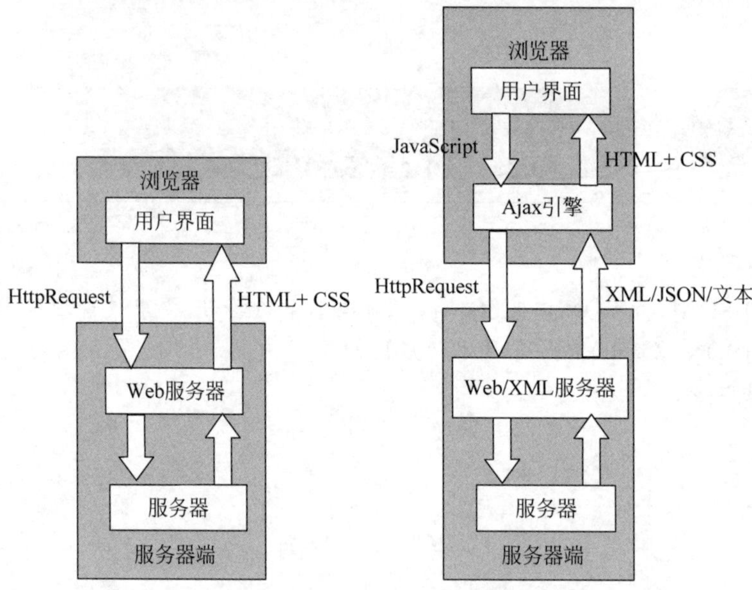

图 12.1 传统 Web 应用与 Ajax 应用的请求过程的比较

12.1.2 XMLHttpRequest 对象

XMLHttpRequest 对象是 Ajax 的核心,Ajax 引擎使用 XMLHttpRequest 和服务器进行异步通信,是 Ajax 技术得以实现的一个重要的 JavaScript 对象。

所有现代浏览器(IE7+、Firefox、Chrome、Safari 以及 Opera)均支持 XMLHttpRequest 对象(new XMLHttpRequest()),老版本的 Internet Explorer(IE5 和 IE6)使用 ActiveXObject 对象(new ActiveXObject("Microsoft.XMLHTTP"))。XMLHttpRequest 对象的创建见例 12-1。

【例 12-1】 创建 JSP 页面 example12_1.jsp,在该页面的 JavaScript 代码中创建 XMLHttpRequest 对象。

example12_1.jsp 页面的代码如下:

```
<%@ page language = "java" contentType = "text/html; charset = UTF - 8" pageEncoding = "UTF - 8" %>
<!DOCTYPE html>
<html>
<head>
<meta charset = "UTF - 8">
<title>example12_1.jsp</title>
<script type = "text/javascript">
    function createXHR(){
        var xmlhttp;
        if (window.XMLHttpRequest){                    //支持 XMLHttpRequest
            //IE7 + 、Firefox、Chrome、Opera、Safari 浏览器的执行代码
            xmlhttp = new XMLHttpRequest();
            alert("新浏览器");
        }else{
            //IE5、IE6 浏览器的执行代码
            xmlhttp = new ActiveXObject("Microsoft.XMLHTTP");
```

```
            alert("旧浏览器");
        }
    }
</script>
</head>
<body>
    <a href="javascript:createXHR()">创建 XMLHttpRequest 对象</a>
</body>
</html>
```

12.1.3　Ajax 向服务器发送请求

在创建 XMLHttpRequest 对象之后，Ajax 就可以使用 XMLHttpRequest 对象的 open()和 send()方法将请求发送到服务器，请求可分为 GET 请求和 POST 请求。

❶ GET 请求

GET 请求的示例代码如下：

```
xmlhttp.open("GET","AjaxTestServlet",true);
xmlhttp.send();
```

其中，open(method,url,async)方法的参数 method 规定请求的类型，url 指定请求的 URL 地址，async 指定是否异步处理请求，true 表示请求本质上是异步的，默认值是 true；send(content)方法将请求发送到服务器，如果请求声明为异步，该方法立即返回，否则将会等待直到接收到响应为止，可选参数 content 可以是 DOM 对象的实例、输入流或者字符串，传入参数的内容作为请求体的一部分发送，content 参数仅用于 POST 请求。

为了避免浏览器缓存的情况，可以向请求的 URL 添加一个唯一的 ID，上述发送请求示例代码可以修改如下：

```
xmlhttp.open("GET","AjaxTestServlet?t=" + Math.random(),true);
xmlhttp.send();
```

如果希望通过 GET 方式发送信息，请求向 URL 添加信息，示例代码如下：

```
xmlhttp.open("GET","AjaxTestServlet?uname=chenheng&upwd=123456",true);
xmlhttp.send();
```

❷ POST 请求

POST 请求的示例代码如下：

```
xmlhttp.open("POST","AjaxTestServlet",true);
xmlhttp.send();
```

如果需要像 HTML 表单那样提交 POST 数据，首先使用 setRequestHeader()添加 HTTP 头，然后在 send()方法中规定希望发送的数据，示例代码如下：

```
xmlhttp.open("POST","AjaxTestServlet",true);
xmlhttp.setRequestHeader("Content-type","application/x-www-form-urlencoded");
xmlhttp.send("uname=chenheng&upwd=123456");
```

其中，setRequestHeader(header,value)方法的 header 参数规定头的名称，value 规定头的值。

那么是使用 POST 请求还是使用 GET 请求呢？GET 请求简单且更快，在大部分情况下

都能用,然而在以下情况下请使用 POST 请求:

(1) 无法使用缓存文件(例如更新服务器上的文件或数据库);

(2) 向服务器发送大量数据(因为 POST 没有数据量限制);

(3) 发送包含未知字符的用户输入时,POST 比 GET 更稳定、更可靠。

12.1.4 Ajax 获得服务器的响应

在 Ajax 向服务器发送请求后,如需获得服务器的响应,可以使用 XMLHttpRequest 对象的 responseText 或 responseXML 属性。示例代码如下:

```
document.getElementById("myResponse").innerHTML = xmlhttp.responseText;
```

responseText 属性包含客户端接收到服务器的 HTTP 响应的文本内容。当 readyState 属性值为 0(表示请求未初始化)、1(服务器连接已建立)或 2(请求已接收)时,responseText 包含一个空字符串;当 readyState 属性值为 3(请求处理中)时,responseText 包含还未完成的响应信息;当 readyState 属性值为 4(请求已完成,且响应已就绪)时,responseText 包含完整的响应信息。

responseXML 属性用于接收 XML 形式的响应信息,此时 Content-Type 头部指定 MIME 类型为 text/xml、application/xml 或以+xml 结尾。如果 Content-Type 头部不包含以上 MIME 类型之一,那么 responseXML 属性值为 null,但无论何时,readyState 属性值不为 4 时 responseXML 属性值也为 null。

在 Ajax 获得服务器的响应时,除了用到 responseText、responseXML 和 readyState 属性以外,还经常用到 onreadystatechange 和 status 属性,下面分别介绍。

onreadystatechange 属性指定每次状态改变所触发事件的事件处理函数。也就是说,每当 readyState 属性改变时都会调用 onreadystatechange 属性指定的函数。

status 属性描述了 HTTP 状态码,注意只有当 readyState 的值为 3 或 4 时才能使用 status 属性。常用的状态码有 200(请求成功)、202(请求被接收但处理未完成)、400(错误请求)、404(请求资源未找到)和 500(内部服务器错误)。

在 onreadystatechange 事件中规定当服务器响应已做好被处理的准备时所执行的任务。当 readyState 等于 4 且状态为 200 时表示响应已就绪,代码如下:

```
xmlhttp.onreadystatechange = function(){
    if (xmlhttp.readyState == 4 && xmlhttp.status == 200){
        document.getElementById("myResponse").innerHTML = xmlhttp.responseText;
    }
}
```

12.1.5 Ajax 示例

一个 Ajax 应用的实现一般需要经过以下几个步骤:

(1) 在页面中定义 Ajax 请求的触发事件。

(2) 创建 Ajax 对象(var xmlhttp =new XMLHttpRequest();)。

(3) 确定请求地址和请求参数。

(4) 调用 XMLHttpRequest 对象的 open()方法建立对服务器的调用(xmlhttp.open("GET","AjaxTestServlet",true);)。

(5) 通过 XMLHttpRequest 对象的 onreadystatechange 属性指定响应事件的处理函数。

(6) 在函数中根据响应状态进行数据的获取和处理工作。

(7) 调用 XMLHttpRequest 对象的 send()方法发送请求(xmlhttp.send(null);)。

【例 12-2】 创建 JSP 页面 example12_2.jsp,演示在用户输入完学号时触发 Ajax 异步请求,从服务器获取学号所对应的学生信息,并对页面中相应的学生信息进行更新填充。example12_2.jsp 的运行效果如图 12.2 所示。

http://localhost:8080/ch12/example12_2.jsp

获取学号对应的学生信息

学号: 20230102

姓名: 陈恒02

年龄: 88

院系: 软件学院

图 12.2 Ajax 示例的运行效果

example12_2.jsp 页面的代码如下:

```
<%@ page language="java" contentType="text/html; charset=UTF-8" pageEncoding="UTF-8"%>
<!DOCTYPE html>
<html>
<head>
<meta charset="UTF-8">
<title>example12_2.jsp</title>
<script type="text/javascript">
function createXHR(){
    var xmlhttp;
    if (window.XMLHttpRequest){                          //支持 XMLHttpRequest
        xmlhttp = new XMLHttpRequest();
    }else{
        xmlhttp = new ActiveXObject("Microsoft.XMLHTTP");
    }
    return xmlhttp;
}
function ajaxFunction(sno){
    //创建 XMLHttpRequest 对象
    xhr = createXHR();
    //设定请求地址
    var url = "AjaxTestServlet?sno=" + sno;
    //建立对服务器的调用
    xhr.open("GET", url, true);
    //指定响应事件处理函数
    xhr.onreadystatechange = function(){
        //当 readyState 等于 4 且状态为 200 时表示响应已就绪
        if(xhr.readyState == 4 && xhr.status == 200){
            //对响应结果进行处理
            var resData = xhr.responseText.split(",");
            //将响应数据更新到页面控件中显示
            document.getElementById("sname").value = resData[0];
            document.getElementById("sage").value = resData[1];
            document.getElementById("sdept").value = resData[2];
        }
    };
    //向服务器发出请求
    xhr.send();
```

```
}
</script>
</head>
<body>
    <h1>获取学号对应的学生信息</h1>
    <p>学号：<input type="text" name="sno" onblur="ajaxFunction(this.value)"/></p>
    <p>姓名：<input type="text" id="sname" name="sname" readonly/></p>
    <p>年龄：<input type="text" id="sage" name="sage" readonly/></p>
    <p>院系：<input type="text" id="sdept" name="sdept" readonly/></p>
</body>
</html>
```

AjaxTestServlet.java 的代码如下：

```
package servlet;
import java.io.IOException;
import java.util.HashMap;
import java.util.Map;
import jakarta.servlet.ServletException;
import jakarta.servlet.annotation.WebServlet;
import jakarta.servlet.http.HttpServlet;
import jakarta.servlet.http.HttpServletRequest;
import jakarta.servlet.http.HttpServletResponse;
@WebServlet("/AjaxTestServlet")
public class AjaxTestServlet extends HttpServlet {
    private static final long serialVersionUID = 1L;
    protected void doGet(HttpServletRequest request, HttpServletResponse response) throws
ServletException, IOException {
        //设置请求和响应字符编码
        request.setCharacterEncoding("UTF-8");
        response.setContentType("text/html;charset=UTF-8");
        //使用 Map 模拟学生信息的数据库
        Map<String, String> stus = new HashMap<String, String>();
        stus.put("20230101", "陈恒 01,77,计算机学院");
        stus.put("20230102", "陈恒 02,88,软件学院");
        stus.put("20230103", "陈恒 03,99,信息学院");
        //获取 Ajax 请求的数据
        String sno = request.getParameter("sno");
        //根据学号从模拟数据库中查询学生信息
        String stu = stus.get(sno);
        if(stu == null) {
            //3 个 error 对应学生的 3 个信息
            stu = "error,error,error";
        }
        //将请求结果数据响应输出
        response.getWriter().print(stu);
    }
    protected void doPost(HttpServletRequest request, HttpServletResponse response) throws
ServletException, IOException {
        doGet(request, response);
    }
}
```

扫一扫

视频讲解

12.2 JSON 技术

JSON(JavaScript Object Notation,JS 对象标记)是一种轻量级的数据交换格式。

▶ 12.2.1 JSON 的数据结构

和 XML 一样,JSON 也是基于纯文本的数据格式,它有对象和数组两种数据结构。

❶ 对象结构

对象结构以"{"开始,以"}"结束,中间部分由 0 个或多个以英文","分隔的 key-value 对构成,key 和 value 之间以英文":"分隔。对象结构的语法结构如下:

```
{
    key1:value1,
    key2:value2,
    …
}
```

其中,key 必须为 String 类型,value 可以是 String、Number、Object、Array 等数据类型。例如,一个 person 对象包含姓名、密码、年龄等信息,使用 JSON 的表示形式如下:

```
{
    "pname":"陈恒",
    "password":"123456",
    "page":40
}
```

❷ 数组结构

数组结构以"["开始,以"]"结束,中间部分由 0 个或多个以英文","分隔的值的列表组成。数组结构的语法结构如下:

```
[
    value1,
    value2,
    …
]
```

上述两种数据结构(对象、数组)也可以分别组合构成更加复杂的数据结构。例如,一个 student 对象包含 sno、sname、hobby 和 college 对象,其 JSON 的表示形式如下:

```
{
    "sno":"2023022299999",
    "sname":"陈恒",
    "hobby":["篮球","足球"],
    "college":{
        "cname":"清华大学",
        "city":"北京"
    }
}
```

▶ 12.2.2 JSON 在 JavaScript 中的使用

JSON 是 JavaScript 的原生格式,在 JavaScript 中处理 JSON 数据不需要任何 API 或工具包。

【例 12-3】 创建 JSP 页面 example12_3.jsp,在该页面的 JavaScript 中处理 JSON 数据。example12_3.jsp 页面的代码如下：

```
<%@ page language="java" contentType="text/html; charset=UTF-8" pageEncoding="UTF-8"%>
<!DOCTYPE html>
<html>
<head>
<meta charset="UTF-8">
<title>example12_3.jsp</title>
<script type="text/javascript">
function opJSON(){
    //将 JSON 数据赋给变量 stu
    var stu = {
            "sno":"2023022299999",
            "sname":"陈恒",
            "hobby":["篮球","足球"],
            "college":{
                "cname":"清华大学",
                "city":"北京"
        }
    };
    //获取 JSON 数据中的对象信息
    alert(stu.sno);
    alert(stu.hobby[0]);
    alert(stu.college.cname);
}
</script>
</head>
<body>
<a href="javascript:opJSON()">在 JavaScript 中处理 JSON 数据</a>
</body>
</html>
```

在 JavaScript 中可以使用 eval()函数将 JSON 文本转换为 JavaScript 对象。例如对 Ajax 请求响应结果(假设响应数据格式为 JSON)的转换,其示例代码如下：

```
//定义 JSON 文本变量
var jsonText = "{\"sname\":\"陈恒\", \"sage\":\"88\"}";
//将 JSON 文本转换为 JavaScript 对象
//两边加圆括号将参数值无条件地视为表达式进行解析
var jsObj = eval("(" + jsonText + ")");
//获取对象属性
alert(jsObj.sname);
```

在 JavaScript 中可以使用 JSON.stringify()方法将 JavaScript 对象转换为字符串,示例代码如下：

```
var obj = {"sname":"陈恒", "sno":20230101, "sage":88};
var myJSON = JSON.stringify(obj);
alert(myJSON);
```

▶ 12.2.3 JSON 在 Ajax 中的使用

从 12.2.2 节可以看出拼写一个 JSON 文本变量非常烦琐且易出错。若服务器需要响应一个结构复杂、数据量大的数据对象，那么转换过程将更加费时、费力。在实际开发中，Java 对象和 JSON 数据之间的转换通常使用第三方插件协助完成，例如 JSON-Lib、Jackson、Gson 和 FastJson 等。本节以 Jackson 为例讲解 JSON 在 Ajax 中的使用。

Jackson 开源包及其描述如下。

(1) jackson-annotations. jar：JSON 转换注解包。

(2) jackson-core. jar：JSON 转换核心包。

(3) jackson-databind. jar：JSON 转换的数据绑定包。

对于以上 3 个 Jackson 开源包，本书采用的版本是 2. 14. 1，读者可以通过地址"http://mvnrepository. com/artifact/com. fasterxml. jackson. core"下载得到。

在使用 Jackson 插件进行 Java 对象和 JSON 数据之间的转换时需要将以上 3 个 Jackson 开源包复制到 Web 应用的/WEB-INF/lib 目录下，本章将以上 3 个 Jackson 开源包复制到 Web 应用 ch12 的/WEB-INF/lib 目录下。

下面使用 Jackson 插件将例 12-2 的代码进行改进。

修改后的 example12_2. jsp 代码如下：

```
<%@ page language="java" contentType="text/html; charset=UTF-8" pageEncoding="UTF-8"%>
<!DOCTYPE html>
<html>
<head>
<meta charset="UTF-8">
<title>example12_2.jsp</title>
<script type="text/javascript">
function createXHR(){
    var xmlhttp;
    if (window.XMLHttpRequest){                    //支持 XMLHttpRequest
        xmlhttp = new XMLHttpRequest();
    }else{
        xmlhttp = new ActiveXObject("Microsoft.XMLHTTP");
    }
    return xmlhttp;
}
//在 Ajax 中使用 JSON
function ajaxFunction(sno){
    //创建 XMLHttpRequest 对象
    xhr = createXHR();
    //设定请求地址
    var url = "AjaxTestServlet?sno=" + sno;
    //建立对服务器的调用
    xhr.open("GET", url, true);
    //指定响应事件处理函数
    xhr.onreadystatechange = function(){
        //当 readyState 等于 4 且状态为 200 时表示响应已就绪
        if(xhr.readyState == 4 && xhr.status == 200){
            //将响应的 JSON 文本转换为 JavaScript 对象
            var resData = eval("(" + xhr.responseText + ")");
            //将响应数据更新到页面控件中显示
            document.getElementById("sname").value = resData.sname;
            document.getElementById("sage").value = resData.sage;
            document.getElementById("sdept").value = resData.sdept;
        }
```

```
    };
    //向服务器发出请求
    xhr.send();
}
</script>
</head>
<body>
    <h1>获取学号对应的学生信息</h1>
    <p>学号：<input type="text" name="sno" onblur="ajaxFunction(this.value)"/></p>
    <p>姓名：<input type="text" id="sname" name="sname" readonly/></p>
    <p>年龄：<input type="text" id="sage" name="sage" readonly/></p>
    <p>院系：<input type="text" id="sdept" name="sdept" readonly/></p>
</body>
</html>
```

修改后的 AjaxTestServlet.java 代码如下：

```
package servlet;
import java.io.IOException;
import java.util.HashMap;
import java.util.Map;
import jakarta.servlet.ServletException;
import jakarta.servlet.annotation.WebServlet;
import jakarta.servlet.http.HttpServlet;
import jakarta.servlet.http.HttpServletRequest;
import jakarta.servlet.http.HttpServletResponse;
import com.fasterxml.jackson.databind.ObjectMapper;
import entity.Student;
@WebServlet("/AjaxTestServlet")
public class AjaxTestServlet extends HttpServlet {
    private static final long serialVersionUID = 1L;
    protected void doGet(HttpServletRequest request, HttpServletResponse response) throws
ServletException, IOException {
        //设置请求和响应字符编码
        request.setCharacterEncoding("UTF-8");
        response.setContentType("text/html;charset=UTF-8");
        //定义3个学生信息对象
        Student s1 = new Student("20230101", "陈恒01",77,"计算机学院");
        Student s2 = new Student("20230102", "陈恒02",88,"软件学院");
        Student s3 = new Student("20230103", "陈恒03",99,"信息学院");
        //使用Map模拟学生信息的数据库
        Map<String, Student> stus = new HashMap<String, Student>();
        stus.put(s1.getSno(), s1);
        stus.put(s2.getSno(), s2);
        stus.put(s3.getSno(), s3);
        //获取Ajax请求的数据
        String sno = request.getParameter("sno");
        //根据学号从模拟数据库中查询学生信息
        Student stu = stus.get(sno);
        if(stu == null) {
            stu = new Student("error","error", 0,"error");
        }
        //创建Jackson插件的ObjectMapper对象
        ObjectMapper mapper = new ObjectMapper();
        //将一个Java对象转换成JSON
```

```
            mapper.writeValue(response.getWriter(), stu);
        }
        protected void doPost(HttpServletRequest request, HttpServletResponse response) throws
    ServletException, IOException {
            doGet(request, response);
        }
    }
```

新增 Student 实体类，代码如下：

```
package entity;
public class Student {
    String sno;
    String sname;
    int sage;
    String sdept;
    public Student(String sno, String sname, int sage, String sdept) {
        super();
        this.sno = sno;
        this.sname = sname;
        this.sage = sage;
        this.sdept = sdept;
    }
    //省略 get 和 set 方法
}
```

扫一扫

视频讲解

12.3　jQuery 技术

12.3.1　jQuery 简介

jQuery 是一个快速、简洁的 JavaScript 框架，是继 Prototype 之后又一个优秀的 JavaScript 代码库(或 JavaScript 框架)。jQuery 的设计宗旨是“Write Less,Do More”，即倡导写更少的代码，做更多的事情。它封装 JavaScript 常用的功能代码，提供一种简便的 JavaScript 设计模式，优化 HTML 文档操作、事件处理、动画设计和 Ajax 交互。

jQuery 的核心特性可以总结为：具有独特的链式语法和短小清晰的多功能接口；具有高效灵活的 CSS 选择器，并且可对 CSS 选择器进行扩展；拥有便捷的插件扩展机制和丰富的插件。jQuery 兼容各种主流浏览器，例如 IE 6.0+、Safari 2.0+、Opera 9.0+ 等。

12.3.2　jQuery 的安装

首先从 jQuery 的官方网站下载 jQuery 插件 jquery-3.6.0.min.js，将其复制到 Web 项目的开发目录的 webapp/js 下，然后通过<script type="text/javascript" src="js/jquery-3.6.0.min.js"></script>代码将 jquery-3.6.0.min.js 引入当前页面中。

12.3.3　jQuery 的语法

jQuery 的语法是选取 HTML 元素，并对选取的元素执行某些操作，格式如下：

```
$(selector).action()
```

其中,美元符号 $定义 jQuery;选择符(selector)“查询”和“查找”HTML 元素;jQuery 的 action()执行对元素的操作。示例如下:

$("#test").hide()隐藏所有 id="test"的元素;

$("#test").text("Hello world!")设置 id="test"的元素的文本内容为“Hello world!”;

$("#test").html("<b>Hello world! </b>")设置 id="test"的元素的内容(包括 HTML 标记);

$("#test").val("chenheng")设置 id="test"的表单字段的值;

$("#test").text()返回 id="test"的元素的文本内容;

$("#test").html()返回 id="test"的元素的内容(包括 HTML 标记);

$("#test").val()获得 id="test"的表单字段的值。

▶ 12.3.4 jQuery 对 Ajax 的实现

jQuery 提供了多个与 Ajax 有关的方法,下面结合实例介绍两个常用的方法 ajax()和 load()。

❶ ajax()方法

$.ajax()方法只有一个参数——key-value 对象,包含各配置及回调函数信息。其示例见例 12-4。

【例 12-4】 编写 JSP 页面 example12_4.jsp,在该页面中使用 $.ajax()方法向服务器发送 Ajax 异步请求,请求地址为“/TestjQueryAjaxServlet”,请求参数为表单参数,响应成功时,用响应数据更新 id 值为“myInput”的元素的内容。

example12_4.jsp 页面的代码如下:

```
<%@ page language="java" contentType="text/html; charset=UTF-8" pageEncoding="UTF-8"%>
<!DOCTYPE html>
<html>
<head>
<meta charset="UTF-8">
<title>example12_4.jsp</title>
<script type="text/javascript" src="js/jquery-3.6.0.min.js"></script>
<script type="text/javascript">
function testjQueryAjax(){
    $.ajax({
        //发送请求的地址
        url:"TestjQueryAjaxServlet",
        //请求方式,默认为 get
        type:"post",
        //希望服务器返回的数据类型,如果不指定,则自动根据 MIME 类型返回信息
        dataType:"text",
        //发送到服务器的数据
        data:{
            sno: $("#sno").val(),
            sname: $("#sname").val(),
            sage: $("#sage").val(),
            sdept: $("#sdept").val()
        },
        //请求成功后回调函数,参数为服务器返回的数据
```

```
            success:function(data){
                //将 JSON 文本转换为 JavaScript 对象
                var stu = eval("(" + data + ")");
                $("#myInput").html("学号:" + stu.sno + "<br>姓名:" + stu.sname
                        + "<br>年龄:" + stu.sage + "<br>院系:" + stu.sdept);
            },
            //请求失败时调用的函数
            error:function(){
                alert("处理异常");
            }
        });
    }
</script>
</head>
<body>
    <form id="myForm">
        <p>学号:<input type="text" id="sno" name="sno"/></p>
        <p>姓名:<input type="text" id="sname" name="sname"/></p>
        <p>年龄:<input type="text" id="sage" name="sage"/></p>
        <p>院系:<input type="text" id="sdept" name="sdept"/></p>
        <p><input type="button" value="测试 Ajax" onclick="testjQueryAjax()"/></p>
        <p><span id="myInput"></span></p>
    </form>
</body>
</html>
```

TestjQueryAjaxServlet.java 的代码如下:

```
package servlet;
import java.io.IOException;
import jakarta.servlet.ServletException;
import jakarta.servlet.annotation.WebServlet;
import jakarta.servlet.http.HttpServlet;
import jakarta.servlet.http.HttpServletRequest;
import jakarta.servlet.http.HttpServletResponse;
import com.fasterxml.jackson.databind.ObjectMapper;
import entity.Student;
@WebServlet("/TestjQueryAjaxServlet")
public class TestjQueryAjaxServlet extends HttpServlet {
    private static final long serialVersionUID = 1L;
    protected void doGet(HttpServletRequest request, HttpServletResponse response) throws
ServletException, IOException {
        //设置请求和响应字符编码
        request.setCharacterEncoding("UTF-8");
        response.setContentType("text/html;charset=UTF-8");
        String sno = request.getParameter("sno");
        String sname = request.getParameter("sname");
        String sage = request.getParameter("sage");
        String sdept = request.getParameter("sdept");
        int isage = Integer.parseInt(sage);
        //创建学生对象
        Student s = new Student(sno, sname, isage, sdept);
        //创建 Jackson 插件的 ObjectMapper 对象
        ObjectMapper mapper = new ObjectMapper();
        //将一个 Java 对象转换成 JSON 文本
```

```
        mapper.writeValue(response.getWriter(), s);
    }
    protected void doPost(HttpServletRequest request, HttpServletResponse response) throws
ServletException, IOException {
        doGet(request, response);
    }
}
```

在例 12-4 中，Ajax 可以根据表单的 id 提交整个表单参数，需要注意的是表单参数的 id 和 name 相同。修改后的 JS 函数 testjQueryAjax()的代码如下：

```
function testjQueryAjax(){
    $.ajax({
        //发送请求的地址
        url:"TestjQueryAjaxServlet",
        //请求方式，默认为 get
        type:"post",
        //希望服务器返回的数据类型，如果不指定，则自动根据 MIME 类型返回信息
        dataType:"text",
        //发送到服务器的数据
        data: $("#myForm").serializeArray(),
        //请求成功后回调函数，参数为服务器返回的数据
        success:function(data){
            //将 JSON 文本转换为 JavaScript 对象
            var stu = eval("(" + data + ")");
            $("#myInput").html("学号：" + stu.sno + "<br>姓名：" + stu.sname
                    + "<br>年龄：" + stu.sage + "<br>院系：" + stu.sdept);
        },
        //请求失败时调用的函数
        error:function(){
            alert("处理异常");
        }
    });
}
```

运行 example12_4.jsp 页面并输入数据，然后单击“测试 Ajax”按钮，效果如图 12.3 所示。

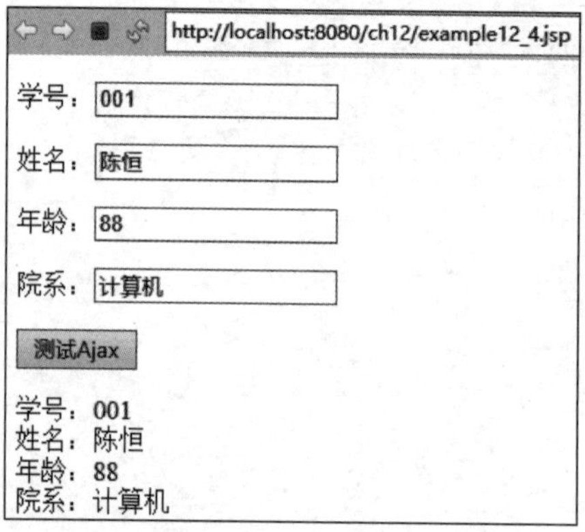

http://localhost:8080/ch12/example12_4.jsp

学号：001

姓名：陈恒

年龄：88

院系：计算机

测试Ajax

学号：001
姓名：陈恒
年龄：88
院系：计算机

图 12.3　$.ajax()方法的运行效果

❷ load()方法

load()方法用于从服务器加载数据，并把返回的数据放入被选元素中。其语法格式如下：

```
$(selector).load(URL,data,callback);
```

其中，必需的 URL 参数规定用户希望加载的 URL；可选的 data 参数规定与请求一起发送的查询字符串键-值对集合；可选的 callback 参数规定当 load()方法完成后所允许的回调函数。回调函数可以设置不同的参数：responseTxt 表示包含调用成功时的结果内容，statusTxt 表示包含调用的状态，xhr 表示包含 XMLHttpRequest 对象。

【例 12-5】 编写 JSP 页面 example12_5.jsp,在该页面中使用 $.load()方法加载服务器 LoadTestServlet 响应的结果,并显示在页面上。运行 example12_5.jsp 页面,效果如图 12.4 所示。

http://localhost:8080/ch12/example12_5.jsp

学号：001
姓名：陈恒
年龄：88
院系：信息学院

图 12.4 $.load()方法的运行效果

example12_5.jsp 页面的代码如下:

```
<%@ page language = "java" contentType = "text/html; charset = UTF - 8" pageEncoding = "UTF - 8" %>
<!DOCTYPE html>
<html>
<head>
<meta charset = "UTF - 8">
<title>example12_5.jsp</title>
<script type = "text/javascript" src = "js/jquery - 3.6.0.min.js"></script>
</head>
<body>
<span id = "myReceive"></span>
<script type = "text/javascript">
//在加载 LoadTestServlet 响应数据的同时传递 sname 数据
$("#myReceive").load("LoadTestServlet", {sname:"陈恒"}, function(responseTxt, statusTxt,
xhr){
    if(statusTxt == "success"){
          //将 JSON 文本转换为 JavaScript 对象
          var stu = eval("(" + responseTxt + ")");
          $("#myReceive").html("学号: " + stu.sno + "<br>姓名: " + stu.sname
                  + "<br>年龄: " + stu.sage + "<br>院系: " + stu.sdept);
    }
    if(statusTxt == "error")
        alert("Error: " + xhr.status + ": " + xhr.statusText);
});
</script>
</body>
</html>
```

LoadTestServlet.java 的代码如下:

```
package servlet;
import java.io.IOException;
import jakarta.servlet.ServletException;
import jakarta.servlet.annotation.WebServlet;
import jakarta.servlet.http.HttpServlet;
import jakarta.servlet.http.HttpServletRequest;
import jakarta.servlet.http.HttpServletResponse;
import com.fasterxml.jackson.databind.ObjectMapper;
import entity.Student;
@WebServlet("/LoadTestServlet")
public class LoadTestServlet extends HttpServlet {
     private static final long serialVersionUID = 1L;
     protected void doGet(HttpServletRequest request, HttpServletResponse response) throws
ServletException, IOException {
          request.setCharacterEncoding("UTF - 8");
          response.setContentType("text/html;charset = UTF - 8");
          String sname = request.getParameter("sname");
          System.out.println("sname:" + sname);
          //创建学生对象
```

```
            Student s = new Student("001", "陈恒",88,"信息学院");
            //创建 Jackson 插件的 ObjectMapper 对象
            ObjectMapper mapper = new ObjectMapper();
            //将一个 Java 对象转换成 JSON 文本
            mapper.writeValue(response.getWriter(), s);
        }
        protected void doPost(HttpServletRequest request, HttpServletResponse response) throws
ServletException, IOException {
            doGet(request, response);
        }
}
```

12.4 实践环节——注册邮箱的唯一性验证

使用 jQuery 和 Ajax 技术实现注册邮箱的唯一性验证。

本章小结

本章学习了 Ajax、JSON 以及 jQuery 技术，重点掌握三者的结合应用，即 JSON 在 Ajax 中的应用以及 jQuery 对 Ajax 的实现。

习题 12

扫一扫

习题

扫一扫

自测题

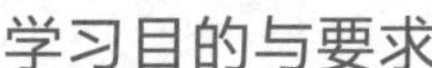

第13章 电子商务平台的设计与实现

学习目的与要求

本章通过一个小型的电子商务平台讲述如何使用MVC(JSP+JavaBean+Servlet)模式开发一个Web应用。通过本章的学习,要求读者掌握基于MVC模式的Java Web应用开发的流程、方法以及技术。

本章主要内容

- 系统设计
- 数据库设计
- 系统管理
- 组件设计
- 系统实现

本章系统使用Servlet MVC模式实现各个模块,Web服务器使用Tomcat 10,数据库采用的是MySQL 8,集成开发环境为Eclipse IDE for Java EE Developers。

13.1 系统设计

电子商务平台分为两个子系统,一个是后台管理子系统,另一个是前台电子商务子系统。下面分别说明这两个子系统的功能需求与模块划分。

13.1.1 系统的功能需求

❶ 后台管理子系统

后台管理子系统要求管理员登录成功后才能对商品进行管理,包括添加商品、查询商品、修改商品以及删除商品。除进行商品管理以外,管理员还能进行订单查询、销量统计等操作。

❷ 前台电子商务子系统

1) 非注册用户或未登录用户

非注册用户或未登录用户具有浏览首页、查看商品详情以及搜索商品的权限。

2) 成功登录的用户

成功登录的用户除具有未登录用户具有的权限以外,还具有购买商品、查看购物车、收藏商品、查看订单、修改密码以及查看收藏等权限。

13.1.2 系统的模块划分

❶ 后台管理子系统

管理员登录成功后进入后台管理主页面(selectGoods.jsp),其中包括商品管理、类型管理、查询订单、销量统计等功能模块。后台管理子系统的模块划分如图13.1所示。

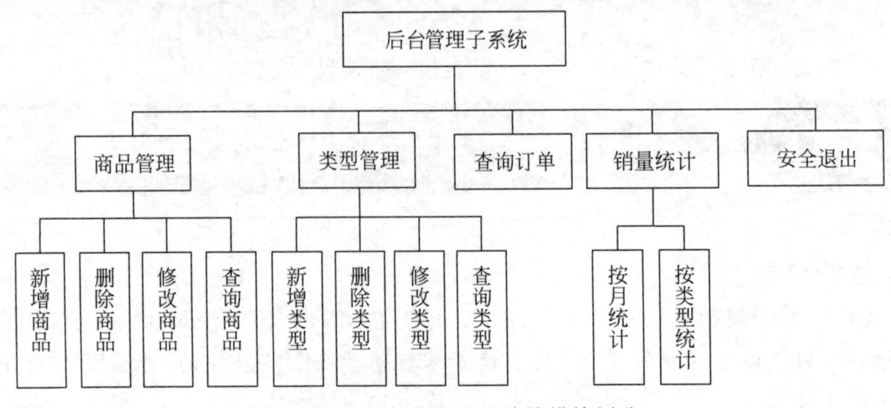

图 13.1　后台管理子系统的模块划分

❷ 前台电子商务子系统

非注册用户只可以浏览商品、搜索商品，不能购买商品、收藏商品，不能查看购物车、个人信息、我的订单和我的收藏。成功登录的用户可以完成前台电子商务子系统的所有功能，包括购买商品、支付等功能。前台电子商务子系统的模块划分如图 13.2 所示。

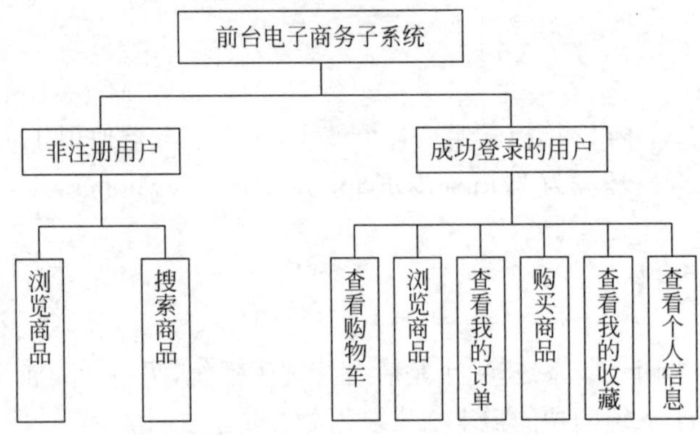

图 13.2　前台电子商务子系统的模块划分

13.2　数据库设计

该系统采用加载纯 Java 数据库驱动程序的方式连接 MySQL 8 数据库。在 MySQL 8 中创建数据库 ch13，并在 ch13 中创建 8 张与系统相关的数据表 ausertable、busertable、carttable、focustable、goodstable、goodstype、orderdetail 和 orderbasetable。

13.2.1　数据库概念结构设计

根据系统设计与分析可以设计出如下数据结构。

(1) 管理员：包括管理员 ID、用户名和密码。管理员的用户名和密码由数据库管理员预设，不需要注册。

(2) 用户：包括用户 ID、E-mail 和密码。注册用户的 E-mail 不能相同，用户 ID 唯一。

(3) 商品类型：包括类型 ID 和类型名称。商品类型由数据库管理员管理，包括新增、修改、删除和查询商品。

(4) 商品：包括商品编号、商品名称、原价、现价、库存、图片、是否广告以及类型。其中，商品编号唯一，类型与“(3)商品类型”关联。

(5) 购物车：包括购物车 ID、用户 ID、商品编号以及购买数量。其中，购物车 ID 唯一，用户 ID 与"(2)用户"关联，商品编号与"(4)商品"关联。

(6) 商品收藏：包括 ID、用户 ID、商品编号以及收藏时间。其中，ID 唯一，用户 ID 与"(2)用户"关联，商品编号与"(4)商品"关联。

(7) 订单基础信息：包括订单编号、用户 ID、订单金额、订单状态以及下单时间。其中，订单编号唯一，用户 ID 与"(2)用户"关联。

(8) 订单详情：包括 ID、订单编号、商品编号以及购买数量。其中，订单编号与"(7)订单基础信息"关联，商品编号与"(4)商品"关联。

根据以上数据结构，结合数据库设计的特点，画出如图 13.3 所示的数据库概念结构图。

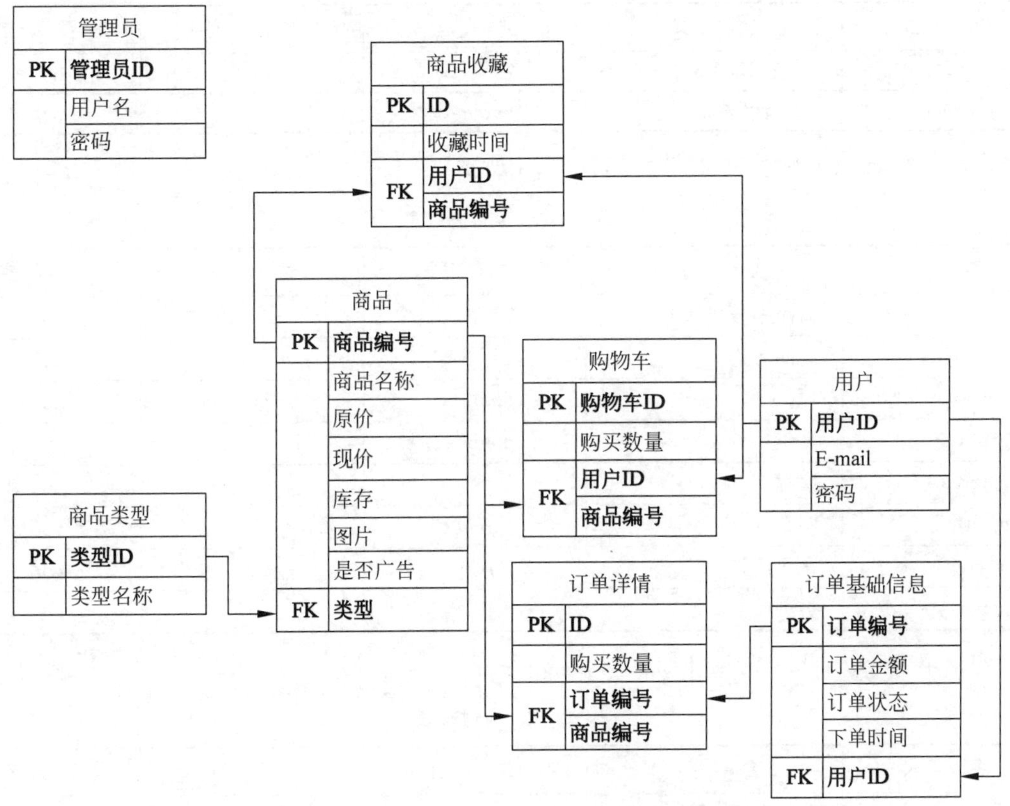

图 13.3　数据库概念结构图

13.2.2　数据库逻辑结构设计

将数据库概念结构图转换为 MySQL 数据库所支持的实际数据模型，即数据库的逻辑结构。

管理员信息表(ausertable)的设计如表 13.1 所示。

表 13.1　管理员信息表

字　段	含　义	类　型	长　度	是否为空
id	管理员 ID(PK 自增)	int	0	no
aname	用户名	varchar	50	no
apwd	密码	varchar	50	no

用户信息表(busertable)的设计如表13.2所示。

表13.2 用户信息表

字段	含义	类型	长度	是否为空
id	用户ID(PK自增)	int	0	no
bemail	E-mail	varchar	50	no
bpwd	密码	varchar	32	no

商品类型表(goodstype)的设计如表13.3所示。

表13.3 商品类型表

字段	含义	类型	长度	是否为空
id	类型ID(PK自增)	int	0	no
typename	类型名称	varchar	50	no

商品信息表(goodstable)的设计如表13.4所示。

表13.4 商品信息表

字段	含义	类型	长度	是否为空
id	商品编号(PK自增)	int	0	no
gname	商品名称	varchar	50	no
goprice	原价	double	0	no
grprice	现价	double	0	no
gstore	库存	int	0	no
gpicture	图片	varchar	50	no
isshow	是否广告	tinyint	0	no
goodstype_id	类型(FK)	int	0	no

购物车表(carttable)的设计如表13.5所示。

表13.5 购物车表

字段	含义	类型	长度	是否为空
id	购物车ID(PK自增)	int	0	no
busertable_id	用户ID(FK)	int	0	no
goodstable_id	商品编号(FK)	int	0	no
shoppingnum	购买数量	int	0	no

商品收藏表(focustable)的设计如表13.6所示。

表13.6 商品收藏表

字段	含义	类型	长度	是否为空
id	ID(PK自增)	int	0	no
goodstable_id	商品编号(FK)	int	0	no
busertable_id	用户ID(FK)	int	0	no
focustime	收藏时间	datetime	0	no

订单基础信息表(orderbasetable)的设计如表 13.7 所示。

表 13.7　订单基础信息表

字　段	含　义	类　型	长　度	是否为空
id	订单编号(PK 自增)	int	0	no
busertable_id	用户 ID(FK)	int	0	no
amount	订单金额	double	0	no
status	订单状态	tinyint	0	no
orderdate	下单时间	datetime	0	no

订单详情表(orderdetail)的设计如表 13.8 所示。

表 13.8　订单详情表

字　段	含　义	类　型	长　度	是否为空
id	ID(PK 自增)	int	0	no
orderbasetable_id	订单编号(FK)	int	0	no
goodstable_id	商品编号(FK)	int	0	no
shoppingnum	购买数量	int	0	no

▶ 13.2.3　创建数据表

根据 13.2.2 节的逻辑结构创建数据表。由于篇幅有限，创建数据表的代码请读者参考本书提供的源代码 ch13.sql。

13.3　系统管理

扫一扫

视频讲解

▶ 13.3.1　添加相关依赖

新建一个基于 Java Servlet MVC 模式的 Web 应用 eBusiness13，在 eBusiness13 应用中开发本系统。然后复制相关 JAR 包到 WEB-INF/lib 目录中，包括 MySQL 连接器、JSTL 等 JAR 包，详情参见本书提供的源代码 eBusiness13。

▶ 13.3.2　视图页面及静态资源管理

该系统由后台管理和电子商务两个子系统组成，为了方便管理，两个子系统的 JSP 页面分开存放。在 src/main/webapp/admin 目录下存放与后台管理子系统相关的 JSP 页面；在 src/main/webapp/before 目录下存放与前台电子商务子系统相关的 JSP 页面；在 src/main/webapp/static 目录下存放与整个系统相关的 BootStrap、图片及 jQuery 等静态资源。由于篇幅有限，本章仅附上部分 JSP 和 Java 文件的核心代码，具体代码请读者参考本书提供的源代码 eBusiness13。

❶ 后台管理子系统

管理员在浏览器的地址栏中输入 http://localhost:8080/eBusiness13/admin/login.jsp 访问登录页面，登录成功后进入后台管理子系统主页面(selectGoods.jsp)。selectGoods.jsp 的运行效果如图 13.4 所示。

❷ 前台电子商务子系统

注册用户或游客在浏览器的地址栏中输入 http://localhost:8080/eBusiness13 可以访问前台电子商务子系统的首页(index.jsp)，index.jsp 的运行效果如图 13.5 所示。

管理主界面

商品管理 ▾ 类型管理 ▾ 查询订单 销量统计 ▾ 安全退出

商品列表

商品ID	商品名称	商品类型	修改	删除	详情
1	苹果	水果	修改	删除	详情
2	鲜花88	鲜花	修改	删除	详情
3	鲜花99	鲜花	修改	删除	详情
4	苹果	服装	修改	删除	详情
5	化妆品1	化妆品	修改	删除	详情

第1页 共3页 下一页

图 13.4 后台管理子系统主页面

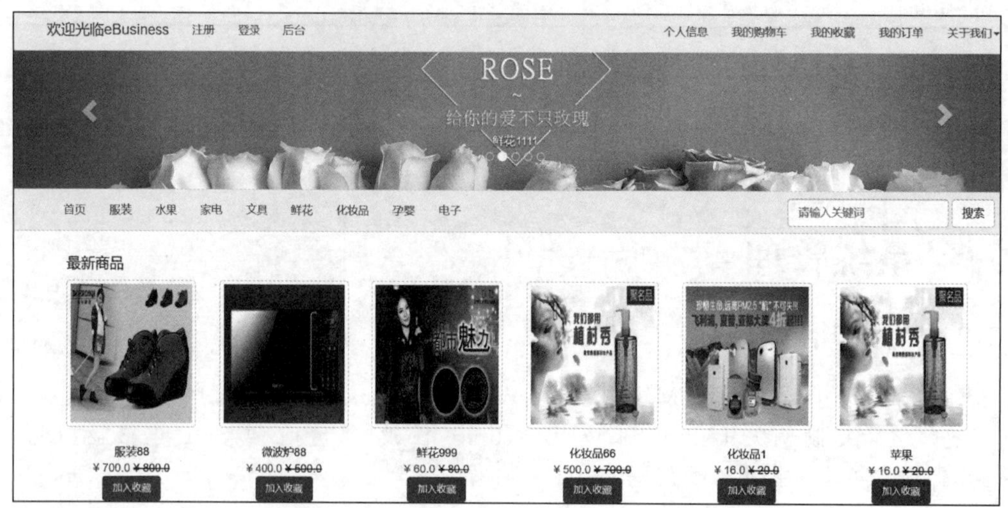

图 13.5 前台电子商务子系统的首页

▶ 13.3.3 应用的包结构

❶ dao 包

dao 包中存放的 Java 程序是实现数据库的操作。其中 BaseDao 是一个父类,该类负责连接数据库,执行增、删、改、查 SQL 语句,其他操作数据库的 Dao 类继承 BaseDao 即可进行数据的相关操作。

❷ dto 包

dto 包中的类是实现数据封装的实体 bean(实体模型)。

❸ filters 包

filters 包中有一个实现登录验证的过滤器,包括管理员和用户的登录验证。

❹ service 包

service 包中的类是系统的业务模型,用于处理具体的业务请求。

❺ servlet 包

servlet 包中有两个子包 admin 和 before。有关后台管理子系统的 Servlet 在 admin 子包中；有关前台电子商务子系统的 Servlet 在 before 子包中。

❻ util 包

util 包中存放的是系统的工具类，包括获取任意位数的随机正整数以及 MD5 加密。

13.4　组件设计

本系统的组件包括管理员与用户登录权限验证过滤器、验证码、数据库操作以及工具类。

13.4.1　登录权限验证过滤器

从系统分析得知，用户成功登录后才能购买商品、收藏商品；管理员成功登录后才能管理商品、用户以及订单。系统使用过滤器判别用户或管理员是否登录。LoginValidateFilter.java 的核心代码如下：

```
@WebFilter("/*")
public class LoginValidateFilter implements Filter {
    public void destroy() {
    }
    public void doFilter(ServletRequest request, ServletResponse response, FilterChain chain)
            throws IOException, ServletException {
        HttpServletRequest req = (HttpServletRequest) request;
        HttpServletResponse resp = (HttpServletResponse) response;
        HttpSession session = req.getSession(true);
        resp.setContentType("text/html;");
        resp.setCharacterEncoding("UTF-8");
        //得到用户请求的 URI
        String request_uri = req.getRequestURI();
        //得到 Web 应用程序的上下文路径
        String ctxPath = req.getContextPath();
        //去除上下文路径,得到剩余部分的路径
        String uri = request_uri.substring(ctxPath.length());
        boolean adminflag = false;
        boolean beforeflag = false;
        //默认主页或 CSS 文件、图片文件、JS
        if ("/".equals(uri) || uri.contains("static")) {
            chain.doFilter(request, response);
        }
        //JSP 请求
        if (uri.contains(".jsp")) {
            //admin 文件夹
            if (uri.contains("admin/")) {
                if (uri.contains("login.jsp") || null != session.getAttribute("admin")) {
                    chain.doFilter(request, response);
                } else {
                    adminflag = true;
                }
            }
            //before 文件夹
            else if (uri.contains("before/")) {
```

```
                if (null != session.getAttribute("buser") || uri.contains("register.jsp") ||
                                                                    //注册页面
                        uri.contains("login.jsp") ||                //登录
                        uri.contains("head.jsp") ||
                        uri.contains("index.jsp") ||
                        uri.contains("goodsDetail.jsp")
                ) {
                    chain.doFilter(request, response);
                } else {
                    beforeflag = true;
                }
            }
            //除 admin 和 beforeUser 以外的 JSP
            else {
                chain.doFilter(request, response);
            }
        }//JSP 请求结束
            //servlet 请求
        else {
            //后台管理的 servlet 请求
            if (uri.contains("admin_")) {
                if (uri.contains("_login") || null != session.getAttribute("admin")) {
                    chain.doFilter(request, response);
                } else {
                    adminflag = true;
                }
            }
            //前台的 servlet 请求
            else if (uri.contains("before_")) {
                if (null != session.getAttribute("buser") || uri.contains("_first") || //首页
                        uri.contains("_detail") ||                  //商品详情
                        uri.contains("_userLogin") ||               //登录
                        uri.contains("_search") ||                  //头部搜索
                        uri.contains("_register") ||                //注册
                        uri.contains("_validateCode")               //验证码
                ) {
                    chain.doFilter(request, response);
                } else {
                    beforeflag = true;
                }
            }
        }                                                           //servlet 请求结束
        String before_uri = request_uri.substring(0, ctxPath.length());
        String pah = "login.jsp";
        if (beforeflag) {                                           //前台没有登录
            PrintWriter out = resp.getWriter();
out.println("您没有登录,请先<a href = " + before_uri + "/before/" + pah + " target = _top>登
录</a>!");
            return;
        }
        if (adminflag) {                                            //后台没有登录
            PrintWriter out = resp.getWriter();
out.println("您没有登录,请先<a href = " + before_uri +"/admin/" + pah + " target = _top>登
录</a>!");
            return;
```

```
            }
        }
        public void init(FilterConfig fConfig) throws ServletException {
        }
}
```

▶ 13.4.2 验证码

本系统验证码的使用步骤如下：

❶ 创建产生验证码的控制器类

在 servlet.before 包中创建产生验证码的控制器类 ValidateCode，具体代码参见本书提供的源程序 eBusiness13。

❷ 使用验证码

在需要验证码的 JSP 页面中调用产生验证码的控制器显示验证码，示例代码片段如下：

```
<img src = "before_validateCode" id = "mycode">
```

▶ 13.4.3 数据库操作

本系统有关数据库操作的 Java 类位于 dao 包中，为了方便管理，减少代码的冗余，所有执行数据库的命令方法都由 BaseDao 实现。

BaseDao.java 的核心代码如下：

```
public class BaseDao {
    //存放 Connection 对象的数组,数组被看成连接池
    static ArrayList<Connection> list = new ArrayList<Connection>();
    /**
     * 获得连接
     */
    public synchronized static Connection getConnection() {
        Connection con = null;
        //如果连接池中有连接对象
        if (list.size() > 0) {
            return list.remove(0);
        }
        //连接池中没有连接对象创建连接放到连接池中
        else {
            for (int i = 0; i < 5; i++) {
                try {
                    Class.forName("com.mysql.cj.jdbc.Driver");
                } catch (ClassNotFoundException e) {
                    //TODO Auto-generated catch block
                    e.printStackTrace();
                }
                //创建连接
                try {
                    con = DriverManager.getConnection(
"jdbc:mysql://localhost:3306/ch13?useUnicode=true&characterEncoding=UTF-8&allowMultiQueries
=true&serverTimezone=GMT%2B8","root","root");
                    list.add(con);
                } catch (SQLException e) {
```

```
                    //TODO Auto - generated catch block
                    e.printStackTrace();
                }
            }
        }
        return list.remove(0);
    }
    /**
     * 关闭结果集
     */
    public static void close(ResultSet rs) {
        if (rs != null) {
            try {
                rs.close();
            } catch (SQLException e) {
                //TODO Auto - generated catch block
                e.printStackTrace();
            }
        }
    }
    /**
     * 关闭预处理
     */
    public static void close(PreparedStatement pst) {
        if (pst != null) {
            try {
                pst.close();
            } catch (SQLException e) {
                //TODO Auto - generated catch block
                e.printStackTrace();
            }
        }
    }
    /**
     * 关闭连接
     */
    public synchronized static void close(Connection con) {
        if (con != null)
            list.add(con);
    }
    /**
     * 关闭所有与连接有关的对象
     */
    public static void close(ResultSet rs, PreparedStatement ps, Connection con) {
        close(rs);
        close(ps);
        close(con);
    }
    /**
     * @discription 新增、修改、删除处理
     * @param sql SQL 语句
 * @param param SQL 语句中的通配符对应的值,如果 SQL 语句无通配符,则该数组为 null
     */
    public boolean updateByParams(String sql, Object param[]) {
        boolean flag = false;
```

```
        Connection con = getConnection();
        PreparedStatement ps = null;
        try {
            ps = con.prepareStatement(sql);
            if(param != null){
                for(int i = 1; i <= param.length; i++){
                    ps.setObject(i, param[i-1]);
                }
            }
            int n = ps.executeUpdate();
            if(n > 0)
                flag = true;
        } catch (SQLException e) {
            //TODO Auto-generated catch block
            e.printStackTrace();
        }finally{
            close(null, ps, con);
        }
        return flag;
    }
    /**
     * @discription 新增、修改、删除多条记录(批量处理)
     * @param sql SQL语句
     * @param param SQL语句中的通配符对应的值,
     * 数组的长度代表处理的记录数,
     * {{X,X,X},{X,X,X},{X,X,X}},
     * 其中{X,X,X}为每个SQL语句中的参数值
     * 如果SQL语句无通配符,该数组为null
     * @return boolean
     */
    public boolean BatchUpadateByParams(String sql, Object param[][]){
        Connection con = getConnection();
        PreparedStatement ps = null;
        try {
            ps = con.prepareStatement(sql);
            if(param != null){
                for(int i = 0; i < param.length; i++){            //多条记录
                    for(int j = 1; j <= param[i].length; j++){//将每条记录里的参数替换
                        ps.setObject(j, param[i][j-1]);
                    }
                    ps.addBatch();
                }
                ps.executeBatch();
            }
            return true;
        } catch (SQLException e) {
            //TODO Auto-generated catch block
            e.printStackTrace();
            return false;
        }finally{
            close(null, ps, con);
        }
    }
    /**
     * @discription 查询
```

```
     * @param sql SQL 语句
 * @param param SQL 语句中的通配符对应的值,如果 SQL 语句无通配符,该数组为 null
     * @return List<Map<String, Object>>
     */
    public static List<Map<String, Object>> select(String sql,Object[] param){
        Connection con = getConnection();
        PreparedStatement ps = null;
        ResultSet rs = null;
        List<Map<String, Object>> list = new ArrayList<Map<String,Object>>();
        try {
            ps = con.prepareStatement(sql);
            if(param != null){
                for(int i = 1; i <= param.length; i++){
                    ps.setObject(i, param[i - 1]);
                }
            }
            rs = ps.executeQuery();
            ResultSetMetaData rm = rs.getMetaData();
            //列数
            int count = rm.getColumnCount();
            while(rs.next()){
                Map<String,Object> map = new HashMap<String, Object>();
                for(int i = 1; i <= count; i++){
                    //key 为列名,value 为列值
                    map.put(rm.getColumnName(i).toLowerCase(),
                    rs.getObject(rm.getColumnName(i)));
                }
                list.add(map);
            }
        } catch (SQLException e) {
            //TODO Auto - generated catch block
            e.printStackTrace();
        }finally{
            close(rs, ps, con);
        }
        return list;
    }
    /**
     * 获得最后一个 id
     */
    public int getLastId(String sql, String sql1, Object[] param) {
        Connection con = getConnection();
        PreparedStatement ps = null;
        PreparedStatement ps1 = null;
        ResultSet rs = null;
        int id = 0;
        try {
            ps = con.prepareStatement(sql);
            if(param != null){
                for(int i = 1; i <= param.length; i++){
                    ps.setObject(i, param[i - 1]);
                }
            }
            ps.executeUpdate();
            ps1 = con.prepareStatement(sql1);
```

```
                rs = ps1.executeQuery();
                if(rs.next())
                    id = rs.getInt(1);
                close(ps1);
            } catch (SQLException e) {
                e.printStackTrace();
            }finally{
                close(rs, ps, con);
            }
            return id;
        }
}
```

▶ 13.4.4　工具类

本系统使用的工具类有两个——MD5Util 和 MyUtil。MD5Util 工具用来对明文密码加密，MyUtil 工具里包含生成任意位数随机正整数的功能。MD5Util 和 MyUtil 的代码参见本书提供的源程序 eBusiness13。

13.5　后台管理子系统的实现

管理员登录成功后可以对商品、商品的类型、订单以及销量统计进行管理。本节将详细讲解管理员的功能实现。

扫一扫

视频讲解

▶ 13.5.1　管理员登录

在管理员输入用户名和密码后，系统将对管理员的用户名和密码进行验证。如果用户名和密码同时正确，则成功登录，进入后台商品管理主页面(selectGoods.jsp)；如果用户名或密码有误，则提示错误。管理员登录的实现步骤如下：

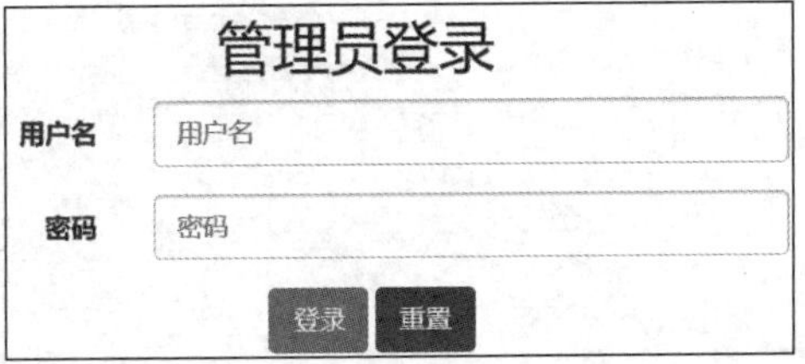

图 13.6　管理员登录界面

❶ 编写视图

login.jsp 页面提供登录信息输入界面，效果如图 13.6 所示。

在 src/main/webapp/admin 目录下创建 login.jsp 文件，具体代码如下：

```
<%@ page language = "java" contentType = "text/html; charset = UTF - 8" pageEncoding = "UTF - 8" %>
<%
String path = request.getContextPath();
String basePath = request.getScheme() + "://" + request.getServerName() + ":" + request.
getServerPort() + path + "/";
%>
<html>
<head>
<base href = "<% = basePath %>">
<meta charset = "UTF - 8">
<title>Insert title here</title>
<link href = "static/css/bootstrap.min.css" rel = "stylesheet">
```

```
</head>
<body>
    <div class = "container">
        <div>
            <h2 align = "center">管理员登录</h2>
        </div>
        <form class = "form - horizontal" action = "admin_adminLoginServlet_login" method = "post">
            <div class = "form - group">
                <label class = " col - sm - 4 control - label" for = " formGroupInputLarge" >
用户名</label>
                <div class = "col - sm - 6">
            <input class = "form - control" type = "text" name = "aname" id = "formGroupInputLarge"
                    placeholder = "用户名">
                </div>
            </div>
            <div class = "form - group">
                <label class = "col - sm - 4 control - label" for = "formGroupInputSmall">密码</label>
                <div class = "col - sm - 6">
                    <input class = "form - control" type = "password" name = "apwd"
                        id = "formGroupInputSmall" placeholder = "密码">
                </div>
            </div>
            <div class = "form - group">
                <div class = "col - sm - offset - 5 col - sm - 6">
                    <button type = "submit" class = "btn btn - success">登录</button>
                    <button type = "reset" class = "btn btn - primary">重置</button>
                </div>
            </div>
            <div class = "form - group">
                <div class = "col - sm - offset - 5 col - sm - 10">
                    <font size = "6" color = "red">
                        <span>${errorMessage}</span>
                    </font>
                </div>
            </div>
        </form>
    </div>
</body>
</html>
```

❷ 编写控制器层

该控制器 Servlet 对象的 urlPatterns 是{"/admin_adminLoginServlet_login"},类名为 AdminLoginServlet。控制器获取视图的请求后,将视图中的信息封装在实体模型 AdminDTO 中,然后调用业务模型 AdminService 中的 adminLogin()方法执行登录的业务处理。控制器层的相关核心代码如下:

```
@WebServlet("/admin_adminLoginServlet_login")
public class AdminLoginServlet extends HttpServlet {
    protected void doPost(HttpServletRequest request, HttpServletResponse response) throws
ServletException, IOException {
        //把管理员信息保存到实体模型中
        AdminDTO adt = new AdminDTO();
        adt.setAname(request.getParameter("aname"));
        adt.setApwd(request.getParameter("apwd"));
```

```
            //业务层
            AdminService as = new AdminService();
            as.adminLogin(adt, request, response);
        }
    }
```

❸ 编写 Service 层

Service 层是功能模块实现的核心，Service 层调用数据访问层进行数据库操作。登录成功后，首先将登录人信息存入 session；然后获得商品的类型并存入 session，为添加商品和修改商品使用；最后跳转到查询请求(admin_selectGoodsServlet? currentPage=1)。登录失败回到 login.jsp 页面。

管理员登录的业务处理类 AdminService 的核心代码如下：

```
public class AdminService {
    AdminDao ad = new AdminDao();
    TypeDao td = new TypeDao();
    /**
     * 管理员登录判定
     */
     public void adminLogin(AdminDTO adt, HttpServletRequest request, HttpServletResponse
response) throws ServletException, IOException{
        //登录成功
        if(ad.adminLogin(adt)){
            //把登录存储到 session 中
            HttpSession session = request.getSession(true);
            session.setAttribute("admin", adt);
            //获得商品的类型
            List<Map<String, Object>> list = td.getGoodsType();
            session.setAttribute("goodsType", list);
            //跳转到查询商品
            RequestDispatcher rds =
                  request.getRequestDispatcher("admin_selectGoodsServlet?currentPage=1");
            rds.forward(request, response);
        }else{                  //登录失败
            request.setAttribute("errorMessage", "用户名或密码错误!");
            response.sendRedirect("admin/login.jsp");
        }
    }
}
```

❹ 编写数据库操作方法

管理员登录的数据库操作方法 adminLogin()位于 dao.AdminDao 类中，具体代码如下：

```
public boolean adminLogin(AdminDTO adt){
      String sql = "select * from ausertable where aname = ? and apwd = ?";
      Object param[] = {adt.getAname(), adt.getApwd()};
      List<Map<String, Object>> list = select(sql, param);
      if(list.size() > 0){
            return true;
      }else{
            return false;
      }
}
```

扫一扫

视频讲解

▶ 13.5.2 类型管理

管理员登录成功后管理商品的类型。类型管理分为新增类型、修改类型、查询类型和删除类型，如图 13.7 所示。

管理主界面

商品管理 ▾ 类型管理 ▾ 查询订单 销量统计 ▾ 安全退出

商品类型

类型ID	类型名称	修改	删除
1	服装	修改	删除
2	水果	修改	删除
3	家电	修改	删除
4	文具	修改	删除
5	鲜花	修改	删除

第1页 共2页 下一页

图 13.7 类型管理

❶ 新增类型

新增类型的实现步骤如下：

1）编写视图

单击图 13.7 中“类型管理”下的“新增类型”（admin/addType.jsp），打开如图 13.8 所示的新增类型页面。

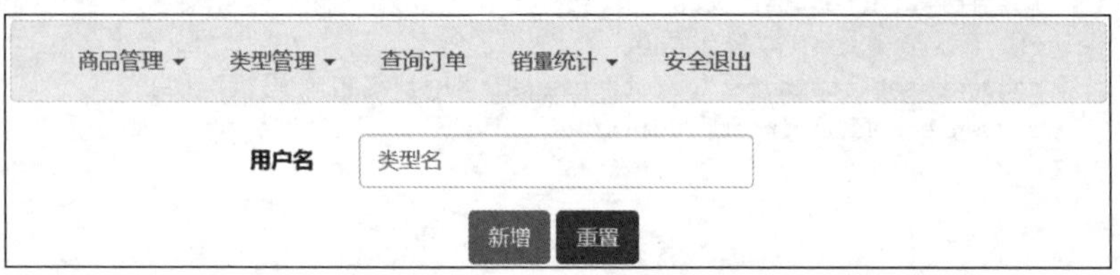

图 13.8 新增类型

在 src/main/webapp/admin 目录下创建新增类型页面 addType.jsp。该页面的代码参见本书提供的源程序 eBusiness13。

2）编写控制器层

新增类型表单的请求路径为“admin_Type?act=add”，系统根据@WebServlet("/admin_Type")注解找到对应控制器类 servlet.admin.AdminTypeServlet，在控制器类的处理方法中调用 service.TypeService 的 adminType()方法处理业务。控制器层 AdminTypeServlet 的核心代码如下：

```
@WebServlet("/admin_Type")
public class AdminTypeServlet extends HttpServlet {
```

```
    private static final long serialVersionUID = 1L;
    protected void doGet(HttpServletRequest request, HttpServletResponse response) throws
ServletException, IOException {
        TypeService ts = new TypeService();
        String act = request.getParameter("act");
        ts.adminType(act, request, response);
    }
    protected void doPost(HttpServletRequest request, HttpServletResponse response) throws
ServletException, IOException {
        doGet(request, response);
    }
}
```

3）编写 Service 层

service. TypeService 的 adminType()方法根据控制器传递的动作 act 进行新增类型的业务处理，Service 层 TypeService 的核心代码如下：

```
public class TypeService {
    public void adminType(String act, HttpServletRequest request, HttpServletResponse response)
throws ServletException, IOException {
        TypeDao td = new TypeDao();
        if("add".equals(act)) {
            String typename = request.getParameter("typename");
            td.addType(typename);
            //获得商品类型
            List<Map<String, Object>> list = td.getGoodsType();
            HttpSession session = request.getSession(true);
            session.setAttribute("goodsType", list);
            response.sendRedirect("admin_Type?act=select&currentPage=1");
        }else if("select".equals(act)) {
            String currentPage = request.getParameter("currentPage");
            List<Map<String, Object>> allType = td.getGoodsType();
            //分页查询
            int temp = allType.size();
            int totalPage = 0;
            int perPageSize = 5;                    //每页 5 个
            if (temp == 0) {
                totalPage = 0;                      //总页数
            } else {
                //返回大于或等于指定表达式的最小整数
                totalPage = (int) Math.ceil((double) temp / perPageSize);
            }
            if (currentPage == null) {
                currentPage = "1";
            }
            int pageCur = Integer.parseInt(currentPage);
            if ((pageCur - 1) * perPageSize > temp) {
                pageCur = pageCur - 1;
            }
            //分页查询
            int startIndex = (pageCur - 1) * perPageSize;        //起始位置
            allType = td.selectAllGoodsTypeByPage(startIndex, perPageSize);
            request.setAttribute("allType", allType);
            request.setAttribute("totalPage", totalPage);
```

```
            request.setAttribute("currentPage", pageCur);
            RequestDispatcher rds = request.getRequestDispatcher("admin/selectType.jsp");
            rds.forward(request, response);
        }else if("delete".equals(act)) {
            String id = request.getParameter("id");
            PrintWriter out = response.getWriter();
            if(td.getReType(id).size() > 0) {
                out.println("有子记录,无法删除!3 秒钟返回");
            }else {
                td.deleteType(id);
                out.println("删除成功!3 秒钟返回");
            }
            //获得商品的类型
            List<Map<String, Object>> list = td.getGoodsType();
            HttpSession session = request.getSession(true);
            session.setAttribute("goodsType", list);
            response.setHeader("refresh", "3; url = admin_Type?act = select&currentPage = 1");
        }else if("updateSelect".equals(act)) {
            String id = request.getParameter("id");
            List<Map<String, Object>> list = td.selectAGoodsType(id);
            request.setAttribute("goodsType", list.get(0));
            RequestDispatcher rds = request.getRequestDispatcher("admin/updateType.jsp");
            rds.forward(request, response);
        }else if("update".equals(act)) {
            String id = request.getParameter("id");
            String typename = request.getParameter("typename");
            GoodsTypeDTO gtd = new GoodsTypeDTO();
            gtd.setId(Integer.parseInt(id));
            gtd.setTypename(typename);
            td.updateGoodsType(gtd);
            PrintWriter out = response.getWriter();
            out.println("修改成功!3 秒钟返回");
            //获得商品的类型
            List<Map<String, Object>> list = td.getGoodsType();
            HttpSession session = request.getSession(true);
            session.setAttribute("goodsType", list);
            response.setHeader("refresh", "3; url = admin_Type?act = select&currentPage = 1");
        }
    }
}
```

4）编写数据库操作方法

实现新增类型的数据库操作方法 addType()位于 dao.addType 类中，具体代码如下：

```
public boolean addType(String typename){
    String sql = "insert into goodstype values(null,?)";
    Object param[] = {typename};
    return updateByParams(sql, param);
}
```

❷ 修改、删除类型

修改、删除类型的实现步骤如下：

1）编写视图

单击图 13.7 中"类型管理"下的"查询类型"(admin_Type?act=select¤tPage=1)，打开

如图 13.7 所示的查询类型页面。

在 src/main/webapp/admin 目录下创建查询类型页面 selectType.jsp，具体代码如下：

```
<%@ page language="java" contentType="text/html; charset=UTF-8" pageEncoding="UTF-8" %>
<%@ taglib prefix="c" uri="http://java.sun.com/jsp/jstl/core" %>
<%
String path = request.getContextPath();
String basePath = request.getScheme() + "://" + request.getServerName() + ":" + request.
getServerPort() + path + "/";
%>
<!DOCTYPE html>
<html>
<head>
<base href="<%=basePath%>">
<meta charset="UTF-8">
<title>Insert title here</title>
<script type="text/javascript">
    function confirmDelete(id) {
        if (window.confirm("你确定真的要删除吗?")) {
            var url = location.pathname.substring(0,location.pathname.lastIndexOf("/"));
            //绝对路径
            window.location.href = url + "/admin_Type?id=" + id + "&act=delete";
        }
    }
</script>
</head>
<body>
    <jsp:include page="nav.jsp"></jsp:include>
    <div class="container">
        <div class="panel panel-primary">
            <div class="panel-heading">
                <h3 class="panel-title">商品类型</h3>
            </div>
            <div class="panel-body">
                <div class="table table-responsive">
                    <table class="table table-bordered table-hover">
                        <tbody class="text-center">
                            <tr>
                                <th>类型 ID</th>
                                <th>类型名称</th>
                                <th>修改</th>
                                <th>删除</th>
                            </tr>
                            <c:if test="${totalPage != 0}">
                                <c:forEach var="type" items="${allType}">
                                    <tr>
                                        <td>${type.id}</td>
                                        <td>${type.typename}</td>
                    <td><a href="admin_Type?act=updateSelect&id=${type.id}">修
                    改</a></td>
                    <td><a href="javascript:confirmDelete(${type.id})">删除</a>
                                        </td>
```

```
                                </tr>
                            </c:forEach>
                            <tr>
                                <td colspan = "4" align = "right">
                                    <ul class = "pagination">
                            <li><a><span>第 ${currentPage}页</span></a>
                            </li>
                            <li><a><span>共 ${totalPage}页</span></a>
                            </li>
                            <li><c:if test = " ${currentPage != 1}">
                    <a href = "admin_Type?act = select&currentPage = ${currentPage - 1}">
                    上一页</a>
                            </c:if><c:if test = " ${currentPage !=
                            totalPage}">
                <a href = "admin_Type?act = select&currentPage = ${currentPage + 1}">下一页
</a></c:if></li>
                                    </ul>
                                </td>
                            </tr>
                        </c:if>
                    </tbody>
                </table>
            </div>
        </div>
    </div>
  </div>
</body>
</html>
```

2）编写控制器层

该功能模块共有 4 个处理请求，包括图 13.7 中的“查询类型”链接请求“admin_Type?act=select¤tPage=1”、“修改”链接请求“admin_Type?act=updateSelect&id=${type.id}”、“删除”链接请求“javascript:confirmDelete(${type.id})”以及修改页面中的“修改”按钮请求“admin_Type?act=update”。系统根据@WebServlet("/admin_Type")注解找到对应控制器类 servlet.admin.AdminTypeServlet，在控制器类的处理方法中调用 service.TypeService 的 adminType()方法处理业务。

3）编写 Service 层

service.TypeService 的 adminType()方法根据控制器传递的动作 act 进行“查询类型”“修改查询类型”“修改类型”以及“删除类型”的业务处理。

4）编写数据库操作方法

实现“查询类型”链接请求“admin_Type?act=select¤tPage=1”的数据操作方法 getGoodsType()和 selectAllGoodsTypeByPage()位于 dao.TypeDao 类中，具体代码如下：

```
/**
  * 获得商品类型列表
  */
public List<Map<String, Object>> getGoodsType(){
      String sql = "select * from goodstype";
```

```
        return select(sql, null);
    }
    /**
     * 分页查询类型
     */
    public List<Map<String, Object>> selectAllGoodsTypeByPage(int startIndex, int perPageSize){
        String sql = "select * from goodstype limit ?, ?";
        Object param[] = {startIndex, perPageSize};
        return select(sql, param);
    }
```

实现“修改查询类型”链接请求“admin_Type?act=updateSelect&id=${type.id}”的数据操作方法 selectAGoodsType()位于 dao.TypeDao 类中，具体代码如下：

```
    public List<Map<String, Object>> selectAGoodsType(String id){
        String sql = "select * from goodstype where id = ?";
        Object param[] = {id};
        return select(sql, param);
    }
```

实现“删除”链接请求“javascript：confirmDelete(${type.id})”的数据操作方法 getReType()和 deleteType()位于 dao.TypeDao 类中，具体代码如下：

```
    /**
     * 获得关联类型
     */
    public List<Map<String, Object>> getReType(String id){
        String sql = "select * from goodstable where goodstype_id = ?";
        Object param[] = {id};
        return select(sql, param);
    }
    /**
     * 删除类型
     */
    public boolean deleteType(String id) {
        String sql = "delete from goodstype where id = ? ";
        Object param[] = {id};
        return updateByParams(sql, param);
    }
```

实现修改页面中的“修改”按钮请求“admin_Type?act=update”的数据操作方法 updateGoodsType()位于 dao.TypeDao 类中，具体代码如下：

```
    public boolean updateGoodsType(GoodsTypeDTO gtd) {
        String sql = "update goodstype set typename = ? where id = ?";
        Object param[] = {gtd.getTypename(), gtd.getId()};
        return updateByParams(sql, param);
    }
```

13.5.3 新增商品

扫一扫

视频讲解

单击图 13.4 中“商品管理”下的“新增商品”打开如图 13.9 所示的“新增商品”页面。

图 13.9　新增商品

新增商品的实现步骤如下：

❶ 编写视图

在 src/main/webapp/admin 目录下创建新增商品页面 addGoods.jsp。addGoods.jsp 的代码具体如下：

```
<%@ page language="java" contentType="text/html; charset=UTF-8" pageEncoding="UTF-8"%>
<%@ taglib prefix="c" uri="http://java.sun.com/jsp/jstl/core"%>
<%
String path = request.getContextPath();
String basePath = request.getScheme() + "://" + request.getServerName() + ":" + request.
getServerPort() + path + "/";
%>
<html>
<head>
<base href="<% = basePath %>">
<meta charset="UTF-8">
<title>新增商品</title>
</head>
<body>
	<jsp:include page="nav.jsp"></jsp:include>
	<form class="form-horizontal" action="admin_addGoods?act=add" method="post"
enctype="multipart/form-data">
		<div class="form-group">
			<label class="col-sm-4 control-label">商品名</label>
			<div class="col-sm-4">
				<input type="text" name="gname"
				class="form-control"
				placeholder="商品名"/>
			</div>
		</div>
		<div class="form-group">
			<label class="col-sm-4 control-label">商品原价</label>
			<div class="col-sm-4">
```

```
                    <input type = "text" name = "goprice"
                    class = "form - control"
                    placeholder = "商品原价"/>
                </div>
            </div>
            <div class = "form - group">
                <label class = "col - sm - 4 control - label">商品折扣价</label>
                <div class = "col - sm - 4">
                    <input type = "text" name = "grprice"
                    class = "form - control"
                    placeholder = "商品折扣价"/>
                </div>
            </div>
            <div class = "form - group">
                <label class = "col - sm - 4 control - label">商品库存</label>
                <div class = "col - sm - 4">
                    <input type = "text" name = "gstore"
                        class = "form - control"
                        placeholder = "商品库存"/>
                </div>
            </div>
            <div class = "form - group">
                <label class = "col - sm - 4 control - label">商品图片</label>
                <div class = "col - sm - 4">
                    <input class = "form - control"
                    type = "file"
                    name = "gpicture">
                </div>
            </div>
            <div class = "form - group">
                <label class = "col - sm - 4 control - label">商品类型</label>
                <div class = "col - sm - 4">
                    <select name = "typeid" class = "form - control">
                        <c:forEach var = "gtp" items = " ${goodsType}">
                            <option value = " ${gtp.id}"> ${gtp.typename}</option>
                        </c:forEach>
                      </select>
                  </div>
              </div>
              <div class = "form - group">
                  <label class = "col - sm - 4 control - label">是否广告</label>
                  <div class = "col - sm - 4">
                      <label class = "radio - inline">
                          <input type = "radio" name = "isshow" value = "1"/> 是
                  </label>
                      <label class = "radio - inline">
                          <input type = "radio" name = "isshow" value = "0"/> 否
                      </label>
                  </div>
              </div>
              <div class = "form - group">
                  <div class = "col - sm - offset - 5 col - sm - 6">
                      <button type = "submit" class = "btn btn - success">新增</button>
                      <button type = "reset" class = "btn btn - primary">重置</button>
                  </div>
```

```
                </div>
        </form>
</body>
</html>
```

❷ 编写控制器层

“新增商品”表单请求是“admin_addGoods?act=add”。系统根据@WebServlet("/admin_addGoods")注解找到对应控制器类 servlet.admin.AddGoodsServlet，在控制器类的处理方法中调用 service.GoodsService 的 addGoods()方法处理业务。控制器层 AddGoodsServlet 的核心代码如下：

```
@WebServlet("/admin_addGoods")
@MultipartConfig(maxFileSize = 10 * 1024 * 1024)          //设置上传文件的最大值为 10MB
public class AddGoodsServlet extends HttpServlet {
    private static final long serialVersionUID = 1L;
    protected void doGet(HttpServletRequest request, HttpServletResponse response) throws
ServletException, IOException {
        doPost(request, response);
    }
    protected void doPost(HttpServletRequest request, HttpServletResponse response) throws
ServletException, IOException {
        GoodsService gs = new GoodsService();
        GoodsDTO gdt = new GoodsDTO();                  //实体模型
        //获得动作类型,因为不是通过表单域提交,所以可以通过 request 获取
        String act = request.getParameter("act");
        try{
            String gname = request.getParameter("gname");
            double goprice = Double.parseDouble(request.getParameter("goprice"));
            double grprice = Double.parseDouble(request.getParameter("grprice"));
            int gstore = Integer.parseInt(request.getParameter("gstore"));
            int typeid = Integer.parseInt(request.getParameter("typeid"));
            int isshow = Integer.parseInt(request.getParameter("isshow"));
            gdt.setGname(gname);
            gdt.setGoprice(goprice);
            gdt.setGrprice(grprice);
            gdt.setGoodstype_id(typeid);
            gdt.setGstore(gstore);
            gdt.setIsshow(isshow);
        }catch(Exception e){
            //数据输入有误
            response.sendRedirect("admin/addGoods.jsp");
            return ;
        }
        gs.addGoods(gdt, act, request, response);
    }
}
```

❸ 编写 Service 层

service.GoodsService 的 addGoods()方法根据控制器传递的动作 act 进行新增商品的业务处理，Service 层的 addGoods()方法的代码如下：

```
/**
 * 新增与修改商品
```

```
    */
public void addGoods(GoodsDTO gdt, String act, HttpServletRequest request, HttpServletResponse
response) throws ServletException, IOException {
        //获得 Part 对象
        jakarta.servlet.http.Part part = request.getPart("gpicture");
        //上传到哪里,即文件目录
        //(1)生产环境,服务器上
        //String realpath = request.getServletContext().getRealPath("static/images");
        //(2)开发环境,工作空间
        String realpath = "D:\\idea-workspace\\eBusiness13\\src\\main\\webapp\\static\\images";
        File uploadFileDir = new File(realpath);
        if(!uploadFileDir.exists()){
              uploadFileDir.mkdir();
        }
        //获得原始文件名
        String oldName = part.getSubmittedFileName();
        try{
            String gpicture = null;
            if("add".equals(act)){
                if(oldName != null && oldName.length() > 0){
                    //上传时的新文件名
                gpicture = MyUtil.getRandomStr(10) + oldName.substring(oldName.lastIndexOf("."));
                    //上传图片
                    part.write(uploadFileDir + File.separator + gpicture);
                }
            }else if("update".equals(act)){
                gdt.setId(Integer.parseInt(request.getParameter("id")));
                //修改时没有选择图片,使用旧图片
                System.out.println(oldName + "oldNameoldNameoldNameoldName");
                if(oldName == null || oldName.length() == 0){
                    gpicture = request.getParameter("oldgpicture");
                }else{
                    //上传时的新文件名
                gpicture = MyUtil.getRandomStr(10) + oldName.substring(oldName.lastIndexOf("."));
                    //上传图片
                    part.write(uploadFileDir + File.separator + gpicture);
                }
            }
            gdt.setGpicture(gpicture);
        }catch(Exception e){
            e.printStackTrace();
        }
        boolean result = false;
        if("add".equals(act)) {
            result = gd.addGoods(gdt);
        }
        if("update".equals(act)) {
            result = gd.updateGoods(gdt);
        }
        PrintWriter out = response.getWriter();
        if(result) {
            out.println("新增或修改成功!2 秒钟返回主界面!");
        }else {
            out.println("新增或修改失败!2 秒钟返回主界面!");
        }
        response.setHeader("refresh", "2; url=admin_selectGoodsServlet?currentPage=1");
    }
```

❹ 编写数据操作方法

实现“新增商品”表单请求的数据操作方法 addGoods()位于 dao. GoodsDao 类中，具体代码如下：

```
public boolean addGoods(GoodsDTO gdt){
        String sql = "insert into goodstable values(null,?,?,?,?,?,?,?)";
        Object param[] = {
                gdt.getGname(),
                gdt.getGoprice(),
                gdt.getGrprice(),
                gdt.getGstore(),
                gdt.getGpicture(),
                gdt.getGoodstype_id(),
                gdt.getIsshow()
            };
        return updateByParams(sql, param);
}
```

扫一扫

视频讲解

13.5.4 查询商品

管理员登录成功后进入如图 13.4 所示的后台管理子系统主页面，在主页面中单击“详情”链接，显示如图 13.10 所示的商品详情页面。

管理主界面

商品管理 ▾　类型管理 ▾　查询订单　销量统计 ▾　安全退出

ID	10
商品名称	服装88
商品原价	800.0
商品折扣价	700.0
商品库存	40000
商品图片	
商品类型	服装
是否广告	否

图 13.10 商品详情

查询商品的实现步骤如下：

❶ 编写视图

在 src/main/webapp/admin 目录下创建后台管理子系统主页面 selectGoods. jsp，该页面显示查询商品、修改商品查询以及删除商品查询的结果，其代码如下：

```
<%@ page language = "java" contentType = "text/html; charset = UTF - 8" pageEncoding = "UTF - 8" %>
<%@ taglib prefix = "c" uri = "http://java.sun.com/jsp/jstl/core" %>
<%
String path = request.getContextPath();
```

```
String basePath  =  request.getScheme() + "://" + request.getServerName() + ":" + request.
getServerPort() + path + "/";
%>
<html>
<head>
<base href = "<% = basePath %>">
<meta charset = "UTF - 8">
<title>查询商品</title>
<script type = "text/javascript">
    function confirmDelete(id){
        if (window.confirm ("你确定真的要删除吗?")){
            var url  =  location.pathname.substring(0, location.pathname.lastIndexOf("/"));
            //绝对路径
            window.location.href  =  url  +  "/admin_GoodsServlet?id = " +  id  +  "&act =
            deleteAgoods";
        }
    }
</script>
</head>
<body>
    <jsp:include page = "nav.jsp"></jsp:include>
    <div class = "container">
        <div class = "panel panel - primary">
            <div class = "panel - heading">
                <h3 class = "panel - title">商品列表</h3>
            </div>
            <div class = "panel - body">
                <div class = "table table - responsive">
                    <table class = "table table - bordered table - hover">
                        <tbody class = "text - center">
                            <tr>
                                <th>商品 ID</th>
                                <th>商品名称</th>
                                <th>商品类型</th>
                                <th>修改</th>
                                <th>删除</th>
                                <th>详情</th>
                            </tr>
                            <c:if test = " ${totalPage != 0}">
                                <c:forEach var = "goods"  items = " ${allGoods}">
                                    <tr>
                                        <td> ${goods.id}</td>
                                        <td> ${goods.gname}</td>
                                        <td> ${goods.typename}</td>
            <td><a href = "admin_GoodsServlet?id -  ${goods.id }&act = updateAgoods">修改</a></td>
            <td><a href = "javascript:confirmDelete( ${goods.id})">删除</a>
                                        </td>
            <td><a href = "admin_GoodsServlet?id =  ${goods.id}&act = detail">详情</a></td>
                                        </tr>
                                    </c:forEach>
                                    <tr>
                                        <td colspan = "6" align = "right">
                                            <ul class = "pagination">
                    <li><a><span>第 ${currentPage} 页</span></a></li>
                    <li><a><span>共 ${totalPage} 页</span></a></li>
```

```
                    <li><c:if test = " ${currentPage != 1}">
                <a href = "admin_selectGoodsServlet?currentPage = ${currentPage - 1}">上一页</a>
                </c:if><c:if test = " ${currentPage != totalPage}">
                <a href = "admin_selectGoodsServlet?currentPage = ${currentPage + 1}">下一页</a>
                                        </c:if></li>
                                    </ul>
                                </td>
                            </tr>
                        </c:if>
                    </tbody>
                </table>
            </div>
        </div>
      </div>
    </div>
</body>
</html>
```

在 src/main/webapp/admin 目录下创建商品详情页面 goodsDetail. jsp。该页面的代码参见本书提供的源程序 eBusiness13。

❷ 编写控制器层

该功能模块共有两个处理请求，即“查询商品”链接请求 admin_selectGoodsServlet?currentPage=1 和“详情”链接请求 admin_GoodsServlet? id= ${goods. id}&act=detail。系统根据@WebServlet 注解找到对应控制器类 servlet. admin. SelectGoodsServlet 和 servlet. admin. AdminGoodsServlet，在控制器类 SelectGoodsServlet 的处理方法中调用 service. GoodsService 的 selectGoods()方法处理查询业务；在控制器类 AdminGoodsServlet 的处理方法中调用 service. GoodsService 的 adminGoods()方法处理详情查询业务。

控制器层 SelectGoodsServlet 的核心代码如下：

```
@WebServlet("/admin_selectGoodsServlet")
public class SelectGoodsServlet extends HttpServlet {
    private static final long serialVersionUID = 1L;
    protected void doGet(HttpServletRequest request, HttpServletResponse response) throws
ServletException, IOException {
        doPost(request, response);
    }
    protected void doPost(HttpServletRequest request, HttpServletResponse response) throws
ServletException, IOException {
        String currentPage = request.getParameter("currentPage");
        GoodsService gs = new GoodsService();
        gs.selectGoods(currentPage, request, response);
    }
}
```

控制器层 AdminGoodsServlet 的核心代码如下：

```
@WebServlet("/admin_GoodsServlet")
public class AdminGoodsServlet extends HttpServlet {
    private static final long serialVersionUID = 1L;
    protected void doGet(HttpServletRequest request, HttpServletResponse response) throws
ServletException, IOException {
        doPost(request, response);
```

```
    }
    protected void doPost(HttpServletRequest request, HttpServletResponse response) throws
ServletException, IOException {
        String id = request.getParameter("id");
        String act = request.getParameter("act");
        GoodsService gs = new GoodsService();
        gs.adminGoods(id, act, request, response);
    }
}
```

❸ 编写 Service 层

查询商品和查看详情的 Service 层的相关代码如下：

```
/**
  * 查询商品
  */
public void selectGoods(String currentPage, HttpServletRequest request, HttpServletResponse
response) throws ServletException, IOException {
        List<Map<String, Object>> list = gd.selectGoods();
        //分页查询
        int temp = list.size();
        int totalPage = 0;
        int perPageSize = 5;                          //每页5个
        if (temp == 0) {
            totalPage = 0;                            //总页数
        } else {
            //返回大于或等于指定表达式的最小整数
            totalPage = (int) Math.ceil((double) temp / perPageSize);
        }
        if (currentPage == null) {
            currentPage = "1";
        }
        int pageCur = Integer.parseInt(currentPage);
        if ((pageCur - 1) * perPageSize > temp) {
            pageCur = pageCur - 1;
        }
        //分页查询
        int startIndex = (pageCur - 1) * perPageSize;    //起始位置
        list = gd.selectAllGoodsByPage(startIndex, perPageSize);
        request.setAttribute("allGoods", list);
        request.setAttribute("totalPage", totalPage);
        request.setAttribute("currentPage", pageCur);
        RequestDispatcher rds = request.getRequestDispatcher("admin/selectGoods.jsp");
        rds.forward(request, response);
    }
    /**
     * 管理商品(修改、详情、删除等链接)
     */
     public void adminGoods(String id, String act, HttpServletRequest request,
HttpServletResponse response) throws ServletException, IOException {
        List<Map<String, Object>> list = gd.selectAGoods(id);
        //把一个商品的详细信息存到 request 中
        request.setAttribute("goods", list.get(0));
        RequestDispatcher rds = null;
        PrintWriter out = response.getWriter();
```

```
        //商品详情页面
        if("detail".equals(request.getParameter("act"))){
            rds = request.getRequestDispatcher("admin/goodsDetail.jsp");
        }
        //修改一个商品页面
        else if("updateAgoods".equals(request.getParameter("act"))){
            rds = request.getRequestDispatcher("admin/goodsUpdate.jsp");
        }else {
            if(!gd.isDelete(id)){                        //有子记录不能删除
                out.println("有子记录,删除失败!2 秒钟返回!");
            }else{
                gd.deleteAgoods(id);
                out.println("删除成功!2 秒钟返回!");
            }
            response.setHeader("refresh", "2; url = admin_selectGoodsServlet?currentPage = 1");
        }
        rds.forward(request, response);
    }
```

❹ 编写数据操作方法

查询商品和查看详情的数据操作方法位于 dao.GoodsDao 类中,具体代码如下:

```
/**
 * 查询所有商品
 */
public List<Map<String, Object>> selectGoods(){
    String sql = "select * from goodstable gt,goodstype gy where gt.goodstype_id = gy.id ";
    Object param[] = null;
    return select(sql, param);
}
/**
 * 分页查询商品
 */
public List<Map<String, Object>> selectAllGoodsByPage(int startIndex, int perPageSize){
    String sql = "select * from goodstable gt, goodstype gy where gt.goodstype_id = gy.id
order by gt.id limit ?, ?";
    Object param[] = {startIndex, perPageSize};
    return select(sql, param);
}
/**
 * 查询一个商品
 */
public List<Map<String, Object>> selectAGoods(String id){
    String sql = "select * from goodstable gt,goodstype gy where gt.goodstype_id = gy.id and
gt.id = ?";
    Object param[] = {id};
    return select(sql, param);
}
```

扫一扫

视频讲解

13.5.5 修改商品

单击图 13.4 中的"修改"超链接(admin_GoodsServlet?id= ${goods.id}&act=updateAgoods)打开修改商品信息页面 goodsUpdate.jsp,如图 13.11 所示。在图 13.11 中输入要修改的信息后单击"修改"按钮,将商品信息提交给 admin_addGoods?act=update 处理。

图 13.11　修改商品信息页面

“修改商品”的实现步骤如下：

❶ 编写视图

在 src/main/webapp/admin 目录下创建修改商品信息页面 goodsUpdate.jsp。goodsUpdate.jsp 与新增商品页面的内容基本相同，这里不再赘述。

❷ 编写控制器层

该功能模块共有两个处理请求，即 admin_GoodsServlet?id=${goods.id}&act=updateAgoods 和 admin_addGoods?act=update。系统根据@WebServlet 注解找到对应控制器类 servlet.admin.AddGoodsServlet 和 servlet.admin.AdminGoodsServlet，在控制器类 AdminGoodsServlet 的处理方法中调用 service.GoodsService 的 adminGoods()方法处理修改查询业务；在控制器类 AddGoodsServlet 的处理方法中调用 service.GoodsService 的 addGoods()方法处理修改请求业务。AddGoodsServlet 和 AdminGoodsServlet 的代码参见 13.5.3 节和 13.5.4 节。

❸ 编写 Service 层

修改商品查询和修改商品的 Service 层的相关代码参见 13.5.3 节和 13.5.4 节。

❹ 编写数据操作方法

“修改商品”的数据操作方法位于 dao.GoodsDao 类中，具体代码如下：

```
public boolean updateGoods(GoodsDTO gdt){
      String sql = "update goodstable set gname = ?, goprice = ?, grprice = ?, gstore = ?,
gpicture = ?, goodstype_id = ?, isshow = ? where id = ?";
      Object param[] = {
               gdt.getGname(),
               gdt.getGoprice(),
               gdt.getGrprice(),
               gdt.getGstore(),
```

```
                gdt.getGpicture(),
                gdt.getGoodstype_id(),
                gdt.getIsshow(),
                gdt.getId()
                };
        return updateByParams(sql, param);
    }
```

扫一扫

视频讲解

▶ 13.5.6 删除商品

单击图 13.4 中的"删除"超链接(javascript:confirmDelete(${goods.id}))可实现单个商品的删除,成功删除(关联商品不允许删除)后返回删除商品管理主页面。

❶ 编写控制器层

该功能模块的处理请求是 admin_GoodsServlet?act=deleteAgoods。相关控制器层的代码参见 13.5.4 节。

❷ 编写 Service 层

删除商品的相关业务处理代码参见 13.5.4 节。

❸ 编写数据操作方法

"删除商品"功能模块的数据操作方法位于 dao.GoodsDao 类中,具体代码如下:

```
/**
 * 删除商品
 */
public boolean deleteAgoods(String gno){
        String sql = "delete from goodstable where id = ?";
        Object param[] = {gno};
        return updateByParams(sql, param);
}
/**
 * 删除商品时判断有无关联
 */
public boolean isDelete(String gno){
        String sql1 = "select * from goodstable where goodstable_id = ?";
        String sql2 = "select * from focustable where goodstable_id = ?";
        String sql3 = "select * from orderdetail where goodstable_id = ?";
        Object param[] = {gno};
        //有子记录
        if(select(sql1, param).size() > 0 ||
                select(sql2, param).size() > 0 ||
                select(sql3, param).size() > 0){
            return false;
        }else{
            return true;
        }
}
```

扫一扫

视频讲解

▶ 13.5.7 查询订单

单击后台管理子系统主页面中的"查询订单"(admin_orderManager?act=selectOrder¤tPage=1),打开查询订单页面 orderManage.jsp,如图 13.12 所示。

图 13.12 查询订单页面

“查询订单”的实现步骤如下：

❶ 编写视图

在 src/main/webapp/admin 目录下创建查询订单页面 orderManage.jsp。该页面的代码参见本书提供的源程序 eBusiness13。

❷ 编写控制器层

该功能模块的处理请求是 admin_orderManager?act=selectOrder¤tPage=1。系统根据@WebServlet 注解找到对应控制器类 servlet.admin.OrderManagerServlet，在控制器类 OrderManagerServlet 的处理方法中调用 service.OrderService 的 adminOrder()方法，根据动作 act 处理订单查询业务。OrderManagerServlet 的核心代码如下：

```
@WebServlet("/admin_orderManager")
public class OrderManagerServlet extends HttpServlet {
    private static final long serialVersionUID = 1L;
    protected void doGet(HttpServletRequest request, HttpServletResponse response) throws
ServletException, IOException {
        doPost(request, response);
    }
    protected void doPost(HttpServletRequest request, HttpServletResponse response) throws
ServletException, IOException {
        String act = request.getParameter("act");                    //获得动作类型
        OrderService os = new OrderService();
        os.adminOrder(act, request, response);
    }
}
```

❸ 编写 Service 层

“查询订单”功能模块的相关 Service 层 service.OrderService 的核心代码如下：

```
public class OrderService {
    public void adminOrder(String act, HttpServletRequest request, HttpServletResponse
response) throws ServletException, IOException {
```

```
        AdminDao ad = new AdminDao();
        if("selectOrder".equals(act)) {
            String currentPage = request.getParameter("currentPage");
            List<Map<String, Object>> list = ad.selectAllOrders();
            //分页查询
            int temp = list.size();
            int totalPage = 0;
            int perPageSize = 5;                                  //每页5个
            if (temp == 0) {
                totalPage = 0;                                    //总页数
            } else {
                    //返回大于或等于指定表达式的最小整数
                    totalPage = (int) Math.ceil((double) temp / perPageSize);
            }
            if (currentPage == null) {
                    currentPage = "1";
            }
            int pageCur = Integer.parseInt(currentPage);
            if ((pageCur - 1) * perPageSize > temp) {
                    pageCur = pageCur - 1;
            }
            //分页查询
            int startIndex = (pageCur - 1) * perPageSize;  //起始位置
            list = ad.selectAllOrdersByPage(startIndex, perPageSize);
            request.setAttribute("allOrders", list);
            request.setAttribute("totalPage", totalPage);
            request.setAttribute("currentPage", pageCur);
            RequestDispatcher rds = request.getRequestDispatcher("admin/orderManage.jsp");
            rds.forward(request, response);
        }else if("selectOrderByMonth".equals(act)) {          //按月统计(最近1年的)
            List<Map<String, Object>> myList = ad.selectOrderByMonth();
            List<String> months = new ArrayList<String>();
            List<Double> totalAmount = new ArrayList<Double>();
            for (Map<String, Object> map: myList) {
                    months.add("'" + map.get("months") + "'");
                    totalAmount.add((Double)map.get("totalamount"));
            }
            request.setAttribute("months", months);
            request.setAttribute("totalAmount", totalAmount);
            RequestDispatcher rds = request.getRequestDispatcher("admin/selectOrderByMonth.jsp");
            rds.forward(request, response);
        }else if("selectOrderByType".equals(act)) {                //按类型统计(最近1年的)
            List<Map<String, Object>> myList = ad.selectOrderByType();
            List<String> typenames = new ArrayList<String>();
            List<Double> totalAmount = new ArrayList<Double>();
            for (Map<String, Object> map: myList) {
                    typenames.add("'" + (String)map.get("typename") + "'");
                    totalAmount.add((Double)map.get("value"));
            }
            request.setAttribute("typenames", typenames);
            request.setAttribute("totalAmount", totalAmount);
            RequestDispatcher rds = request.getRequestDispatcher("admin/selectOrderByType.jsp");
            rds.forward(request, response);
        }
    }
}
```

❹ 编写数据操作方法

“查询订单”功能模块的数据操作方法位于 dao. AdminDao 类中,具体代码如下:

```
/**
 * 查询所有订单
 */
public List<Map<String, Object>> selectAllOrders(){
	String sql = "select obt.*, bt.bemail from orderbasetable obt, busertable bt "
			+ " where obt.busertable_id = bt.id";
	Object param[] = null;
	return select(sql, param);
}
/**
 * 分页查询订单
 */
public List<Map<String, Object>> selectAllOrdersByPage(int startIndex, int perPageSize){
	String sql = "select obt.*, bt.bemail from orderbasetable obt, busertable bt "
			+ " where obt.busertable_id = bt.id limit ?, ?";
	Object param[] = {startIndex, perPageSize};
	return select(sql, param);
}
```

▶ 13.5.8　按月统计

单击后台管理子系统主页面中“销量统计”下的“按月统计”(admin_orderManager?act=selectOrderByMonth),打开近1年的销量统计,如图13.13所示。

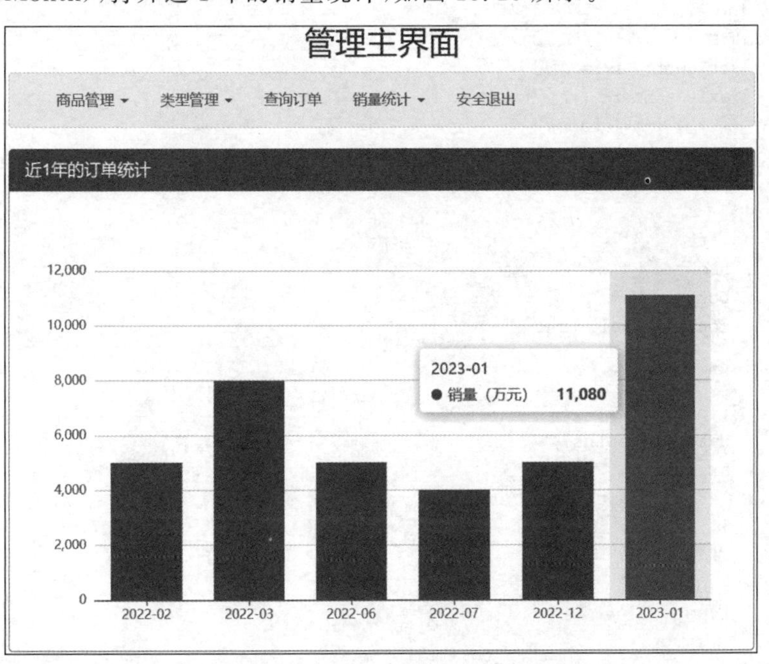

图13.13　按月统计页面

“按月统计”的实现步骤如下:

❶ 编写视图

在 src/main/webapp/admin 目录下创建按月统计页面 selectOrderByMonth. jsp。selectOrderByMonth. jsp 的代码如下:

```
<%@ page language = "java" contentType = "text/html; charset = UTF - 8" pageEncoding = "UTF - 8" %>
<%
String path = request.getContextPath();
String basePath = request.getScheme() + "://" + request.getServerName() + ":" + request.
getServerPort() + path + "/";
%>
<html>
<head>
<base href = "<% = basePath %>">
<meta charset = "UTF - 8">
<title> Insert title here </title>
<script src = "static/js/echarts.js"></script>
</head>
<body>
<jsp:include page = "nav.jsp"></jsp:include>
<div class = "container">
    <div class = "panel panel - primary">
        <div class = "panel - heading">
            <h3 class = "panel - title">近 1 年的订单统计</h3>
        </div>
        <div class = "panel - body">
            <div id = "demo" style = "width: '80 %'; height: 400px;"></div>
        </div>
    </div>
</div>
<script type = "text/javascript">
    var demo = echarts.init(document.getElementById('demo'));
    var option = {
        tooltip: {
            trigger: 'axis',
            axisPointer: {
                type: 'shadow'
            }
        },
        grid: {
            left: '3 %',
            right: '4 %',
            bottom: '3 %',
            containLabel: true
        },
        xAxis: {
            type: 'category',
            data: ${months},
            axisTick: {
                alignWithLabel: true
            }
        },
        yAxis: {
            type: 'value'
        },
        series: [
            {
            data: ${totalAmount},
            type: 'bar',
            name: '销量(万元)',
            }
        ]
```

```
    };
    demo.setOption(option);
</script>
</body>
</html>
```

❷ 编写控制器层

该功能模块的处理请求是 admin_orderManager?act=selectOrderByMonth。系统根据@WebServlet 注解找到对应控制器类 servlet.admin.OrderManagerServlet，在控制器类 OrderManagerServlet 的处理方法中调用 service.OrderService 的 adminOrder()方法，根据动作 act 处理订单的按月统计业务。

❸ 编写 Service 层

“按月统计”功能模块的相关 Service 层与 13.5.7 节的查询订单相同。

❹ 编写数据操作方法

“按月统计”功能模块的数据操作方法位于 dao.AdminDao 类中，具体代码如下：

```
/**
  * 按月统计(最近 1 年的)
  */
public List<Map<String, Object>> selectOrderByMonth(){
    String sql = "select sum(amount) totalamount, date_format(orderdate,'%Y-%m') months"
     + "from orderbasetable where status = 1 and orderdate > date_sub(curdate(), interval 1 year) "
     + "group by months order by months";
    return select(sql, null);
}
```

▶ 13.5.9　按类型统计

扫一扫

视频讲解

单击后台管理子系统主页面中“销量统计”下的“按类型统计”(admin_orderManager?act=selectOrderByType)，打开近 1 年的销量统计，如图 13.14 所示。

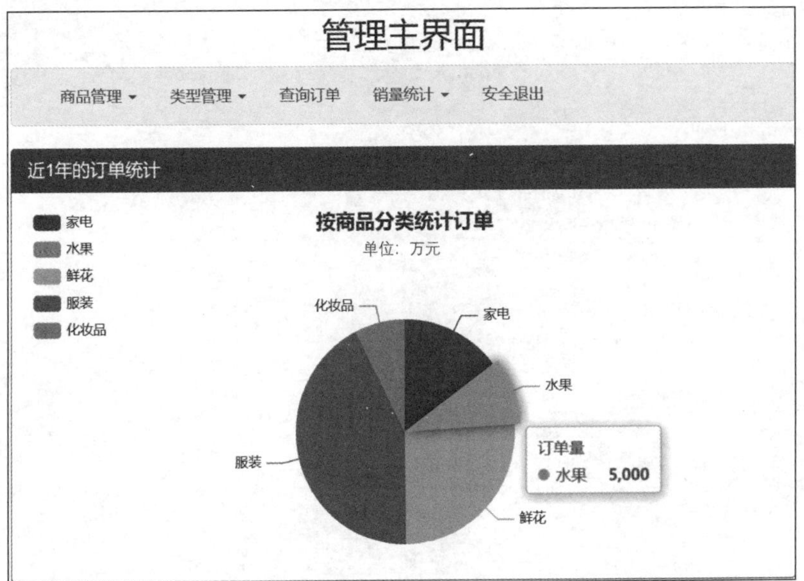

图 13.14　按类型统计页面

“按类型统计”的实现步骤如下：

❶ 编写视图

在 src/main/webapp/admin 目录下创建按类型统计页面 selectOrderByType. jsp。selectOrderByType. jsp 的代码如下：

```
<%@ page language = "java" contentType = "text/html; charset = UTF - 8" pageEncoding = "UTF - 8" %>
<%
String path = request.getContextPath();
String basePath = request. getScheme ( ) + "://" + request. getServerName ( ) + ":" + request.
getServerPort() + path + "/";
%>
<html>
<head>
<base href = "<% = basePath %>">
<meta charset = "UTF - 8">
<title> Insert title here </title>
<script src = "static/js/echarts. js"></script>
</head>
<body>
<jsp:include page = "nav. jsp"></jsp:include>
<div class = "container">
     <div class = "panel panel - primary">
          <div class = "panel - heading">
              <h3 class = "panel - title">近 1 年的订单统计</h3>
          </div>
          <div class = "panel - body">
              <div id = "demo" style = "width: '80 %'; height: 400px;"></div>
          </div>
      </div>
</div>
<script type = "text/javascript">
      var demo = echarts. init(document. getElementById('demo'));
      var typenames = ${typenames};
      var totalAmount = ${totalAmount};
      var dataList = [];
      for(var i = 0; i < typenames. length; i++){
           dataList[i] = {value: totalAmount[i], name: typenames[i]};
      }
      var option = {
              title: {
                     text: '按商品分类统计订单',
                     subtext: '单位:万元',
                     left: 'center'
              },
              tooltip: {
                     trigger: 'item'
              },
              legend: {
                     orient: 'vertical',
                     left: 'left'
              },
              series: [
                     {
                     name: '订单量',
```

```
                        type: 'pie',
                        radius: '50 % ',
                        data: dataList,
                        emphasis: {
                            itemStyle: {
                            shadowBlur: 10,
                            shadowOffsetX: 0,
                            shadowColor: 'rgba(0, 0, 0, 0.5)'
                            }
                        }
                    }
                ]
            };
        demo.setOption(option);
</script>
</body>
</html>
```

❷ 编写控制器层

该功能模块的处理请求是 admin_orderManager?act=selectOrderByType。系统根据@WebServlet 注解找到对应控制器类 servlet. admin. OrderManagerServlet，在控制器类 OrderManagerServlet 的处理方法中调用 service. OrderService 的 adminOrder()方法，根据动作 act 处理订单按类型统计业务。

❸ 编写 Service 层

“按类型统计”功能模块的相关 Service 层与 13.5.7 节的查询订单相同。

❹ 编写数据操作方法

“按类型统计”功能模块的数据操作方法位于 dao. AdminDao 类中，具体代码如下：

```
/**
 * 按类型统计(最近 1 年的)
 */
public List<Map<String, Object>> selectOrderByType(){
        String sql = "select sum(ob.amount) value, gdy.typename"
            + "from orderbasetable ob, orderdetail od, goodstype gdy, goodstable gt"
            + "where ob.status = 1 and ob.orderdate > date_sub(curdate(), interval 1 year) and"
            + "od.orderbasetable_id = ob.id and gt.id = od.goodstable_id and"
            + "gt.goodstype_id = gdy.id group by gdy.typename";
        return select(sql, null);
}
```

13.5.10　安全退出

在后台管理子系统主页面中单击“安全退出”超链接(admin_loginOut)，将返回后台登录页面。系统根据@WebServlet 注解找到对应控制器类 servlet. admin. LoginOutServlet 处理请求。在 LoginOutServlet 类中执行 session. invalidate()将 session 失效，并返回后台登录页面。LoginOutServlet 的核心代码如下：

```
@WebServlet("/admin_loginOut")
public class LoginOutServlet extends HttpServlet {
        private static final long serialVersionUID = 1L;
```

```
        protected void doGet(HttpServletRequest request, HttpServletResponse response) throws
ServletException, IOException {
                doPost(request, response);
        }
        protected void doPost(HttpServletRequest request, HttpServletResponse response) throws
ServletException, IOException {
                HttpSession session = request.getSession(true);
                session.invalidate();
                response.sendRedirect("admin/login.jsp");
        }
}
```

13.6 前台电子商务子系统的实现

游客具有浏览首页、查看商品详情和搜索商品等权限。成功登录的用户除了具有游客具有的权限以外，还具有购买商品、查看购物车、收藏商品、查看我的订单以及用户信息的权限。本节将详细讲解前台电子商务子系统的实现。

扫一扫

视频讲解

13.6.1 导航栏及首页搜索

在前台的每个JSP页面中都引入了一个名为header.jsp的页面，引入代码如下：

```
<jsp:include page="header.jsp"/>
```

header.jsp中的商品类型以及广告区域的商品信息都是从数据库中获取。header.jsp页面的运行效果如图13.15所示。

图13.15 导航栏

在导航栏的搜索框中输入信息，单击“搜索”按钮，将搜索信息提交给before_search请求处理，系统根据@WebServlet注解找到servlet.before.SearchServlet控制器类处理请求。在控制器类SearchServlet的处理方法中调用service.IndexService的search()方法进行商品的模糊搜索，并将搜索到的商品信息显示在index.jsp页面上。

❶ 编写视图

该模块的视图涉及src/main/webapp/before目录下的两个JSP页面header.jsp和index.jsp。header.jsp和index.jsp页面的代码请参见本书提供的源程序eBusiness13。

❷ 编写控制器层

该功能模块的控制器层servlet.before.SearchServlet的核心代码如下：

```
@WebServlet(name = "before_search", urlPatterns = {"/before_search"})
public class SearchServlet extends HttpServlet {
    private static final long serialVersionUID = 1L;
```

```
    protected void doGet(HttpServletRequest request, HttpServletResponse response) throws
ServletException, IOException {
        doPost(request, response);
    }
    protected void doPost(HttpServletRequest request, HttpServletResponse response) throws
ServletException, IOException {
        String mykey = request.getParameter("mykey");
        IndexService indexService = new IndexService();
        indexService.search(request, response, mykey);
    }
}
```

❸ 编写 Service 层

该功能模块的 Service 层 service.IndexService 的 search()方法的代码如下：

```
/**
 * 导航页信息
 */
public void head(HttpServletRequest request) {
        //广告商品
        request.setAttribute("adviseGoods", indexDao.selectAdviseGoods());
        //类型
        request.setAttribute("allTypes", typeDao.getGoodsType());
}
/**
 * 首页搜索
 */
public void search(HttpServletRequest request, HttpServletResponse response, String mykey)
throws ServletException, IOException {
        head(request);
        request.setAttribute("lastedGoods", indexDao.search(mykey));
        RequestDispatcher rds = request.getRequestDispatcher("before/index.jsp");
        rds.forward(request, response);
}
```

❹ 编写数据操作方法

该功能模块涉及的数据操作方法 selectAdviseGoods()、getGoodsType()和 search()位于 dao.IndexDao 和 dao.TypeDao 类中，具体代码如下：

```
/**
 * 获得商品类型列表
 */
public List<Map<String, Object>> getGoodsType(){
      String sql = "select * from goodstype";
      return select(sql, null);
}
/**
 * 获得广告商品
 */
public List<Map<String, Object>> selectAdviseGoods(){
      String sql = "select * from goodstable where isshow = 1 order by id desc";
      return select(sql, null);
}
/**
```

```
 * 首页搜索
 */
public List<Map<String, Object>> search(String mykey){
      String sql = "select * from goodstable where isshow = 0"
                 + "and gname like concat('%', ?, '%') "
                 + "order by id desc";
      Object param[] = {mykey};
      return select(sql, param);
}
```

▶ 13.6.2 最新商品

最新商品是以商品 ID 降序排序的，因为商品 ID 是用 MySQL 自动递增生成的，具体实现步骤如下：

❶ 编写视图

该功能模块的视图涉及 src/main/webapp/before 目录下的 index.jsp 页面，与 13.6.1 节的视图相同，这里不再赘述。

❷ 编写控制器层

该功能模块的控制器层涉及 servlet.before.FirstServlet 控制器类，核心代码如下：

```
@WebServlet(name = "first", urlPatterns = {"/before_first"})
public class FirstServlet extends HttpServlet {
    private static final long serialVersionUID = 1L;
    protected void doGet(HttpServletRequest request, HttpServletResponse response) throws
ServletException, IOException {
        doPost(request, response);
    }
    protected void doPost(HttpServletRequest request, HttpServletResponse response) throws
ServletException, IOException {
        String typeid = request.getParameter("typeid");            //获得商品类型
        IndexService indexService = new IndexService();
        indexService.index(request, response, typeid);
    }
}
```

❸ 编写 Service 层

该功能模块的 Service 层 service.IndexService 的 index()方法的代码如下：

```
public void index(HttpServletRequest request, HttpServletResponse response, String typeid)
throws ServletException, IOException {
      head(request);
      request.setAttribute("lastedGoods", indexDao.getLastedGoods(typeid));
      RequestDispatcher rds = request.getRequestDispatcher("before/index.jsp");
      rds.forward(request, response);
}
```

❹ 编写数据操作方法

该功能模块涉及的数据操作方法 getLastedGoods()位于 dao.IndexDao 类中，具体代码如下：

```
public List<Map<String, Object>> getLastedGoods(String typeid){
      //首页
```

```
        if("0".equals(typeid)){
            String sql = "select * from goodstable gt, goodstype gy where gt.goodstype_id = 
gy.id and gt.isshow = 0 order by gt.id desc ";
            return select(sql, null);
        }else{
            String sql = "select * from goodstable gt, goodstype gy where gt.goodstype_id = 
gy.id and gt.isshow = 0 and gt.goodstype_id = ? order by gt.id desc ";
            Object param[] = {typeid};
            return select(sql, param);
        }
}
```

扫一扫

视频讲解

13.6.3　用户注册

单击导航栏中的“注册”超链接(before/register.jsp),将打开注册页面 register.jsp,如图 13.16 所示。

输入用户信息,单击“注册”按钮,将用户信息提交给 before_register? flag=0 处理请求,系统根据@WebServlet 注解找到 servlet.before.RegisterServlet 控制器类处理请求。注册模块的实现步骤如下:

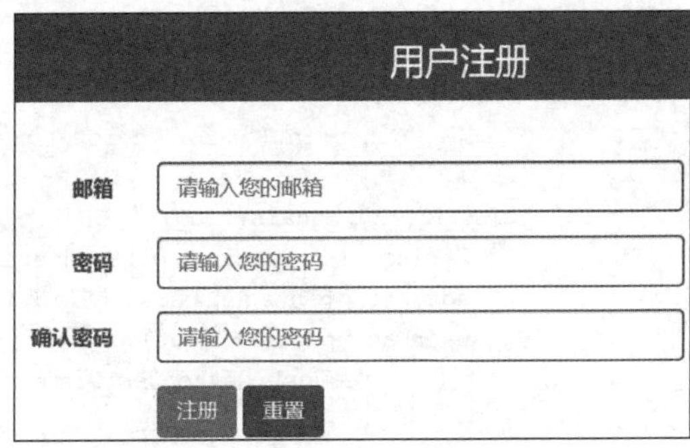

图 13.16　注册页面

❶ 编写视图

该模块的视图涉及 src/main/webapp/before 目录下的 register.jsp,其代码与后台登录页面的代码类似,这里不再赘述。

❷ 编写控制器层

该功能模块涉及 servlet.before.RegisterServlet 控制器类,核心代码如下:

```
@WebServlet("/before_register")
public class RegisterServlet extends HttpServlet {
    private static final long serialVersionUID = 1L;
    protected void doGet(HttpServletRequest request, HttpServletResponse response) throws 
ServletException, IOException {
        doPost(request, response);
    }
    protected void doPost(HttpServletRequest request, HttpServletResponse response) throws 
ServletException, IOException {
        String bemail = request.getParameter("bemail");
        String bpwd = request.getParameter("bpwd");
        String flag = request.getParameter("flag");
        //实体
        UserDTO ud = new UserDTO();
        ud.setBemail(bemail);
        //将明文变为密文
        ud.setBpwd(MD5Util.MD5(bpwd));
        //业务
        UserService us = new UserService();
        us.register(ud, flag, request, response);
    }
}
```

❸ 编写 Service 层

该功能模块的 Service 层 service. UserService 的 register()方法的代码如下：

```
public void register(UserDTO udt, String flag, HttpServletRequest request, HttpServletResponse
response) throws ServletException, IOException {
        RequestDispatcher rds = null;
        if("0".equals(flag)) {                                    //注册按钮
            if(userDao.register(udt)){
                        rds = request.getRequestDispatcher("before/login.jsp");
            }else{
                        rds = request.getRequestDispatcher("before/register.jsp");
            }
        }else if("1".equals(flag)){                               //验证邮箱
            //查询 E-mail
            List<Map<String, Object>> list = userDao.isExit(udt);
            PrintWriter out = response.getWriter();
            //E-mail 已注册
            if(list.size() > 0){
                out.print("<font color=red size=3>该 E-mail 已注册!</font>");
            }else {
                out.print("<font color=green size=3>该 E-mail 可注册!</font>");
            }
        }else if("2".equals(flag)){                               //修改密码
            String id = request.getParameter("id");
            udt.setId(Integer.parseInt(id));
            userDao.updatePWD(udt);
            rds = request.getRequestDispatcher("before/login.jsp");
        }
        rds.forward(request, response);
}
```

❹ 编写数据操作方法

该功能模块涉及的数据操作方法 isExit()和 register()位于 dao. UserDao 类中,具体代码如下：

```
/**
 * 注册
 */
public boolean register(UserDTO ud){
    String sql = "insert into BUSERTABLE values(null,?,?) ";
    Object param[] = {ud.getBemail(), ud.getBpwd()};
    return updateByParams(sql, param);
}
/**
 * 查询 E-mail
 */
public List<Map<String, Object>> isExit(UserDTO ud){
    String sql = "select * from BUSERTABLE where BEMAIL = ? ";
    Object param[] = {ud.getBemail()};
    return select(sql, param);
}
```

扫一扫

视频讲解

▶ 13.6.4 用户登录

用户注册成功后跳转到登录页面 login.jsp,如图 13.17 所示。

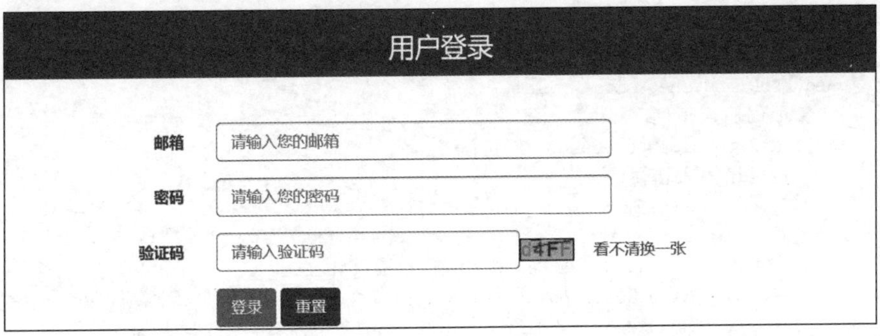

图 13.17　登录页面

在图 13.17 中输入信息后单击“登录”按钮，将用户输入的 E-mail、密码以及验证码提交给 before_userLogin 请求处理。系统根据@WebServlet 注解找到 servlet. before. UserLoginServlet 控制器类处理请求。登录成功后，将用户的登录信息保存在 session 对象中，然后回到网站首页。其具体实现步骤如下：

❶ 编写视图

该模块的视图涉及 src/main/webapp/before 目录下的 login. jsp。其代码与后台登录页面的代码类似，这里不再赘述。

❷ 编写控制器层

该功能模块涉及 servlet. before. UserLoginServlet 控制器类，核心代码如下：

```
@WebServlet(name = "userLogin", urlPatterns = {"/before_userLogin"})
public class UserLoginServlet extends HttpServlet {
    private static final long serialVersionUID = 1L;
    protected void doGet(HttpServletRequest request, HttpServletResponse response) throws
ServletException, IOException {
        doPost(request, response);
    }
    protected void doPost(HttpServletRequest request, HttpServletResponse response) throws
ServletException, IOException {
        String bemail = request.getParameter("bemail");
        String bpwd = request.getParameter("bpwd");
        String rand = request.getParameter("code");
        //实体
        UserDTO ud = new UserDTO();
        ud.setBemail(bemail);
        //将明文变为密文
        ud.setBpwd(MD5Util.MD5(bpwd));
        //业务
        UserService us = new UserService();
        us.login(ud, rand, request, response);
    }
}
```

❸ 编写 Service 层

该功能模块的 Service 层 service. UserService 的 login()方法的代码如下：

```
public void login(UserDTO udt, String rand, HttpServletRequest request, HttpServletResponse
response) throws ServletException, IOException {
        HttpSession session = request.getSession(true);
```

```
        //获取验证码
        String code2 = (String)session.getAttribute("rand");
        RequestDispatcher rds = null;
        //验证码输入正确
        if(code2.equalsIgnoreCase(rand)){
            //邮箱输入错误
            if(userDao.isExit(udt).size() < 1){
                request.setAttribute("errorMessage", "邮箱输入错误!");
                rds = request.getRequestDispatcher("before/login.jsp");
            }else if(userDao.isLogin(udt).size() < 1){            //邮箱正确,密码错误
                request.setAttribute("errorMessage", "密码输入错误!");
                rds = request.getRequestDispatcher("before/login.jsp");
            }else{
                //把 bid 存到 ud 中
                udt.setId((Integer)(userDao.isLogin(udt).get(0)).get("id"));
                session.setAttribute("buser", udt);
                //登录成功,转到首页
                rds = request.getRequestDispatcher("before_first?typeid = 0");
            }
        }else{
            request.setAttribute("errorMessage", "验证码输入错误!");
            rds = request.getRequestDispatcher("before/login.jsp");
        }
        rds.forward(request, response);
    }
```

❹ 编写数据操作方法

该功能模块的数据操作方法 isLogin()位于 dao.UserDao 类中，具体代码如下：

```
public List < Map < String, Object >> isLogin(UserDTO ud){
    String sql = "select * from BUSERTABLE where BEMAIL = ? and BPWD = ? ";
    Object param[] = {ud.getBemail(), ud.getBpwd()};
    return select(sql, param);
}
```

扫一扫

视频讲解

▶ 13.6.5 商品详情

用户可以从最新商品、广告商品以及搜索商品结果等位置处单击商品图片进入商品详情页面 goodsDetail.jsp，如图 13.18 所示。

图 13.18　商品详情页面

"商品详情"的具体实现步骤如下：

❶ 编写视图

该模块的视图涉及 src/main/webapp/before 目录下的 goodsDetail. jsp，其代码请参见本书提供的源程序 eBusiness13。

❷ 编写控制器层

该功能模块涉及 servlet. before. BeforeDetailServlet 控制器类，核心代码如下：

```
@WebServlet(name = "before_detail", urlPatterns = {"/before_detail"})
public class BeforeDetailServlet extends HttpServlet {
    private static final long serialVersionUID = 1L;
    protected void doGet(HttpServletRequest request, HttpServletResponse response) throws
ServletException, IOException {
        doPost(request, response);
    }
    protected void doPost(HttpServletRequest request, HttpServletResponse response) throws
ServletException, IOException {
        //获得商品编号
        String gno = request.getParameter("gno");
        IndexService indexService = new IndexService();
        indexService.detail(request, response, gno);
    }
}
```

❸ 编写 Service 层

该功能模块的 Service 层 service. IndexService 的 detail()方法的代码如下：

```
public void detail(HttpServletRequest request, HttpServletResponse response, String gno) throws
ServletException, IOException {
    head(request);
    GoodsDao gd = new GoodsDao();
    List<Map<String, Object>> list = gd.selectAGoods(gno);
    //把一个商品的详细信息存到 request 中
    request.setAttribute("goods", list.get(0));
    RequestDispatcher rds = request.getRequestDispatcher("before/goodsDetail.jsp");
    rds.forward(request, response);
}
```

❹ 编写数据操作方法

该功能模块的数据操作方法与 13.5.4 节的商品详情查询相同，这里不再赘述。

13.6.6　收藏商品

登录成功的用户可以在商品详情页面、首页以及搜索商品结果页面单击"加入收藏"按钮收藏该商品，此时请求路径为 before_focus（Ajax 实现）。系统根据@WebServlet 注解找到 servlet. before. FocusServlet 控制器类处理请求。其具体实现步骤如下：

❶ 编写控制器层

该功能模块涉及 servlet. before. FocusServlet 控制器类，核心代码如下：

```
@WebServlet("/before_focus")
public class FocusServlet extends HttpServlet {
    private static final long serialVersionUID = 1L;
```

```
    protected void doGet(HttpServletRequest request, HttpServletResponse response) throws
ServletException, IOException {
        doPost(request, response);
    }
    protected void doPost(HttpServletRequest request, HttpServletResponse response) throws
ServletException, IOException {
        String gno = request.getParameter("gno");
        //业务层
        IndexService is = new IndexService();
        is.focusGoods(gno, request, response);
    }
}
```

❷ 编写 Service 层

该功能模块的 Service 层 service.IndexService 的 focusGoods()方法的代码如下：

```
public void focusGoods(String gno, HttpServletRequest request, HttpServletResponse response)
throws ServletException, IOException{
        HttpSession session = request.getSession(true);
        int bid = ((UserDTO)session.getAttribute("buser")).getId();
        PrintWriter out = response.getWriter();
        //已关注
        if(indexDao.isFocus(gno, bid).size() > 0){
            out.print("该商品已收藏!");
        }else{                          //未关注
            if(indexDao.focusGoods(gno, bid)){
                out.print("成功收藏该商品!");
            }else{
                out.print("收藏失败!");
            }
        }
}
```

❸ 编写数据操作方法

该功能模块的数据操作方法 isFocus()和 focusGoods()位于 dao.IndexDao 类中，具体代码如下：

```
/**
 * 关注商品
 */
public boolean focusGoods(String gno, int bid){
      String sql = "insert into FOCUSTABLE values(null,?,?,now())";
      Object param[] = {gno, bid};
      return updateByParams(sql, param);
}
/**
 * 查看是否已关注
 */
public List<Map<String, Object>> isFocus(String gno, int bid){
      String sql = "select * from FOCUSTABLE where goodstable_id = ? and busertable_id = ? ";
      Object param[] = {gno, bid};
      return select(sql, param);
}
```

▶ 13.6.7　购物车

单击商品详情页面中的“加入购物车”按钮或导航栏中的“我的购物车”超链接，打开购物车页面 cart.jsp，如图 13.19 所示。

购物车列表

商品信息	单价（元）	数量	小计	操作
	50.0	50	2500.0	删除
	8.0	30	240.0	删除
购物金额总计(不含运费) ¥ 2740.0元				
清空购物车				
去结算				

图 13.19　购物车

与购物车有关的处理请求为 before_cart?act=put(加入购物车)、before_cart?act=clear(清空购物车)、before_cart?act=select(查询购物车)和 before_cart?act=delete(删除购物车)。系统根据@WebServlet 注解找到 servlet.before.CartServlet 控制器类处理请求，具体实现步骤如下：

❶ 编写视图

该模块的视图涉及 src/main/webapp/before 目录下的 cart.jsp，其代码请参见本书提供的源程序 eBusiness13。

❷ 编写控制器层

该功能模块涉及 servlet.before.CartServlet 控制器类，核心代码如下：

```
@WebServlet(name = "before_cart", urlPatterns = {"/before_cart"})
public class CartServlet extends HttpServlet {
    private static final long serialVersionUID = 1L;
    protected void doGet(HttpServletRequest request, HttpServletResponse response) throws
ServletException, IOException {
        doPost(request, response);
    }
    protected void doPost(HttpServletRequest request, HttpServletResponse response) throws
ServletException, IOException {
        String act = request.getParameter("act");
        CartService cartService = new CartService();
        cartService.opCart(act, request, response);
    }
}
```

❸ 编写 Service 层

该功能模块的 Service 层 service.CartService 的 opCart()方法的代码如下：

```
public void opCart(String act, HttpServletRequest request, HttpServletResponse response) throws
ServletException, IOException {
      HttpSession session = request.getSession(true);
      int bid = ((UserDTO)session.getAttribute("buser")).getId();
```

```
    RequestDispatcher rds = null;
    //加入购物车
    if("put".equals(act)) {
        String gno = request.getParameter("goodstable_id");
        String mknum = request.getParameter("shoppingnum");
        cd.putCart(gno, bid, mknum);
        rds = request.getRequestDispatcher("before_cart?act=select");
    }else if("select".equals(act) || "toCount".equals(act)) {          //查询购物车或去结算
        indexService.head(request);                                     //head 页面信息
        List<Map<String, Object>> listmap = cd.selectCart(bid);
        double total = 0;
        for (Map<String, Object> map: listmap) {
            total = total + ((Double)map.get("smallsum")).doubleValue();
        }
        request.setAttribute("cartlist", listmap);
        request.setAttribute("total", total);
        if("select".equals(act))
            rds = request.getRequestDispatcher("before/cart.jsp");
        else
            rds = request.getRequestDispatcher("before/count.jsp");
    }else if("delete".equals(act)) {                          //删除购物车
        String gno = request.getParameter("id");
        cd.deleteCart(bid, gno);
        rds = request.getRequestDispatcher("before_cart?act=select");
    }else if("clear".equals(act)) {                           //清空购物车
        cd.clearCart(bid);
        rds = request.getRequestDispatcher("before_cart?act=select");
    }else if("orderSubmit".equals(act)) {                     //提交订单
        indexService.head(request);                           //head 页面信息
        String amount = request.getParameter("amount");
        //往订单表中插入记录
        int id = cd.addOrder(bid, amount);
        //往订单详情表中插入订单详情
        cd.addOrderDetail(id, bid);
        //清空购物车
        cd.clearCart(bid);
        //更新商品库存
        cd.updateGoodsStore(id);
        request.setAttribute("oid", id);
        rds = request.getRequestDispatcher("before/pay.jsp");
    }else if("pay".equals(act)) {                             //订单支付
        String ordersn = request.getParameter("oid");
        cd.pay(ordersn);
        PrintWriter out = response.getWriter();
        out.println("支付成功!3 秒钟返回首页!");
        response.setHeader("refresh", "3; url=before_first?typeid=0");
    }
    rds.forward(request, response);
}
```

❹ 编写数据操作方法

该功能模块的数据操作方法 putCart()、selectCart()、deleteCart()和 clearCart()位于 dao.CartDao 类中,具体代码如下:

```
/**
 * 放入购物车
 */
public boolean putCart(String gno, int bid, String mknum){
        String sql1 = "select * from carttable where busertable_id = ? and goodstable_id = ? ";
        Object param1[] = {bid, gno};
        String sql2 = "update carttable set shoppingnum = shoppingnum + ? where busertable_id = ?
and goodstable_id = ?";
        Object param2[] = {mknum, bid, gno};
        String sql3 = "insert into carttable values(null,?,?,?)";
        Object param3[] = {bid, gno, mknum};
        //购物车中已存在
        if(select(sql1, param1).size() > 0){
                return updateByParams(sql2, param2);
        }else{          //购物车中不存在
                return updateByParams(sql3, param3);
        }
}
/**
 * 查询购物车
 */
public List<Map<String, Object>> selectCart(int bid){
        String sql = " select gt.id, gt.gname, gt.gpicture, gt.grprice, ct.shoppingnum, ct.
shoppingnum * gt.grprice smallsum from GOODSTABLE gt, CARTTABLE ct where gt.id = ct.goodstable_id
and ct.busertable_id = ? ";
        Object param[] = {bid};
        return select(sql, param);
}
/**
 * 删除购物车
 */
public boolean deleteCart(int bid, String gno){
        String sql = "delete from CARTTABLE where busertable_id = ? and goodstable_id = ? ";
        Object param[] = {bid, gno};
        return updateByParams(sql, param);
}
/**
 * 清空购物车
 */
public boolean clearCart(int bid){
        String sql = "delete from CARTTABLE where busertable_id = ? ";
        Object param[] = {bid};
        return updateByParams(sql, param);
}
```

13.6.8　下单

在购物车页面中单击“去结算”按钮，进入订单确认页面 count.jsp，如图 13.20 所示。

在订单确认页面中单击“提交订单”按钮，完成订单的提交。在订单完成时，页面提示效果如图 13.21 所示。

单击图 13.21 中的“去支付”完成订单的支付。

购物车列表

商品信息	单价(元)	数量	小计
	50.0	50	2500.0
连衣裙	8.0	30	240.0
购物金额总计(不含运费) ¥ 2740.0元			
提交订单			

图 13.20　订单确认

图 13.21　订单提交完成页面

其具体实现步骤如下：

❶ 编写视图

该模块的视图涉及 src/main/webapp/before 目录下的 count.jsp 和 pay.jsp。count.jsp 与 pay.jsp 的代码请参见本书提供的源程序 eBusiness13。

❷ 编写控制器层

该功能模块涉及的控制器类与购物车的控制器类相同(见 13.6.7 节)。

❸ 编写 Service 层

该功能模块的 Service 层与购物车的 Service 层相同(见 13.6.7 节)。

❹ 编写数据操作方法

该功能模块涉及的数据操作方法 addOrder()、addOrderDetail()、updateGoodsStore()以及 pay()位于 dao.CartDao 类中，具体代码如下：

```
/**
 * 往订单表中插入记录
 */
public int addOrder(int bid, String amount){
	String sql = "insert into ORDERBASETABLE values(null,?,?,?,now())";
	Object param[] = {bid, amount, "0"};                    //0 代表没有支付
	String sql1 = "select LAST_INSERT_ID() from ORDERBASETABLE";
	return getLastId(sql, sql1, param);
}
/**
 * 往订单详情表中插入记录
 */
public boolean addOrderDetail(int ordersn, int bid){
	String sql = "insert into ORDERDETAIL (orderbasetable_id, goodstable_id, SHOPPINGNUM)
select " + ordersn + ", goodstable_id, SHOPPINGNUM from CARTTABLE where busertable_id = ?";
	Object param[] = {bid};
	return updateByParams(sql, param);
}
/**
```

```
  * 更新商品库存
  */
public boolean updateGoodsStore(int ordersn){
        boolean b = false;
        Connection con  =  getConnection();
        PreparedStatement ps = null;
        Connection con1 = getConnection();
        PreparedStatement ps1 = null;
        ResultSet rs = null;
        try {
                ps1 = con1.prepareStatement("select shoppingnum, goodstable_id from orderdetail
where orderbasetable_id = ?");
                ps1.setInt(1, ordersn);
                rs = ps1.executeQuery();
                ps = con.prepareStatement("update GOODSTABLE set GSTORE = GSTORE - ? where id = ? ");
                //批量更新
                while(rs.next()){
                        ps.setInt(1, rs.getInt(1));
                        ps.setString(2, rs.getString(2));
                        ps.addBatch();
                }
                int n[] = ps.executeBatch();
                if(n[0]> 0)
                        b = true;
        } catch (SQLException e) {
                e.printStackTrace();
        }finally{
                close(rs,ps1,con1);
                close(null,ps,con);
        }
        return b;
}
/**
  * 订单支付
  */
public boolean pay(String ordersn){
        String sql  =  "update ORDERBASETABLE set STATUS = 1 where id  =  ?";
        Object param[]  =  {ordersn};
        return updateByParams(sql, param);
}
```

▶ 13.6.9　个人信息

成功登录的用户，在导航栏的上方单击“个人信息”超链接（before/userInfo.jsp），进入用户修改密码页面 userInfo.jsp，如图 13.22 所示。

其具体实现步骤如下：

❶ 编写视图

该模块的视图涉及 src/main/webapp/before 目录下的 userInfo.jsp，其代码与登录页面的类似，这里不再赘述。

❷ 编写控制器层

该功能模块涉及的控制器类与用户注册的控制器类相同（见 13.6.3 节）。

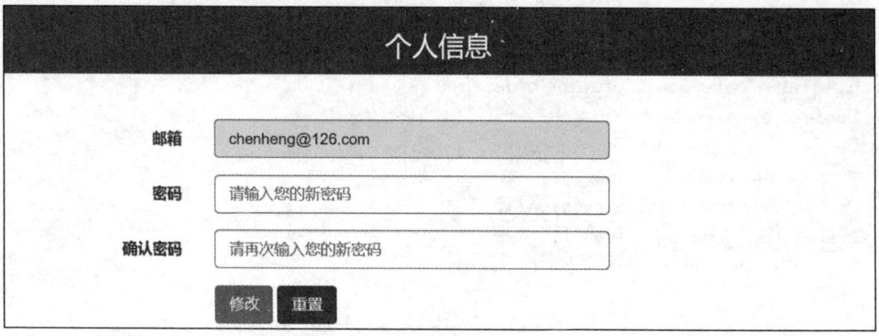

个人信息	
邮箱	chenheng@126.com
密码	请输入您的新密码
确认密码	请再次输入您的新密码
	修改 重置

图 13.22　用户修改密码页面

❸ 编写 Service 层

该功能模块的 Service 层与用户注册的 Service 层相同(见 13.6.3 节)。

❹ 编写数据操作方法

该功能模块涉及的数据操作方法 updatePWD()位于 dao.UserDao 类中，具体代码如下：

```
public boolean updatePWD(UserDTO ud){
        String sql = "update BUSERTABLE set BPWD = ? where id = ?";
        Object param[ ] = {ud.getBpwd(), ud.getId()};
        return updateByParams(sql, param);
}
```

▶ 13.6.10　我的收藏

成功登录的用户，在导航栏的上方单击“我的收藏”超链接(before_indexMy?act=myFocus)，进入用户收藏页面 myFocus.jsp，如图 13.23 所示。

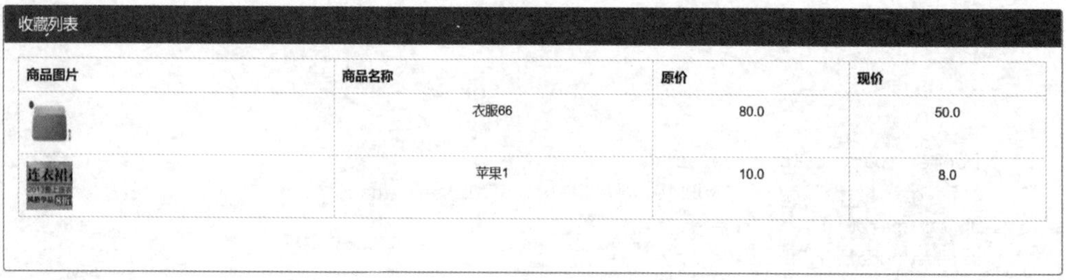

收藏列表

商品图片	商品名称	原价	现价
	衣服66	80.0	50.0
	苹果1	10.0	8.0

图 13.23　用户收藏页面

其具体实现步骤如下：

❶ 编写视图

该模块的视图涉及 src/main/webapp/before 目录下的 myFocus.jsp，其代码请参见本书提供的源程序 eBusiness13。

❷ 编写控制器层

该功能模块涉及 servlet.before.IndexMyServlet 控制器类，核心代码如下：

```
@WebServlet(name = "before_indexMy", urlPatterns = {"/before_indexMy"})
public class IndexMyServlet extends HttpServlet {
    private static final long serialVersionUID = 1L;
    protected void doGet(HttpServletRequest request, HttpServletResponse response) throws
ServletException, IOException {
```

```
        doPost(request, response);
    }
    protected void doPost(HttpServletRequest request, HttpServletResponse response) throws
ServletException, IOException {
        String act = request.getParameter("act");
        //业务层
        IndexService is = new IndexService();
        is.my(act, request, response);
    }
}
```

❸ 编写 Service 层

该功能模块的 Service 层 service.IndexService 的 my()方法的代码如下：

```
public void my(String act, HttpServletRequest request, HttpServletResponse response) throws
ServletException, IOException {
        head(request);
        HttpSession session = request.getSession(true);
        int bid = ((UserDTO)session.getAttribute("buser")).getId();
        if("myFocus".equals(act)){
            //我的关注
            List<Map<String, Object>> myFocus = indexDao.myFocus(bid);
            request.setAttribute("myFocus", myFocus);
            request.getRequestDispatcher("before/myFocus.jsp").forward(request, response);
        }else if("myOrder".equals(act)){
            //我的订单
            List<Map<String, Object>> myOrder = indexDao.myOrder(bid);
            request.setAttribute("myOrder", myOrder);
            request.getRequestDispatcher("before/myOrder.jsp").forward(request, response);
        }else if("orderDetail".equals(act)) {
            //订单详情
            List<Map<String, Object>> orderDetail = indexDao.myOrderDetail(request.
getParameter("id"));
            request.setAttribute("orderDetail", orderDetail);
            request.getRequestDispatcher("before/orderDetail.jsp").forward(request, response);
        }
}
```

❹ 编写数据操作方法

该功能模块的数据操作方法 myFocus()位于 dao.IndexDao 类中，具体代码如下：

```
public List<Map<String, Object>> myFocus(int bid){
        String sql = "select gt.id, gt.gname, gt.goprice, gt.grprice, gt.gpicture from FOCUSTABLE
ft, GOODSTABLE gt where ft.goodstable_id = gt.id and ft.busertable_id = ? ";
        Object param[] = {bid};
        return select(sql, param);
}
```

▶ 13.6.11 我的订单

成功登录的用户，在导航栏的上方单击“我的订单”超链接(before_indexMy?act=myOrder)，进入用户订单页面 myOrder.jsp，如图 13.24 所示。

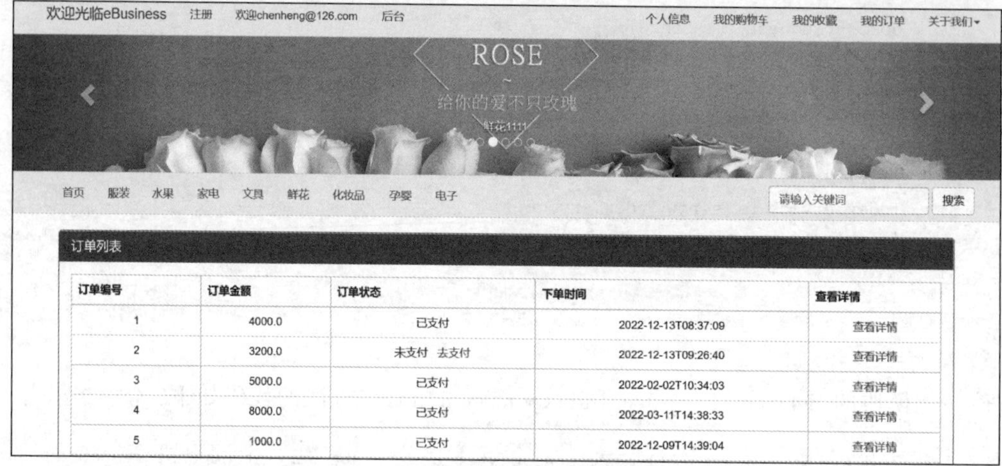

图 13.24　用户订单页面

单击图 13.24 中的“查看详情”超链接(before_indexMy? id= ${order. id} &&act=orderDetail),进入订单详情页面 orderDetail. jsp,如图 13.25 所示。

订单详情

商品编号	商品图片	商品名称	商品购买价	购买数量
10		服装88	700.0	10
4		苹果	16.0	5

图 13.25　订单详情页面

其具体实现步骤如下：

❶ 编写视图

该模块的视图涉及 src/main/webapp/before 目录下的 myOrder. jsp 和 orderDetail. jsp。myOrder. jsp 和 orderDetail. jsp 的代码请参见本书提供的源程序 eBusiness13。

❷ 编写控制器层

该功能模块涉及的控制器类与“我的收藏”相同(见 13.6.10 节)。

❸ 编写 Service 层

该功能模块的 Service 层与“我的收藏”相同(见 13.6.10 节)。

❹ 编写数据操作方法

该功能模块的数据操作方法 myOrder()和 myOrderDetail()位于 dao. IndexDao 类中,具体代码如下：

```
/**
 * 我的订单
 */
public List<Map<String, Object>> myOrder(int bid){
    String sql = "select id, amount, busertable_id, status, orderdate from ORDERBASETABLE
where busertable_id = ? ";
    Object param[] = {bid};
    return select(sql, param);
}
```

```
/**
 * 我的订单详情
 */
public List<Map<String, Object>> myOrderDetail(String ordersn){
    String sql = " select gt.id, gt.gname, gt.goprice, gt.grprice, gt.gpicture, odt.shoppingnum
from GOODSTABLE gt, ORDERDETAIL odt where odt.orderbasetable_id = ? and gt.id = odt.goodstable_id ";
    Object param[] = {ordersn};
    return select(sql, param);
}
```

本章小结

本章讲述了电子商务平台通用功能的设计与实现。通过本章的学习，读者不仅要掌握Java Servlet MVC应用开发的流程、方法和技术，还应该熟悉电子商务平台的业务需求、设计以及实现。

习题 13

扫一扫

习题

扫一扫

自测题

第14章 Spring MVC框架基础 

学习目的与要求

本章重点讲解 Spring MVC 的工作原理、基于注解的控制器以及 Spring 的数据库编程。通过本章的学习，要求读者了解 Spring MVC 的工作原理，掌握 Spring MVC 应用的开发步骤。

本章主要内容

- Spring MVC 的工作原理
- Spring MVC 的工作环境
- 基于注解的控制器
- Spring 的数据库编程

MVC 思想将一个应用分成 3 个基本部分——Model(模型)、View(视图)和 Controller(控制器)，让这 3 个部分以最低的耦合进行协同工作，从而提高应用的可扩展性及可维护性。Spring MVC 是一款优秀的基于 MVC 思想的应用框架，它是 Spring 提供的一个实现了 Web MVC 设计模式的轻量级 Web 框架。

14.1 Spring MVC 的工作原理

Spring MVC 框架是高度可配置的，包含多种视图技术，例如 JSP 技术、Velocity、Tiles、iText 和 POI。Spring MVC 框架并不关心开发者使用的视图技术，也不会强迫开发者只使用 JSP 技术，本书使用的视图技术是 JSP 技术。

Spring MVC 框架主要由 DispatcherServlet、处理器映射、控制器、视图解析器、视图组成，其工作原理如图 14.1 所示。

从图 14.1 可以总结出 Spring MVC 的工作流程如下：

(1) 客户端请求提交到 DispatcherServlet。

(2) 由 DispatcherServlet 寻找一个或多个 HandlerMapping 控制器，找到处理请求的 Controller。

(3) DispatcherServlet 将请求提交到 Controller。

(4) Controller 调用业务逻辑处理后返回 ModelAndView。

(5) DispatcherServlet 寻找一个或多个 ViewResolver 视图解析器，找到 ModelAndView 指定的视图。

(6) 视图负责将结果显示到客户端。

在图 14.1 中包含 4 个 Spring MVC 接口——DispatcherServlet、HandlerMapping、Controller 和 ViewResolver。

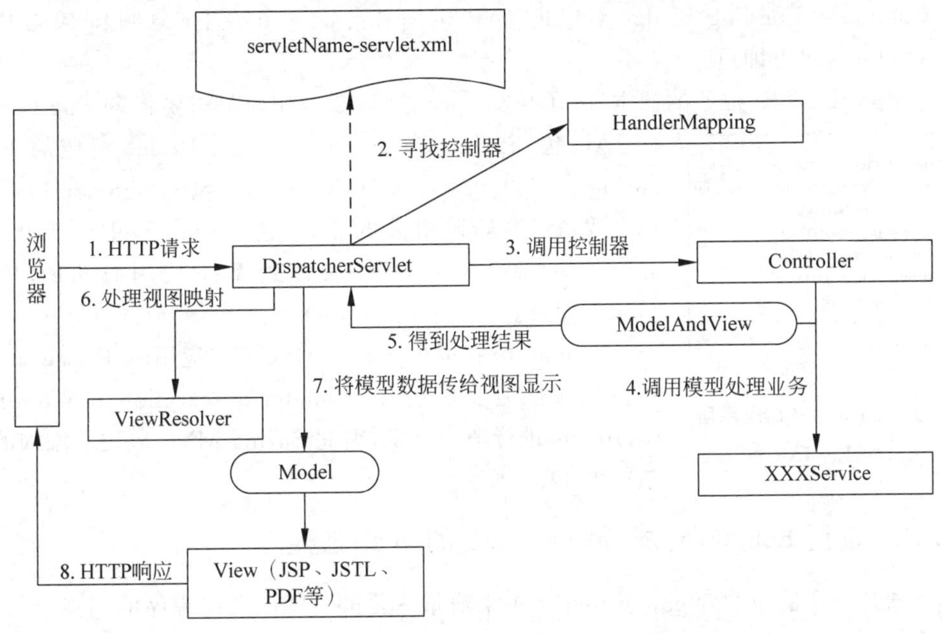

图 14.1 Spring MVC 工作原理图

Spring MVC 所有的请求都经过 DispatcherServlet 来统一分发。DispatcherServlet 在将请求分发给 Controller 之前需要借助 Spring MVC 提供的 HandlerMapping 定位到具体的 Controller。

HandlerMapping 接口负责完成客户请求到 Controller 映射。

Controller 接口将处理用户请求，这和 Java Servlet 扮演的角色是一致的。一旦 Controller 处理完用户请求，则返回 ModelAndView 对象给 DispatcherServlet 前端控制器，ModelAndView 中包含了模型(Model)和视图(View)。从宏观角度考虑，DispatcherServlet 是整个 Web 应用的控制器；从微观角度考虑，Controller 是单个 HTTP 请求处理过程中的控制器，而 ModelAndView 是 HTTP 请求过程中返回的模型(Model)和视图(View)。

ViewResolver 接口(视图解析器)在 Web 应用中负责查找 View 对象，从而将相应结果渲染给客户。

14.2 Spring MVC 的工作环境

扫一扫

视频讲解

在第 2 章 Java Web 开发环境的基础上导入 Spring MVC 的相关 JAR 包即可开发 Spring MVC 应用。

14.2.1 Spring 的下载

在使用 Spring 框架开发应用程序时需要引用 Spring 框架自身的 JAR 包。Spring Framework 6.0.0 的 JAR 包可以从 Maven 中央库获得。

在 Spring 的 JAR 包中有 4 个基础包——spring-core-6.0.0.jar、spring-beans-6.0.0.jar、spring-context-6.0.0.jar 和 spring-expression-6.0.0.jar，分别对应 Spring 核心容器的 4 个模块——Spring-core 模块、Spring-beans 模块、Spring-context 模块和 Spring-expression 模块。

对于 Spring 框架的初学者，在开发 Spring 应用时只需要将 Spring 的 4 个基础包和

Spring Commons Logging Bridge 对应的 JAR 包 spring-jcl-6.0.0.jar 复制到 Web 应用的 WEB-INF/lib 目录下即可。

对于 Spring MVC 框架的初学者，在开发 Spring MVC 应用时只需要将 Spring 的 4 个基础 JAR 包、Spring Commons Logging Bridge 对应的 JAR 包 spring-jcl-6.0.0.jar、AOP 实现 JAR 包 spring-aop-6.0.0.jar 以及两个与 Web 相关的 JAR 包（spring-web-6.0.0.jar 和 spring-webmvc-6.0.0.jar）复制到 Web 应用的 WEB-INF/lib 目录下即可。

Tomcat 10 在运行 Spring MVC 6.0 应用时，DispatcherServlet 接口依赖性能监控包 micrometer-observation 和 micrometer-commons 进行请求分发，因此 Spring MVC 应用所添加的 JAR 包如图 14.2 所示。

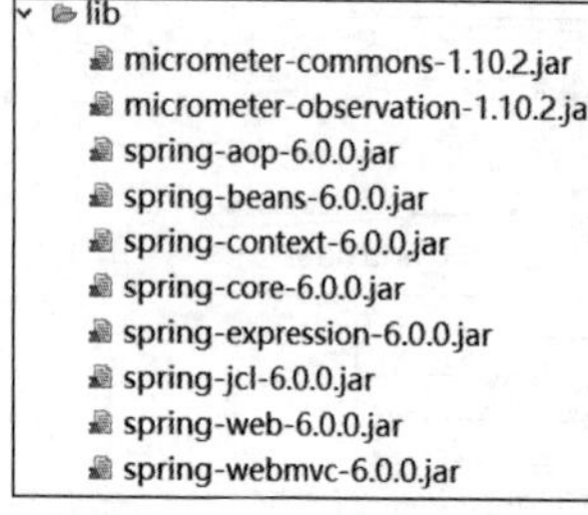

图 14.2 Spring MVC 应用所添加的 JAR 包

▶ 14.2.2 使用 Eclipse 开发 Spring MVC 的 Web 应用

本节通过一个简单的 Web 应用 ch14_1 来演示 Spring MVC 入门程序的实现过程，具体实现步骤如下。

❶ 创建 Web 应用并导入 JAR 包

在 Eclipse 中创建一个名为 ch14_1 的 Web 应用，在 ch14_1 的 lib 目录中添加如图 14.2 所示的 JAR 包。

❷ 在 web.xml 文件中部署 DispatcherServlet

在开发 Spring MVC 应用时需要在 web.xml(webapp/WEB-INF/)中部署 DispatcherServlet，代码如下：

```
<?xml version="1.0" encoding="UTF-8"?>
<web-app xmlns:xsi="http://www.w3.org/2001/XMLSchema-instance" xmlns="https://jakarta.
ee/xml/ns/jakartaee" xmlns:web="http://xmlns.jcp.org/xml/ns/javaee" xsi:schemaLocation=
"https://jakarta.ee/xml/ns/jakartaee https://jakarta.ee/xml/ns/jakartaee/web-app_5_0.xsd" id
="WebApp_ID" version="5.0">
  <display-name>ch14_1</display-name>
  <welcome-file-list>
    <welcome-file>index.html</welcome-file>
    <welcome-file>index.jsp</welcome-file>
    <welcome-file>index.htm</welcome-file>
    <welcome-file>default.html</welcome-file>
    <welcome-file>default.jsp</welcome-file>
    <welcome-file>default.htm</welcome-file>
  </welcome-file-list>
      <!-- 部署 DispatcherServlet -->
      <servlet>
              <servlet-name>springmvc</servlet-name>
              <servlet-class>org.springframework.web.servlet.DispatcherServlet</servlet-
class>
              <!-- 表示容器在启动时立即加载 Servlet -->
              <load-on-startup>1</load-on-startup>
      </servlet>
      <servlet-mapping>
              <servlet-name>springmvc</servlet-name>
              <!-- 处理所有 URL -->
```

```
            <url-pattern>/</url-pattern>
    </servlet-mapping>
</web-app>
```

上述 DispatcherServlet 的 Servlet 对象 Springmvc 初始化时将在应用程序的 WEB-INF 目录下查找一个配置文件，该配置文件的命名规则是“servletName-servlet. xml”，例如 springmvc-servlet. xml。

❸ 创建 Web 应用首页

在 ch14_1 应用的 webapp 目录下创建应用的首页 index. jsp。index. jsp 的代码如下：

```
<%@ page language="java" contentType="text/html; charset=UTF-8" pageEncoding="UTF-8"%>
<%
String path = request.getContextPath();
String basePath = request.getScheme() + "://" + request.getServerName() + ":" + request.
getServerPort() + path + "/";
%>
<!DOCTYPE html>
<html>
<head>
<base href="<%=basePath%>">
<meta charset="UTF-8">
<title>Insert title here</title>
</head>
<body>
    没注册的用户,请<a href="index/register">注册</a>!<br>
    已注册的用户,去<a href="index/login">登录</a>!
</body>
</html>
```

❹ 创建 Controller 类

在应用的 src/main/java 目录下创建 controller 包，并在该包中创建基于注解的名为“IndexController”的控制器类，在该类中有两个处理请求方法，分别处理首页中的“注册”和“登录”超链接请求。

```
package controller;
import org.springframework.stereotype.Controller;
import org.springframework.web.bind.annotation.GetMapping;
import org.springframework.web.bind.annotation.RequestMapping;
/**@Controller 表示 IndexController 的实例是一个控制器
  * @Controller 相当于@Controller("indexController")
  * 或@Controller(value = "indexController")
  */
@Controller
@RequestMapping("/index")
public class IndexController {
      @GetMapping("/login")
      public String login() {
           /**login 代表逻辑视图名称,需要根据 Spring MVC 配置
             * 文件中 internalResourceViewResolver 的前缀和后缀找到对应的物理视图
             */
           return "login";
      }
      @GetMapping("/register")
```

```
    public String register() {
        return "register";
    }
}
```

❺ 创建 Spring MVC 的配置文件

在 Spring MVC 中使用扫描机制找到应用中所有基于注解的控制器类，所以为了让控制器类被 Spring MVC 框架扫描到，需要在配置文件中声明 spring-context，并使用< context:component-scan/>元素指定控制器类的基本包（请确保所有控制器类都在基本包及其子包下），另外需要在配置文件中定义 Spring MVC 的视图解析器（ViewResolver），示例代码如下：

```
<bean class = "org.springframework.web.servlet.view.InternalResourceViewResolver"
        id = "internalResourceViewResolver">
    <!-- 前缀 -->
    <property name = "prefix" value = "/WEB-INF/jsp/"/>
    <!-- 后缀 -->
    <property name = "suffix" value = ".jsp"/>
</bean>
```

上述视图解析器配置了前缀和后缀两个属性，因此在控制器类中视图路径仅需提供 register 和 login，视图解析器将会自动添加前缀和后缀。

在 ch14_1 应用程序的 WEB-INF 目录下创建名为 springmvc-servlet.xml 的配置文件，其代码如下：

```
<?xml version = "1.0" encoding = "UTF-8"?>
<beans xmlns = "http://www.springframework.org/schema/beans"
    xmlns:xsi = "http://www.w3.org/2001/XMLSchema-instance"
    xmlns:context = "http://www.springframework.org/schema/context"
    xmlns:mvc = "http://www.springframework.org/schema/mvc"
    xsi:schemaLocation = "
        http://www.springframework.org/schema/beans
        http://www.springframework.org/schema/beans/spring-beans.xsd
        http://www.springframework.org/schema/context
        http://www.springframework.org/schema/context/spring-context.xsd
        http://www.springframework.org/schema/mvc
        http://www.springframework.org/schema/mvc/spring-mvc.xsd">
    <!-- 使用扫描机制扫描控制器类 -->
    <context:component-scan base-package = "controller"/>
    <mvc:annotation-driven/>
    <!-- 使用 resources 过滤掉不需要 DispatcherServlet 的资源(即静态资源,例如 CSS、JS、HTML、
images).
    在使用 resources 时必须使用 annotation-driven,否则 resources 元素会阻止任意控制器被调用.
    -->
    <!-- 允许 css 目录下的所有文件可见 -->
    <mvc:resources location = "/css/" mapping = "/css/**"></mvc:resources>
      <!-- 配置视图解析器 -->
      <bean class = "org.springframework.web.servlet.view.InternalResourceViewResolver"
            id = "internalResourceViewResolver">
      <!-- 前缀 -->
      <property name = "prefix" value = "/WEB-INF/jsp/"/>
      <!-- 后缀 -->
      <property name = "suffix" value = ".jsp"/>
```

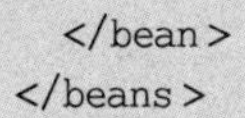

```
    </bean>
</beans>
```

❻ 创建应用的其他页面

在 IndexController 控制器的 register 方法处理成功后跳转到"/WEB-INF/jsp/register. jsp"视图；在 IndexController 控制器的 login 方法处理成功后跳转到"/WEB-INF/jsp/login. jsp"视图，因此在应用的"/WEB-INF/jsp"目录下应该有"register. jsp"和"login. jsp"页面，这里省略这两个 JSP 页面的代码。

❼ 发布并运行 Spring MVC 应用

在 Eclipse 中第一次运行 Spring MVC 应用时需要将应用发布到 Tomcat。例如在运行 ch14_1 应用时可以选中 ch14_1 右击，然后选择 Run As/Run on Server 菜单项打开如图 14.3 所示的对话框，在该对话框中单击 Finish 按钮完成发布并运行。

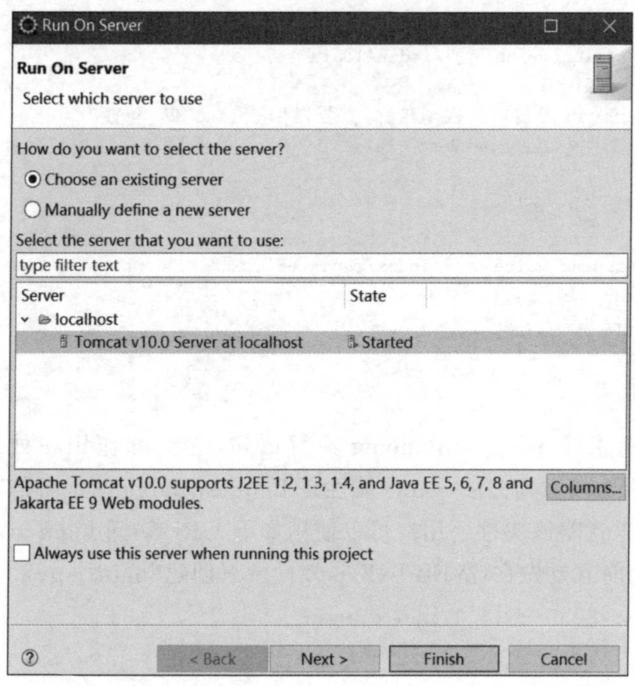

图 14.3 在 Eclipse 中发布并运行 Spring MVC 应用

14.3 基于注解的控制器

在使用 Spring MVC 进行 Web 应用开发时，Controller 是 Web 应用的核心。Controller 实现类包含了对用户请求的处理逻辑，是用户请求和业务逻辑之间的"桥梁"，是 Spring MVC 框架的核心部分，负责具体的业务逻辑处理。

14.3.1 Controller 注解类型

在 Spring MVC 中使用 org. springframework. stereotype. Controller 注解类型声明某类的实例是一个控制器。例如 14. 2. 2 节中的 IndexController 控制器类。注意，不要忘了在 Spring MVC 的配置文件中使用< context:component-scan/>元素指定控制器类的基本包，进

而扫描所有注解的控制器类。

14.3.2 RequestMapping 注解类型

在基于注解的控制器类中,可以为每个请求编写对应的处理方法。那么如何将请求与处理方法一一对应呢？需要使用 org. springframework. web. bind. annotation. RequestMapping 注解类型将请求与处理方法一一对应。

❶ 方法级别注解

方法级别注解的示例代码如下：

```
package controller;
import org.springframework.stereotype.Controller;
import org.springframework.web.bind.annotation.RequestMapping;
@Controller
public class IndexController {
        @RequestMapping(value = "/index/login")
        public String login() {
                /** login代表逻辑视图名称,需要根据 Spring MVC 配置
                 * 文件中 internalResourceViewResolver 的前缀和后缀找到对应的物理视图
                 */
                return "login";
        }
        @RequestMapping(value = "/index/register")
        public String register() {
                return "register";
        }
}
```

在上述示例中有两个 RequestMapping 注解语句,它们都作用在处理方法上。注解的 value 属性将请求 URI 映射到方法,value 属性是 RequestMapping 注解的默认属性,如果只有一个 value 属性,可以省略该属性。用户可以使用如下 URL 访问 login 方法(请求处理方法),在访问 login 方法之前需要先在/WEB-INF/jsp/目录下创建 login. jsp。

http://localhost:8080/ch14_1/index/login

❷ 类级别注解

类级别注解的示例代码如下：

```
package controller;
import org.springframework.stereotype.Controller;
import org.springframework.web.bind.annotation.RequestMapping;
@Controller
@RequestMapping("/index")
public class IndexController {
        @RequestMapping("/login")
        public String login() {
            return "login";
        }
        @RequestMapping("/register")
        public String register() {
            return "register";
        }
}
```

在类级别注解的情况下，控制器类中的所有方法都将映射为类级别的请求。用户可以使用如下 URL 访问 login 方法。

http://localhost:8080/ch14_1/index/login

为了方便程序的维护，建议开发者采用类级别注解，将相关处理放在同一个控制器类中，例如对商品的增、删、改、查处理方法都可以放在 GoodsOperate 控制类中。

@RequestMapping 注解的 value 属性表示请求路径；method 属性表示请求方式。如果方法上的@RequestMapping 注解没有设置 method 属性，则 get 和 post 请求都可以访问；如果方法上的@RequestMapping 注解设置了 method 属性，则只能是相应的请求方式可以访问。

@RequestMapping 还有特定于 HTTP 请求方式的组合注解，具体如下。

(1) @GetMapping：相当于@RequestMapping(method=RequestMethod. GET)，处理 get 请求。使用@RequestMapping 编写是@RequestMapping(value="requestpath", method=RequestMethod. GET)；使用@GetMapping 可简写为@GetMapping("requestpath")。这种注解通常在查询数据时使用。

(2) @PostMapping：相当于@RequestMapping(method= HttpMethod. POST)，处理 post 请求。使用@RequestMapping 编写是@RequestMapping(value="requestpath", method=RequestMethod. POST)；使用@PostMapping 可简写为@PostMapping("requestpath")。这种注解通常在新增数据时使用。

(3) @PutMapping、@PatchMapping：相当于@RequestMapping(method = RequestMethod. PUT/PATCH)，处理 put 和 patch 请求。使用@RequestMapping 编写是@RequestMapping(value="requestpath", method=RequestMethod. PUT/PATCH)；使用@PutMapping 可简写为@PutMapping("requestpath")。两者都是更新，@PutMapping 为全局更新，@PatchMapping 是对 put 方式的一种补充，put 是对整体的更新，patch 是对局部的更新。这种注解通常在更新数据时使用。

(4) @DeleteMapping：相当于@RequestMapping(method=RequestMethod. DELETE)，处理 delete 请求。使用@RequestMapping 编写是@RequestMapping(value="requestpath", method=RequestMethod. DELETE)；使用@PutMapping 可简写为@DeleteMapping("requestpath")。这种注解通常在删除数据时使用。

14.3.3　编写请求处理方法

在控制器类中每个请求处理方法可以有多个不同类型的参数，以及一个多种类型的返回结果。

❶ 请求处理方法中常出现的参数类型

如果需要在请求处理方法中使用 Servlet API 类型，那么可以将这些类型作为请求处理方法的参数类型。Servlet API 参数类型的示例代码如下：

```
package controller;
import jakarta.servlet.http.HttpServletRequest;
import jakarta.servlet.http.HttpSession;
import org.springframework.stereotype.Controller;
import org.springframework.web.bind.annotation.RequestMapping;
@Controller
@RequestMapping("/index")
```

```
public class IndexController {
    @RequestMapping("/login")
    public String login(HttpSession session, HttpServletRequest request) {
        session.setAttribute("skey", "session 范围的值");
        request.setAttribute("rkey", "request 范围的值");
        return "login";
    }
}
```

除了 Servlet API 参数类型以外，还有输入输出流、表单实体类、注解类型、与 Spring 框架相关的类型等。org.springframework.ui.Model 类型是一个包含 Map 的 Spring 框架类型，特别重要。在每次调用请求处理方法时 Spring MVC 都将创建 org.springframework.ui.Model 对象。Model 参数类型的示例代码如下：

```
package controller;
import org.springframework.stereotype.Controller;
import org.springframework.ui.Model;
import org.springframework.web.bind.annotation.RequestMapping;
@Controller
@RequestMapping("/index")
public class IndexController {
    @RequestMapping("/register")
    public String register(Model model) {
        /* 在视图中可以使用 EL 表达式 ${success}取出 model 中的值，有关 EL 的知识请参考本书
           的相应内容 */
        model.addAttribute("success", "注册成功");
        return "register";
    }
}
```

❷ 请求处理方法常见的返回类型

最常见的返回类型是代表逻辑视图名称的 String 类型，如前面章节中的请求处理方法。除了 String 类型以外，还有 Model、View 以及其他任意的 Java 类型。

▶ 14.3.4 Controller 接收请求参数的常见方式

Controller 接收请求参数的方式有很多，有的适合 get 请求方式，有的适合 post 请求方式，有的两者都适合。下面介绍几种常用的方式，读者可根据实际情况选择合适的接收方式。

❶ 通过实体 bean 接收请求参数

通过实体 bean 接收请求参数适用于 get 和 post 提交请求方式。需要注意的是，bean 的属性名称必须与请求参数名称相同。下面通过完善 ch14_1 应用讲解“通过实体 bean 接收请求参数”。

1）完善视图文件

在 ch14_1 应用的/WEB-INF/jsp/目录下有 register.jsp、login.jsp 和 main.jsp 文件，main.jsp 的代码略。

register.jsp 的代码如下：

```
<%@ page language="java" contentType="text/html; charset=UTF-8" pageEncoding="UTF-8"%>
<%
```

```
String path = request.getContextPath();
String basePath = request.getScheme() + "://" + request.getServerName() + ":" + request.
getServerPort() + path + "/";
%>
<!DOCTYPE html>
<html>
<head>
<base href="<% = basePath%>">
<meta charset="UTF-8">
<title>Insert title here</title>
</head>
<body>
<form action="user/register" method="post" name="registForm">
    <table border=1>
            <tr>
                <td>姓名：</td>
                <td>
                    <input type="text" name="uname" value="${user.uname}"/>
                </td>
            </tr>
            <tr>
                <td>密码：</td>
                <td><input type="password" name="upass"/></td>
            </tr>
            <tr>
                <td>确认密码：</td>
            <td><input type="password" name="reupass"/></td>
            </tr>
            <tr>
            <td colspan="2" align="center">
                <input type="submit" value="注册"/>
            </td>
            </tr>
        </table>
    </form>
</body>
</html>
```

login.jsp 的代码如下：

```
<%@ page language="java" contentType="text/html; charset=UTF-8" pageEncoding="UTF-8"%>
<%
String path = request.getContextPath();
String basePath = request.getScheme() + "://" + request.getServerName() + ":" + request.
getServerPort() + path + "/";
%>
<!DOCTYPE html>
<html>
<head>
<base href="<% = basePath%>">
<meta charset="UTF-8">
<title>Insert title here</title>
</head>
<body>
    <form action="user/login" method="post">
    <table>
        <tr>
```

```
            <td align="center" colspan="2">登录</td>
        </tr>
        <tr>
            <td>姓名：</td>
            <td><input type="text" name="uname"></td>
        </tr>
        <tr>
            <td>密码：</td>
            <td><input type="password" name="upass"></td>
        </tr>
        <tr>
            <td colspan="2">
                <input type="submit" value="提交">
                <input type="reset" value="重置">
            </td>
        </tr>
    </table>
    ${messageError}
    </form>
</body>
</html>
```

2）创建 POJO 实体类

在 ch14_1 应用的 src/main/java 目录下创建 pojo 包，并在该包中创建实体类 UserForm，代码如下：

```
package pojo;
public class UserForm {
      private String uname;                          //与请求参数名称相同
      private String upass;
      private String reupass;
      //省略 getter 和 setter 方法
}
```

3）创建控制器类

在 ch14_1 应用的 controller 包中创建控制器类 UserController。

UserController 的代码如下：

```
package controller;
import jakarta.servlet.http.HttpSession;
import org.apache.commons.logging.Log;
import org.apache.commons.logging.LogFactory;
import org.springframework.stereotype.Controller;
import org.springframework.ui.Model;
import org.springframework.web.bind.annotation.PostMapping;
import org.springframework.web.bind.annotation.RequestMapping;
import pojo.UserForm;
@Controller
@RequestMapping("/user")
public class UserController {
    private static final Log logger = LogFactory.getLog(UserController.class);
    /**
     * 处理登录
     * 使用 UserForm 对象(实体 bean)user 接收登录页面提交的请求参数
```

```
    */
    @PostMapping("/login")
    public String login(UserForm user, HttpSession session, Model model) {
        if("zhangsan".equals(user.getUname())
                && "123456".equals(user.getUpass())) {
            session.setAttribute("u", user);
            logger.info("成功");
            return "main";                          //登录成功,跳转到 main.jsp
        }else{
            logger.info("失败");
            model.addAttribute("messageError", "用户名或密码错误");
            return "login";
        }
    }
    /**
     * 处理注册
     * 使用 UserForm 对象(实体 bean)user 接收注册页面提交的请求参数
     */
    @PostMapping("/register")
    public String register(UserForm user, Model model) {
        if("zhangsan".equals(user.getUname())
                && "123456".equals(user.getUpass())) {
            logger.info("成功");
            return "login";                         //注册成功,跳转到 login.jsp
        }else{
            logger.info("失败");
            //在 register.jsp 页面上可以使用 EL 表达式取出 model 的 uname 值
            model.addAttribute("uname", user.getUname());
            return "register";                          //返回 register.jsp
        }
    }
}
```

4）测试应用

运行 ch14_1 应用的首页 index.jsp，进行程序测试。

❷ 通过处理方法的形参接收请求参数

通过处理方法的形参接收请求参数，也就是直接把表单参数写在控制器类相应方法的形参中，即形参名称与请求参数名称完全相同。该接收参数方式适用于 get 和 post 提交请求方式。这里可以将控制器类 UserController 中 register 方法的代码修改如下：

```
@PostMapping("/register")
/**
 * 通过形参接收请求参数,形参名称与请求参数名称完全相同
 */
public String register(String uname, String upass, Model model) {
        if("zhangsan".equals(uname)
                && "123456".equals(upass)) {
            logger.info("成功");
            return "login";                         //注册成功,跳转到 login.jsp
        }else{
            logger.info("失败");
            //在 register.jsp 页面上可以使用 EL 表达式取出 model 的 uname 值
            model.addAttribute("uname", uname);
            return "register";                          //返回 register.jsp
        }
}
```

❸ 通过@RequestParam 接收请求参数

通过@RequestParam 接收请求参数适用于 get 和 post 提交请求方式。这里可以将控制器类 UserController 中 register 方法的代码修改如下：

```
@PostMapping("/register")
/**
  * 通过@RequestParam 接收请求参数
  */
public String register(@RequestParam String uname, @RequestParam String upass, Model model) {
       if("zhangsan".equals(uname)
                 && "123456".equals(upass)) {
           logger.info("成功");
           return "login";                    //注册成功,跳转到 login.jsp
       }else{
           logger.info("失败");
           //在 register.jsp 页面上可以使用 EL 表达式取出 model 的 uname 值
           model.addAttribute("uname", uname);
           return "register";                 //返回 register.jsp
       }
}
```

通过@RequestParam 接收请求参数与"通过处理方法的形参接收请求参数"的区别是：当请求参数与接收参数名称不一致时，"通过处理方法的形参接收请求参数"不会报 400 错误，而"通过@RequestParam 接收请求参数"会报 400 错误。

❹ 通过@ModelAttribute 接收请求参数

将@ModelAttribute 注解放在处理方法的形参上，用于将多个请求参数封装到一个实体对象，从而简化数据绑定流程，而且自动暴露为模型数据用于展示视图页面时使用。"通过实体 bean 接收请求参数"只是将多个请求参数封装到一个实体对象，并不能暴露为模型数据。

通过@ModelAttribute 注解接收请求参数适用于 get 和 post 提交请求方式。这里可以将控制器类 UserController 中 register 方法的代码修改如下：

```
@RequestMapping("/register")
public String register(@ModelAttribute("user") UserForm user) {
       if("zhangsan".equals(user.getUname())
                 && "123456".equals(user.getUpass())){
             logger.info("成功");
             return "login";                    //注册成功,跳转到 login.jsp
       }else{
             logger.info("失败");
             //使用@ModelAttribute("user")与 model.addAttribute("user", user)的功能相同
       //在 register.jsp 页面上可以使用 EL 表达式${user.uname}取出 ModelAttribute 的 uname 值
             return "register";                 //返回 register.jsp
             }
}
```

▶ 14.3.5 重定向与转发

重定向是将用户从当前处理请求定向到另一个视图（例如 JSP）或处理请求，以前的请求（request）中存放的信息全部失效，并进入一个新的 request 作用域；转发是将用户对当前处理的请求转发给另一个视图或处理请求，以前的 request 中存放的信息不会失效。

在 Spring MVC 框架中，控制器类中处理方法的 return 语句默认就是转发实现，只不过实

现的是转发到视图。示例代码如下：

```
@PostMapping("/register")
public String register() {
    return "register";                          //转发到 register.jsp
}
```

在 Spring MVC 框架中，重定向与转发的示例代码如下：

```
package controller;
import org.springframework.stereotype.Controller;
import org.springframework.web.bind.annotation.RequestMapping;
@Controller
@RequestMapping("/index")
public class IndexController {
    @PostMapping("/login")
    public String login() {
        //转发到一个请求方法(同一个控制器类里,可省略/index/)
        return "forward:/index/isLogin";
    }
    @PostMapping("/isLogin")
    public String isLogin() {
        //重定向到一个请求方法
        return "redirect:/index/isRegister";
    }
    @RequestMapping("/isRegister")
    public String isRegister() {
        //转发到一个视图
        return "register";
    }
}
```

在 Spring MVC 框架中，不管是重定向或转发，都需要符合视图解析器的配置，如果直接转发到一个不需要 DispatcherServlet 的资源，例如：

```
return "forward:/html/my.html";
```

需要使用 mvc:resources 配置：

```
<mvc:resources location="/html/" mapping="/html/**"></mvc:resources>
```

▶ 14.3.6 应用@Autowired 进行依赖注入

在前面学习的控制器中并没有体现 MVC 的 M 层，这是因为控制器既充当 C 层又充当 M 层。这样设计程序的系统结构很不合理，应该将 M 层从控制器中分离出来。Spring MVC 框架本身就是一个非常优秀的 MVC 框架，它具有依赖注入的优点。用户可以通过 org.springframework.beans.factory.annotation.Autowired 注解类型将依赖注入一个属性(成员变量)或方法，例如：

```
@Autowired
public UserService userService;
```

在 Spring MVC 中为了能被作为依赖注入，服务层的类必须使用 org.springframework.

stereotype.Service 注解类型注明为@Service(一个服务),另外还需要在配置文件中使用<context:component-scan base-package="基本包"/>元素来扫描依赖基本包。下面将 ch14_1 应用的"登录"和"注册"的业务逻辑处理分离出来,使用 Service 层实现。

首先创建 service 包,在该包中创建 UserService 接口和 UserServiceImpl 实现类。

UserService 接口的具体代码如下:

```
package service;
import pojo.UserForm;
public interface UserService {
        boolean login(UserForm user);
        boolean register(UserForm user);
}
```

UserServiceImpl 实现类的具体代码如下:

```
package service;
import org.springframework.stereotype.Service;
import pojo.UserForm;
//注解为一个服务
@Service
public class UserServiceImpl implements UserService{
        @Override
        public boolean login(UserForm user) {
                if("zhangsan".equals(user.getUname())
                                && "123456".equals(user.getUpass()))
                    return true;
                return false;
        }
        @Override
        public boolean register(UserForm user) {
                if("zhangsan".equals(user.getUname())
                                && "123456".equals(user.getUpass()))
                    return true;
                return false;
        }
}
```

然后在配置文件中添加一个<context:component-scan base-package="基本包"/>元素,具体代码如下:

```
<context:component - scan base - package = "service"/>
```

最后修改控制器类 UserController,具体代码如下:

```
package controller;
import jakarta.servlet.http.HttpSession;
import org.apache.commons.logging.Log;
import org.apache.commons.logging.LogFactory;
import org.springframework.beans.factory.annotation.Autowired;
import org.springframework.stereotype.Controller;
import org.springframework.ui.Model;
import org.springframework.web.bind.annotation.ModelAttribute;
import org.springframework.web.bind.annotation.PostMapping;
import org.springframework.web.bind.annotation.RequestMapping;
```

```
import pojo.UserForm;
import service.UserService;
@Controller
@RequestMapping("/user")
public class UserController {
	private static final Log logger = LogFactory.getLog(UserController.class);
	//将服务层依赖注入 userService 属性
	@Autowired
	public UserService userService;
	 /**
	  * 处理登录
	  */
	@PostMapping("/login")
	public String login(UserForm user, HttpSession session, Model model) {
		if(userService.login(user)){
			session.setAttribute("u", user);
			logger.info("成功");
			return "main";			//登录成功,跳转到 main.jsp
		}else{
			logger.info("失败");
			model.addAttribute("messageError", "用户名或密码错误");
			return "login";
		}
	}
	/**
	 * 处理注册
	 */
	@PostMapping("/register")
	public String register(@ModelAttribute("user") UserForm user) {
		if(userService.register(user)){
			logger.info("成功");
			return "login";			//注册成功,跳转到 login.jsp
		}else{
			logger.info("失败");
			return "register";			//返回 register.jsp
		}
	}
}
```

▶ 14.3.7　@ModelAttribute

通过 org.springframework.web.bind.annotation.ModelAttribute 注解类型可以实现以下两个功能：

❶ 绑定请求参数到实体对象（表单的命令对象）

该用法如 14.3.4 节中的"通过@ModelAttribute 接收请求参数"：

```
@PostMapping("/register")
public String register(@ModelAttribute("user") UserForm user) {
	if("zhangsan".equals(user.getUname())
			&& "123456".equals(user.getUpass())){
		return "login";
	}else{
		return "register";
	}
}
```

在上述代码中“@ModelAttribute("user") UserForm user”语句的功能有两个,一个是将请求参数的输入封装到 user 对象中;另一个是创建 UserForm 实例,以“user”为键值存储在 Model 对象中,与“model. addAttribute("user",user)”语句的功能一样。如果没有指定键值,即“@ModelAttribute UserForm user”,那么在创建 UserForm 实例时以“userForm”为键值存储在 Model 对象中,与“model. addAttribute("userForm",user)”语句的功能一样。

❷ 注解一个非请求处理方法

被@ModelAttribute 注解的方法将在每次调用该控制器类的请求处理方法前被调用。这种特性可以用来控制登录权限,当然控制登录权限的方法有很多,例如拦截器、过滤器等。

使用该特性控制登录权限的示例代码如下:

```
package controller;
import jakarta.servlet.http.HttpSession;
import org.springframework.web.bind.annotation.ModelAttribute;
public class BaseController {
    @ModelAttribute
    public void isLogin(HttpSession session) throws Exception {
        if(session.getAttribute("user") == null){
            throw new Exception("没有权限");
        }
    }
}
package controller;
import org.springframework.stereotype.Controller;
import org.springframework.web.bind.annotation.RequestMapping;
@Controller
@RequestMapping("/admin")
public class ModelAttributeController extends BaseController{
    @RequestMapping("/add")
    public String add(){
        return "addSuccess";
    }
    @RequestMapping("/update")
    public String update(){
        return "updateSuccess";
    }
    @RequestMapping("/delete")
    public String delete(){
        return "deleteSuccess";
    }
}
```

上述 ModelAttributeController 类中的 add、update、delete 请求处理方法在执行时首先执行父类 BaseController 中的 isLogin 方法判断登录权限,可以通过地址“http://localhost:8080/ch14_1/admin/add”测试登录权限。

扫一扫

视频讲解

14.4 Spring 的数据库编程

数据库编程是互联网编程的基础,Spring 框架为开发者提供了 JDBC 模板模式,即 jdbcTemplate,它可以简化许多代码,但在实际应用中 jdbcTemplate 并不常用。在工作中更多的时候用的是 Hibernate 框架和 MyBatis 框架进行数据库编程。

本节仅简要介绍 Spring jdbcTemplate 的使用方法，对于 MyBatis 框架的相关内容，读者可以学习本书编者的另一本教程《Java EE 框架整合开发入门到实战——Spring＋Spring MVC＋MyBatis》。

14.4.1 Spring JDBC 的配置

本节 Spring 数据库编程主要使用 Spring JDBC 模块的 core 和 dataSource 包。core 包是 JDBC 的核心功能包，包括常用的 JdbcTemplate 类；dataSource 包是访问数据源的工具类包。使用 Spring JDBC 操作数据库需要对其进行配置，配置文件的示例代码如下：

```
<!-- 配置数据源 -->
<bean id = "dataSource" class = "org.springframework.jdbc.datasource.DriverManagerDataSource">
        <!-- MySQL 数据库驱动 -->
        <property name = "driverClassName" value = "com.mysql.cj.jdbc.Driver"/>
        <!-- 连接数据库的 URL -->
        <property name = "url" value = "jdbc:mysql://127.0.0.1:3306/springtest?useUnicode =
true&amp;characterEncoding = UTF - 8&amp;allowMultiQueries = true&amp;serverTimezone = GMT %
2B8"/>
        <!-- 连接数据库的用户名 -->
        <property name = "username" value = "root"/>
        <!-- 连接数据库的密码 -->
        <property name = "password" value = "root"/>
</bean>
<!-- 配置 JDBC 模板 -->
<bean id = "jdbcTemplate" class = "org.springframework.jdbc.core.JdbcTemplate">
        <property name = "dataSource" ref = "dataSource"/>
</bean>
```

在上述示例代码中配置 JDBC 模板时需要将 dataSource 注入 jdbcTemplate，而在数据访问层（Dao 类）需要使用 jdbcTemplate 时也需要将 jdbcTemplate 注入对应的 bean 中。示例代码如下：

```
…
@Repository("testDao")
public class TestDaoImpl implements TestDao{
      @Autowired
      //使用配置文件中的 JDBC 模板
      private JdbcTemplate jdbcTemplate;
      …
}
```

14.4.2 Spring JdbcTemplate 的常用方法

在 14.4.1 节中获取 JDBC 模板后如何使用是本节将要讲述的内容。首先需要了解 JdbcTemplate 类的常用方法，该类的常用方法是 update()和 query()方法。

(1) public int update(String sql, Object args[])：该方法可以对数据表进行增加、修改、删除等操作。使用 args[]设置 SQL 语句中的参数，并返回更新的行数。示例代码如下：

```
String insertSql = "insert into user values(null,?,?)";
Object param1[] = {"chenheng1", "男"};
jdbcTemplate.update(sql, param1);
```

(2) public List < T > query(String sql,RowMapper < T > rowMapper,Object args[]):该方法可以对数据表进行查询操作。rowMapper 将结果集映射到用户自定义的类中(前提是自定义类中的属性要与数据表中的字段对应)。示例代码如下:

```
String selectSql = "select * from user";
RowMapper < MyUser > rowMapper = new BeanPropertyRowMapper < MyUser >(MyUser.class);
List < MyUser > list = jdbcTemplate.query(sql, rowMapper, null);
```

下面通过一个实例演示 Spring JDBC 的使用过程,具体如下:

❶ 导入 JAR 包

将 MySQL 数据库的驱动 JAR 包 mysql-connector-java-8.0.29.jar、Spring JDBC 的 JAR 包 spring-jdbc-6.0.0.jar 以及 Spring 事务处理的 JAR 包 spring-tx-6.0.0.jar 复制到 ch14_1 应用的/WEB-INF/lib 目录下。

❷ 完善配置文件

在 ch14_1 的配置文件中添加如下配置代码:

```
<!-- 配置数据源 -->
<bean id = "dataSource" class = "org.springframework.jdbc.datasource.DriverManagerDataSource">
          <!-- MySQL 数据库驱动 -->
          <property name = "driverClassName" value = "com.mysql.cj.jdbc.Driver"/>
          <!-- 连接数据库的 URL -->
          <property name = "url" value = "jdbc:mysql://127.0.0.1:3306/springtest?useUnicode =
true&amp;characterEncoding = UTF - 8&amp;allowMultiQueries = true&amp;serverTimezone = GMT%
2B8"/>
          <!-- 连接数据库的用户名 -->
          <property name = "username" value = "root"/>
          <!-- 连接数据库的密码 -->
          <property name = "password" value = "root"/>
</bean>
<!-- 配置 JDBC 模板 -->
<bean id = "jdbcTemplate" class = "org.springframework.jdbc.core.JdbcTemplate">
       <property name = "dataSource" ref = "dataSource"/>
</bean>
```

❸ 创建实体类

在 ch14_1 应用的 pojo 包中创建实体类 MyUser。该类的属性与数据表 usertable 中的字段一致。数据表 usertable 的结构如图 14.4 所示。

名	类型	长度	小数点	允许空值(	
uname	varchar	100	0	☐	🔑1
upwd	varchar	100	0	☐	

图 14.4 usertable 表的结构

实体类 MyUser 的代码如下:

```
package pojo;
public class MyUser {
      private String uname;
      private String upwd;
      //此处省略了 setter 和 getter 方法
      public String toString() {
            return "myUser [uname = " + uname + ", upwd = " + upwd + "]";
```

```
        }
}
```

❹ 创建数据访问层 Dao

在 ch14_1 应用的 src/main/java 目录中创建一个名为 dao 的包，并在该包中创建 TestDao 接口和 TestDaoImpl 实现类。在实现类 TestDaoImpl 中使用 JDBC 模板 jdbcTemplate 访问数据库，并将该类注解为@Repository("testDao")。在配置文件中添加 <context:component-scan base-package="dao"/>语句使注解生效。

TestDao 接口的代码如下：

```
package dao;
import pojo.MyUser;
import java.util.List;
public interface TestDao {
        public int update(String sql, Object[] param);
        public List<MyUser> query(String sql, Object[] param);
}
```

TestDaoImpl 实现类的代码如下：

```
package dao;
import java.util.List;
import org.springframework.beans.factory.annotation.Autowired;
import org.springframework.jdbc.core.BeanPropertyRowMapper;
import org.springframework.jdbc.core.JdbcTemplate;
import org.springframework.jdbc.core.RowMapper;
import org.springframework.stereotype.Repository;
import pojo.MyUser;
@Repository("testDao")
public class TestDaoImpl implements TestDao{
     @Autowired
    //使用配置文件中的 JDBC 模板
    private JdbcTemplate jdbcTemplate;
    /**
      * 更新方法,包括添加、修改、删除
      * param 为 sql 中的参数,例如通配符?
      */
    @Override
    public int update(String sql, Object[] param) {
        return jdbcTemplate.update(sql, param);
    }
    /**
      * 查询方法
      * param 为 sql 中的参数,例如通配符?
      */
    @Override
    public List<MyUser> query(String sql, Object[] param) {
            RowMapper<MyUser> rowMapper = new BeanPropertyRowMapper<MyUser>(MyUser.class);
            return jdbcTemplate.query(sql, rowMapper, param);
    }
}
```

❺ 创建测试类

在 ch14_1 应用的 controller 包中创建控制器类 TestSpringJDBC，具体代码如下：

```
package controller;
import java.util.List;
import org.springframework.beans.factory.annotation.Autowired;
import org.springframework.stereotype.Controller;
import org.springframework.web.bind.annotation.RequestMapping;
import dao.TestDao;
import pojo.MyUser;
@Controller
public class TestSpringJDBC {
        @Autowired
        private TestDao testDao;
        @RequestMapping("/jdbcTest")
        public String test() {
                String insertSql = "insert into usertable values(?,?)";
                //数组 param 中的值与 insertSql 语句中的?一一对应
                Object param1[] = {"chenheng1", "111"};
                Object param2[] = {"chenheng2", "222"};
                Object param3[] = {"chenheng3", "333"};
                Object param4[] = {"chenheng4", "444"};
                //添加用户
                testDao.update(insertSql, param1);
                testDao.update(insertSql, param2);
                testDao.update(insertSql, param3);
                testDao.update(insertSql, param4);
                //查询用户
                String selectSql = "select * from usertable";
                List<MyUser> list = testDao.query(selectSql, null);
                for(MyUser mu : list) {
                    System.out.println(mu);
                }
                return "jdbcTest";
        }
}
```

通过地址“http://localhost:8080/ch14_1/jdbcTest”运行上述控制器，运行结果如图 14.5 所示。

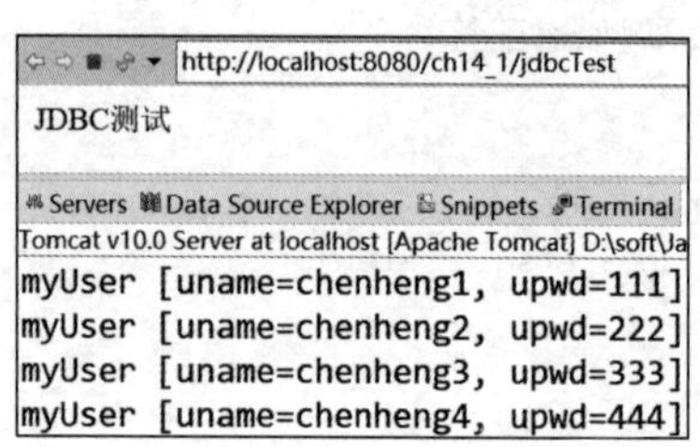

图 14.5 Spring 数据库编程的运行结果

▶ 14.4.3 基于@Transactional 注解的声明式事务管理

@Transactional 注解可以作用于接口、接口方法、类以及类方法上。当作用于类上时，该类的所有 public 方法都将具有该类型的事务属性，并且可以在方法级别使用该注解来覆盖类级别的定义。虽然@Transactional 注解可以作用于接口、接口方法、类以及类方法上，但是 Spring 小组不建议在接口或者接口方法上使用该注解，因为只有在使用基于接口的代理时它才会生效。@Transactional 注解的使用步骤如下：

❶ 为数据源添加事务管理器

```
<!-- 为数据源添加事务管理器 -->
<bean id = "txManager"
      class = "org.springframework.jdbc.datasource.DataSourceTransactionManager">
      <property name = "dataSource" ref = "dataSource"/>
</bean>
<!-- 为事务管理器注册注解驱动 -->
<tx:annotation-driven transaction-manager = "txManager"/>
```

❷ 为 Service 层添加@Transactional 注解

在 Spring MVC 中通常通过 Service 层进行事务管理，因此需要为 Service 层添加@Transactional 注解。添加@Transactional 注解的示例代码如下：

```
...
    @Service("testService")
    @Transactional
    //加上@Transactional 注解就可以指定这个类需要受 Spring 的事务管理
    //注意@Transactional 只能针对 public 属性范围内的方法添加
    public class TestServiceImpl implements TestService{
    }
    ...
```

扫一扫

视频讲解

14.5 基于 Spring MVC 框架的注册与登录

14.5.1 JSON 数据转换

为了实现浏览器与控制器类之间的 JSON 数据交互，Spring MVC 提供了 MappingJackson2HttpMessageConverter 实现类默认处理 JSON 格式请求响应。该实现类利用 Jackson 开源包读写 JSON 数据，将 Java 对象转换为 JSON 对象和 XML 文档，同时也可以将 JSON 对象和 XML 文档转换为 Java 对象。

Jackson 开源包及其描述如下。

(1) jackson-annotations.jar：JSON 转换注解包。

(2) jackson-core.jar：JSON 转换核心包。

(3) jackson-databind.jar：JSON 转换的数据绑定包。

在编写本书时，以上 3 个 Jackson 的开源包的最新版本是 2.14.1，读者可通过地址"http://mvnrepository.com/artifact/com.fasterxml.jackson.core"下载得到。

在使用注解开发时需要用到两个重要的 JSON 格式转换注解，分别是@RequestBody 和@ResponseBody。

(1) @RequestBody：用于将请求体中的数据绑定到方法的形参中，该注解应用在方法的形参上。

(2) @ResponseBody：用于直接返回 JSON 对象，该注解应用在方法上。

14.5.2 注册与登录

创建 Spring MVC 应用 ch14_2，实现以下功能：

(1) 未注册用户请运行注册页面进行注册，注册时检查用户名是否已注册(要求使用 Ajax

异步提交检查)。

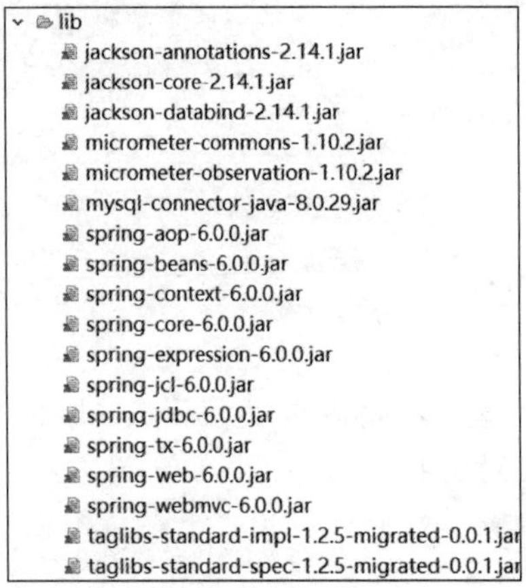

(2) 已注册的用户运行登录页面进行登录,登录成功的用户可以查看所有用户姓名。

实现 ch14_2 应用的步骤如下:

❶ 创建 ch14_2 应用并导入相关 JAR 文件

除了需要导入 ch14_1 应用所需要的 JAR 文件以外,还需要导入 JSTL 和 JSON 所需要的 JAR 文件,具体如图 14.6 所示。

```
lib
  jackson-annotations-2.14.1.jar
  jackson-core-2.14.1.jar
  jackson-databind-2.14.1.jar
  micrometer-commons-1.10.2.jar
  micrometer-observation-1.10.2.jar
  mysql-connector-java-8.0.29.jar
  spring-aop-6.0.0.jar
  spring-beans-6.0.0.jar
  spring-context-6.0.0.jar
  spring-core-6.0.0.jar
  spring-expression-6.0.0.jar
  spring-jcl-6.0.0.jar
  spring-jdbc-6.0.0.jar
  spring-tx-6.0.0.jar
  spring-web-6.0.0.jar
  spring-webmvc-6.0.0.jar
  taglibs-standard-impl-1.2.5-migrated-0.0.1.jar
  taglibs-standard-spec-1.2.5-migrated-0.0.1.jar
```

图 14.6 ch14_2 应用的相关 JAR 文件

❷ 创建相关 JSP 文件

应用中需要的 JS 和图片请参见本书提供的源代码,这里只说明 JSP 的相关代码。在 ch14_2 应用的 src/main/webapp 目录下创建 jsp 文件夹,并在该文件夹中创建注册页面 register.jsp、登录页面 login.jsp 以及主页面 main.jsp。

(1) 注册页面 register.jsp 的代码如下:

```
<%@ page language = "java" contentType = "text/html; charset = UTF - 8" pageEncoding = "UTF - 8" %>
<%
String path = request.getContextPath();
String basePath = request.getScheme() + "://" + request.getServerName() + ":" + request.
getServerPort() + path + "/";
%>
<!DOCTYPE html>
<html>
<base href = "<% = basePath %>">
<head>
<meta charset = "UTF - 8">
<style type = "text/css">
    .textSize{
        width: 100pt;
        height: 15pt
    }
</style>
<title>注册页面</title>
<script type = "text/javascript" src = "js/jquery - 3.6.0.min.js"></script>
<script type = "text/javascript">
    //输入姓名后调用该方法,判断用户名是否可用
    function nameIsNull(){
        $.ajax({
            //请求路径
            url: "user/isUse",
            //请求类型
            type: "post",
            //data 表示发送的数据
            data: JSON.stringify({uname: $("#uname").val()}),
            //定义发送请求的数据格式为 JSON 字符串
            contentType: "application/json;charset = UTF - 8",
            //定义回调响应的数据格式为 JSON 字符串,该属性可以省略
```

```
                //dataType : "json",
                //成功响应的结果
                success: function(data){
                    if(data == "no"){
                        $("#isExit").html("<font color=red size=5>×</font>");
                        alert("用户已存在,请修改!");
                    }else{
                        $("#isExit").html("<font color=green size=5>√</font>");
                        alert("用户可用");
                    }
                },
                error: function() {
                    alert("处理异常!");
                }
            });
        }
</script>
</head>
<body style="background-image: url('images/bb.jpg');">
    <form action="user/regist" method="post" name="registForm">
        <table>
            <tr>
                <td>姓名：</td>
                <td>
<input class="textSize" type="text" id="uname" name="uname" onblur="nameIsNull()"/>
                        <span id="isExit"></span>
                </td>
            </tr>
            <tr>
                <td>密码：</td>
                <td><input class="textSize" type="password" name="upass"/></td>
            </tr>
            <tr>
                <td>确认密码：</td>
                <td><input class="textSize" type="password" name="reupass"/></td>
            </tr>
            <tr>
                <td colspan="2" align="center"><input type="submit" value="注册" /></td>
            </tr>
        </table>
    </form>
</body>
</html>
```

（2）登录页面 login.jsp 的代码如下：

```
<%@ page language="java" contentType="text/html; charset=UTF-8" pageEncoding="UTF-8" %>
<%
String path = request.getContextPath();
String basePath = request.getScheme() + "://" + request.getServerName() + ":" + request.
getServerPort() + path + "/";
%>
<!DOCTYPE html>
<html>
<head>
```

```
<base href="<% = basePath %>">
<meta charset="UTF-8">
<title>后台登录</title>
<script type="text/javascript">
        //确定按钮
        function gogo(){
            document.forms[0].submit();
        }
        //取消按钮
        function cancel(){
            document.forms[0].action = "";
        }
        </script>
</head>
<body>
    <form action="user/login" method="post">
    <table>
            <tr>
                <td colspan="2"><img src="images/login.gif"></td>
            </tr>
            <tr>
                <td>姓名：</td>
                <td><input type="text" name="uname" class="textSize"/></td>
            </tr>
            <tr>
                <td>密码：</td>
                <td><input type="password" name="upass" class="textSize"/></td>
            </tr>
            <tr>
                <td colspan="2">
                    <input type="image" src="images/ok.gif" onclick="gogo()">
                    <input type="image" src="images/cancel.gif" onclick="cancel()">
                </td>
            </tr>
    </table>
    </form>
  </body>
</html>
```

（3）主页面 main.jsp 的代码如下：

```
<%@ page language="java" contentType="text/html; charset=UTF-8" pageEncoding="UTF-8"%>
<%@ taglib prefix="c" uri="http://java.sun.com/jsp/jstl/core"%>
<%
String path = request.getContextPath();
String basePath = request.getScheme() + "://" + request.getServerName() + ":" + request.
getServerPort() + path + "/";
%>
<!DOCTYPE html>
<html>
<head>
<base href="<% = basePath %>">
<meta charset="UTF-8">
<title>后台主页面</title>
</head>
```

```
<body>
    查询出所有用户:
    <br>
    <c:forEach items="${allUsers}" var="map">
        ${map.uname}<br>
    </c:forEach>
</body>
</html>
```

❸ 创建相关配置文件

这里只提供 springmvc-servlet.xml 的代码，对于 web.xml 的内容请读者参考 ch14_1 应用。

springmvc-servlet.xml 的核心代码如下：

```
<!-- 附加 props 配置文件 -->
<context:property-placeholder location="classpath:db.properties"/>
    <!-- 扫描包和子包 -->
    <context:component-scan base-package="com.controller"/>
    <context:component-scan base-package="com.service"/>
    <context:component-scan base-package="com.dao"/>
    <mvc:annotation-driven />
    <!-- 静态资源需要单独处理,不需要 DispatcherServlet  -->
    <mvc:resources location="/images/" mapping="/images/**"></mvc:resources>
    <mvc:resources location="/js/" mapping="/js/**"></mvc:resources>
    <!-- 配置视图解析器 -->
    <bean class="org.springframework.web.servlet.view.InternalResourceViewResolver"
            id="internalResourceViewResolver">
        <!-- 前缀 -->
        <property name="prefix" value="/WEB-INF/jsp/"/>
        <!-- 后缀 -->
        <property name="suffix" value=".jsp"/>
    </bean>
     <bean id="dataSource" class="org.apache.tomcat.dbcp.dbcp2.BasicDataSource">
        <property name="driverClassName" value="${db.driverClassName}"/>
        <property name="url" value="${db.url}"/>
        <property name="username" value="${db.username}"/>
        <property name="password" value="${db.password}"/>
        <!-- 读取 classpath:db.properties 属性文件 -->
    </bean>
    <bean id="jdbcTemplate" class="org.springframework.jdbc.core.JdbcTemplate">
        <property name="dataSource" ref="dataSource"/>
   </bean>
   <!-- 添加事务支持 -->
   <bean id="txManager"
        class="org.springframework.jdbc.datasource.DataSourceTransactionManager">
        <property name="dataSource" ref="dataSource"/>
    </bean>
    <!-- 注册事务注解处理器 -->
    <tx:annotation-driven transaction-manager="txManager"/>
```

❹ 创建控制器类

在 ch14_2 应用的 src/main/java 目录下创建一个名为 com.controller 的包，并在该包中创建控制器类 IndexController 和 UserController。

IndexController.java 的代码如下：

```
package com.controller;
import org.springframework.stereotype.Controller;
import org.springframework.web.bind.annotation.GetMapping;
import org.springframework.web.bind.annotation.RequestMapping;
@Controller
@RequestMapping("/index")
public class IndexController {
	@GetMapping("/login")
	public String login() {
		return "login";
	}
	@GetMapping("/register")
	public String register() {
		return "register";
	}
}
```

UserController.java 的代码如下：

```
package com.controller;
import org.springframework.beans.factory.annotation.Autowired;
import org.springframework.stereotype.Controller;
import org.springframework.ui.Model;
import org.springframework.web.bind.annotation.RequestBody;
import org.springframework.web.bind.annotation.RequestMapping;
import org.springframework.web.bind.annotation.ResponseBody;
import com.service.UserService;
@Controller
@RequestMapping("/user")
public class UserController {
	@Autowired
	private UserService userService;
	/**
	 * 验证用户名是否可以
	 */
	@RequestMapping("/isUse")
	@ResponseBody
	public String isUse(@RequestBody String uname) {
		//返回 JSON 字符串
		return userService.isUse(uname);
	}
	/**
	 * 实现注册功能
	 */
	@RequestMapping("/regist")
	public String regist(String uname, String upass) {
		return userService.regist(uname, upass);
	}
	/**
	 * 实现登录功能
	 */
	@RequestMapping("/login")
	public String login(Model model, String uname, String upass) {
		return userService.login(model, uname, upass);
```

```
        }
}
```

❺ 创建 Service 层

在 ch14_2 应用的 src/main/java 目录下创建一个名为 com.service 的包，并在该包中创建 UserService 接口和 UserServiceImpl 实现类。

UserService.java 的代码如下：

```
package com.service;
import org.springframework.ui.Model;
public interface UserService {
        public String isUse(String uname);
        public String regist(String uname, String upass);
        public String login(Model model, String uname, String upass);
}
```

UserServiceImpl.java 的代码如下：

```
package com.service;
import java.util.List;
import java.util.Map;
import org.springframework.beans.factory.annotation.Autowired;
import org.springframework.stereotype.Service;
import org.springframework.transaction.annotation.Transactional;
import org.springframework.ui.Model;
import com.dao.UserDao;
@Service
@Transactional
public class UserServiceImpl implements UserService{
        @Autowired
        private UserDao userDao;
        @Override
        public String isUse(String uname) {
                List<Map<String, Object>> allU = userDao.isUse(uname);
                if(allU.size() > 0) {
                        return "no";
              }
              return "ok";
        }
        @Override
        public String regist(String uname, String upass) {
                if(userDao.regist(uname, upass)) {
                        return "login";
                }
                return "register";
        }
        @Override
        public String login(Model model, String uname, String upass) {
                if(userDao.login(uname, upass).size() > 0) {
                    model.addAttribute("allUsers", userDao.selectAll());
                    return "main";
                }
                model.addAttribute("errorMsg", "用户名密码错误!");
                return "login";
```

```
        }
    }
```

❻ 创建数据访问层

在 ch14_2 应用的 src/main/java 目录下创建一个名为 com. dao 的包，并在该包中创建两个 dao 类，一个是 BaseDao，另一个是 UserDao。在 src/main/java 目录下还有一个数据库信息文件 jdbc. properties。

jdbc. properties 的代码如下：

```
db.driverClassName = com.mysql.cj.jdbc.Driver
db.url = jdbc:mysql://localhost:3306/springtest?useUnicode = true&characterEncoding = UTF -
8&allowMultiQueries = true&serverTimezone = GMT%2B8
db.password = root
db.password = root
```

BaseDao. java 的代码如下：

```
package com.dao;
import java.sql.ResultSet;
import java.sql.ResultSetMetaData;
import java.sql.SQLException;
import java.util.HashMap;
import java.util.List;
import java.util.Map;
import org.springframework.beans.factory.annotation.Autowired;
import org.springframework.jdbc.core.JdbcTemplate;
import org.springframework.jdbc.core.RowMapper;
public class BaseDao {
    @Autowired
    private JdbcTemplate jdbcTemplate;
    /**
     * @description 添加、修改、删除操作
     * @param String sql 代表 SQL 文件
     * @param 根据参数进行增、删、改，注意参数 Object[] arg0 元素的个数和顺序一定与 String sql
     * 中的通配符?一一对应，如果 SQL 语句中没有通配符请传递 null
     * @return boolean 更新成功返回 true，否则返回 false
     */
    public boolean updateByParam(String sql, Object[] arg0) {
        //SQL 语句中没有通配符
        if(arg0 == null || arg0.length == 0){
            if(jdbcTemplate.update(sql)> 0)
                return true;
            else
                return false;
        }
        if(jdbcTemplate.update(sql,arg0)> 0)
            return true;
        else
            return false;
    }
    /**
     * @description 支持通过 param 选择 SQL 语句
     * @param String sql 代表 SQL 文件
     * @param 根据参数进行查询，注意参数 Object[] arg0 元素的个数和顺序一定与 String sql
```

```
     * 中的通配符?一一对应,如果 SQL 语句中没有通配符请传递 null
     * @return List < Map < String, Object >>: 查询结果
     */
    @SuppressWarnings("unchecked")
    public List < Map < String, Object >> findByParam(String sql,Object arg0[]){
        if(arg0 == null || arg0.length == 0){
            return jdbcTemplate.query(sql, new IRowMapper());
        }
        return jdbcTemplate.query(sql, new IRowMapper(),arg0);
    }
    /**
     *
     * 数据库表的列名与 map 的 key 相同
     *
     */
    @SuppressWarnings("rawtypes")
    public class IRowMapper implements RowMapper{
        @Override
        public Map < String, Object > mapRow(ResultSet rs, int rowNum) throws SQLException {
            Map < String, Object > row = new HashMap < String, Object >();
            ResultSetMetaData rsMetaData = rs.getMetaData();
            for(int i = 1,size = rsMetaData.getColumnCount(); i <= size; i++){
                //在查询中,数据表中的字段名要和页面中的一模一样
                row.put(rsMetaData.getColumnLabel(i).toLowerCase(), rs.getObject(i));
            }
            return row;
        }
    }
}
```

UserDao.java 的代码如下：

```
package com.dao;
import java.util.List;
import java.util.Map;
import org.springframework.stereotype.Repository;
@Repository("userDao")
public class UserDao extends BaseDao{
    public List < Map < String, Object >> isUse(String uname){
        String sql = "select * from usertable where uname = ?";
        String param[] = {uname};
        return findByParam(sql, param);
    }
    public boolean regist(String uname, String upass) {
        String sql = "insert into usertable values(?,?)";
        String param[] = {uname, upass};
        return updateByParam(sql, param);
    }
    public List < Map < String, Object >> login(String uname, String upass) {
        String sql = "select * from usertable where uname = ? and upwd = ?";
        String param[] = {uname, upass};
        return findByParam(sql, param);
    }
    public List < Map < String, Object >> selectAll() {
        String sql = "select * from usertable";
```

```
        return findByParam(sql, null);
    }
}
```

❼ 测试运行

首先将 ch14_2 应用发布到 Tomcat,并启动 Tomcat,然后通过地址"http://localhost:8080/ch14_2/"测试应用。

本章小结

本章简单介绍了 Spring MVC 框架基础,包括 Spring MVC 的工作流程、基于注解的控制器以及 Spring 的数据库编程等内容。

习题 14

扫一扫

习题

扫一扫

自测题

附录 A　基于 Spring MVC 框架的名片管理系统的设计与实现

本案例系统使用 Spring MVC 框架实现各个模块，JSP 引擎为 Tomcat 10，数据库采用的是 MySQL 8，集成开发环境为 Eclipse IDE for Java EE Developers。

❶ 系统的功能需求

名片管理系统是针对注册用户使用的系统，提供如下功能：

(1) 非注册用户可以注册为注册用户(使用 Ajax 技术验证注册名称的唯一性)。

(2) 成功注册的用户可以登录系统。

(3) 成功登录的用户可以添加、修改、删除以及查询自己客户的名片信息。

(4) 成功登录的用户可以在个人中心查看自己的基本信息和修改密码。

❷ 系统的模块划分

注册用户登录成功后进入管理主页面(main.jsp)，可以对自己的客户名片进行管理。系统的模块划分如图 A.1 所示。

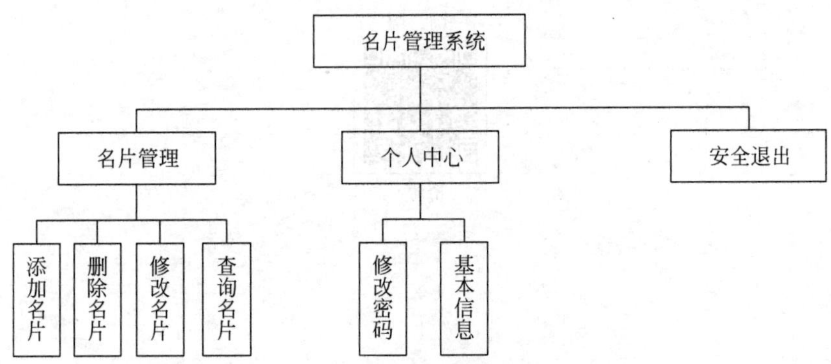

图 A.1　名片管理系统的模块划分

读者扫描下方的二维码可阅读本系统的详细设计文档、观看视频讲解以及下载源代码。

扫一扫

资源

附录 B Spring MVC 整合 MyBatis

MyBatis 是主流的 Java 持久层框架之一，它和 Hibernate 一样，也是一种 ORM(Object-Relational Mapping，即对象-关系映射)框架。MyBatis 本是 Apache 的一个开源项目 iBatis，2010 年这个项目由 Apache Software Foundation 迁移到了 Google Code，并且改名为 MyBatis。MyBatis 提供的持久层框架包括 SQL Maps 和 Data Access Objects(DAO)，它消除了几乎所有的 JDBC 代码和参数的手工设置以及结果集的检索。MyBatis 使用简单的 XML 或注解用于配置和原始映射，将接口和 Java 的 POJOs(Plain Old Java Objects，普通的 Java 对象)映射成数据库中的记录。其因性能优异，且具有高度的灵活性、可优化性、易于维护以及简单易学等特点，受到了广大互联网企业和编程爱好者的青睐。

读者扫描下方的二维码可观看视频学习 Spring MVC 整合 MyBatis 的流程、MyBatis 的映射文件及动态 SQL 的编写，另外还可下载基于 Spring MVC ＋ MyBatis 实现名片管理系统的源代码。

扫一扫

资源

附录C　在 Eclipse 中使用 Maven 整合 Spring MVC+MyBatis 框架

Apache Maven 是一个软件项目管理工具，基于项目对象模型（Project Object Model，POM）的理念，通过一段核心描述信息来管理项目构建、报告和文档信息。在 Java 项目中 Maven 主要完成两个工作，即统一开发规范与工具和统一管理 jar 包。

Maven 统一管理项目开发所需要的 jar 包，但这些 jar 包不再包含在项目内（即不在 lib 目录下），而是存放于仓库当中。仓库主要包括中央仓库和本地仓库。

(1) 中央仓库：存放开发过程中的所有 jar 包，例如 JUnit，它们都可以通过互联网从中央仓库中下载，网址为"http://mvnrepository.com"。

(2) 本地仓库：本地计算机中的仓库。

官方下载 Maven 的本地仓库配置在"%MAVEN_HOME%\conf\settings.xml"文件中，找到"localRepository"即可；Eclipse 中自带 Maven 的默认本地仓库配置在"{user.home}/.m2/repository/settings.xml"文件中，同样找到"localRepository"即可。

Maven 项目会首先从本地仓库中获取所需要的 jar 包，当无法获取指定 jar 包时，本地仓库会从远程仓库（中央仓库）中下载 jar 包，并放入本地仓库以备将来使用。

对于如何在 Eclipse 中使用 Maven 整合 Spring MVC+MyBatis 框架，请读者扫描下方的二维码查看配置说明文档。

扫一扫

资源

图书资源支持

感谢您一直以来对清华版图书的支持和爱护。为了配合本书的使用，本书提供配套的资源，有需求的读者请扫描下方的“书圈”微信公众号二维码，在图书专区下载，也可以拨打电话或发送电子邮件咨询。

如果您在使用本书的过程中遇到了什么问题，或者有相关图书出版计划，也请您发邮件告诉我们，以便我们更好地为您服务。

我们的联系方式：

清华大学出版社计算机与信息分社网站：https://www.shuimushuhui.com/

地　　址：北京市海淀区双清路学研大厦 A 座 714

邮　　编：100084

电　　话：010-83470236　010-83470237

客服邮箱：2301891038@qq.com

QQ：2301891038（请写明您的单位和姓名）

资源下载：关注公众号“书圈”下载配套资源。

资源下载、样书申请

书圈

图书案例

清华计算机学堂

观看课程直播